水库异重流

李书霞　张俊华　夏军强
马怀宝　王艳平　郜国明　等 著

黄河水利出版社
· 郑 州 ·

内 容 提 要

本书集成与凝练了作者20年来对水库异重流所进行的滚动研究成果,分3篇对水库异重流基本规律、水库异重流模拟、水库异重流调度及塑造等成果进行了系统总结。本书关于工程的实例分析,多为解决黄河小浪底水库工程设计及调度运行中遇到的问题而进行的。

本书是一部涉及水力学、河流动力学、河流模拟技术等学科的科技专著,可供广大水利工作者、河流泥沙研究人员及大专院校有关专业师生参考使用。

图书在版编目(CIP)数据

水库异重流/李书霞等著 . —郑州:黄河水利出版社,
2013. 11
ISBN 978 - 7 - 5509 - 0633 - 4

Ⅰ. ①水⋯ Ⅱ. ①李⋯ Ⅲ. ①水库泥沙 – 异重流 –研究 Ⅳ. ①TV145

中国版本图书馆 CIP 数据核字(2013)第 284483 号

组稿编辑:岳德军 电话:0371 – 66022217 E-mail:dejunyue@ 163. com

出 版 社:黄河水利出版社
　　　　地址:河南省郑州市顺河路黄委会综合楼 14 层 邮政编码:450003
发行单位:黄河水利出版社
　　　　发行部电话:0371-66026940、66020550、66028024、66022620(传真)
　　　　E-mail:hhslcbs@ 126. com
承印单位:河南省瑞光印务股份有限公司
开本:787 mm×1 092 mm 1/16
印张:17.25
字数:400 千字　　　　　　　　　　　　　印数:1—1 000
版次:2013 年 11 月第 1 版　　　　　　　　印次:2013 年 11 月第 1 次印刷

定价:45.00 元

前　言

　　水库异重流是由于入库浑水与库内清水之间的密度差异而发生的相对运动。20世纪50年代初到60年代,我国对官厅、三门峡等水库异重流开展了大量观测与研究,与此同时,异重流相关专著相继出版,例如清华大学钱宁等《异重流》、中国水利水电科学研究院范家骅《异重流的研究和应用》等。韩其为的专著《水库淤积》,在异重流输沙规律、淤积与排沙及支流倒灌等方面,完成了由定性描述到定量表达,将异重流研究推向一个新的阶段。范家骅的《异重流与泥沙工程实验与设计》,对其50年来的异重流和泥沙工程科研成果进行了更为全面系统的梳理。

　　作为黄河治理开发的重要控制性工程——小浪底水库2000年投入运用,自2001年对异重流开展了较为系统的观测,积累了大量的实测资料。黄河水利科学研究院依托国家自然基金、"十一五"国家科技支撑计划、水利公益性行业科研专项等项目,在前人研究的基础上,通过对小浪底水库实测资料整理、二次加工及分析,以及水槽试验及实体模型试验,提出了可定量描述小浪底水库异重流排沙的临界指标,以及定量描述阻力、挟沙力、传播时间、干支流倒灌、异重流运行速度及排沙效果的表达式,对多沙河流水库物理模拟与数值模拟等方面开展深入研究,并将研究成果付诸黄河历次调水调沙塑造异重流与水库优化调度。本专著即为近年来,作者与相关研究人员围绕以小浪底水库异重流为主题所开展的基础研究、水库调度、水库模拟等方面的新进展。

　　本专著分为3篇13章,第1篇重点介绍水库异重流基本规律,包括异重流产生、异重流运动特性、异重流流速及含沙量垂向分布、异重流传播与输沙、异重流水库干支流倒灌、浑水水库排沙等。各章编写分工如下:绪言由张俊华编写,第1章由夏军强、谢志刚编写,第2章由马怀宝、谢志刚编写,第3章由蒋思奇、高幼华编写,第4章由李涛、张晓华编写,第5章由李昆鹏、谢志刚编写。

　　第2篇重点介绍水库异重流模拟,包括水库泥沙模型相似律,以及在此基础上开展的小浪底水库拦沙初期物理模型试验研究、小浪底水库水沙调度数学模型。各章编写分工如下:第6章由王艳平、张晓华编写,第7章由李书霞、高幼华编写,第8章由张俊华、石标钦编写,第9章由王艳平、高幼华编写,第10章由王婷、张晓华编写,第11章由夏军强、高幼华编写。

　　第3篇重点介绍水库异重流调度及塑造,包括自然洪水异重流调度与利用、人工异重流塑造与利用等。各章编写分工如下:第12章由郜国明、谢志刚编写,第13章由李书霞、石标钦编写。

　　本专著的研究与出版得到了国家自然基金项目(51179072、51309110)、水利公益性行业科研专项经费项目(200901015、200801024、201201080)的资助。黄河水利科学研究院小浪底水库研究中心与防汛所陈书奎、田治宗、张攀、于国卿、岳瑜素、邓宇、徐路凯、曾贺、王国栋、李远发、曲少军、梁国亭等参加了相关的研究工作,一并表示感谢。

作　者

2013 年 10 月

目　录

第1篇　水库异重流基本规律

第2篇　水库异重流模拟

第3篇　水库异重流调度及塑造

绪 论

0.1 多沙河流水库淤积状况

目前,世界上共建有各类水库4.3亿座,我国有8.7万多座。这些水库给自然环境和社会经济的各个方面都带来了巨大的影响。然而伴随而来的是水库泥沙淤积问题,水库淤积严重缩短了水库寿命,降低了水库效益,使得水库防洪、灌溉、发电、给水、航运、水产等除害兴利综合利用效益不能充分发挥,甚至使水库完全失去调节能力。在多沙河流上,由于泥沙含量极高,水库淤积发展迅速,问题更为严重。

河流上修建水库后,库内即发生淤积。大量资料表明,不论大、中、小型水库,即使含沙量不是很高的条件下,只要水库有所蓄水,坝前水位有所升高,便会发生泥沙的大量淤积[1]。

美国在20世纪50年代末期,曾对1 100座水库的淤积情况进行了调查。Gottschalk选择了其中66座有代表性的水库,按地区分别进行统计[2]。统计结果发现,在22年内,66座水库库容平均损失率为15.6%,年平均损失率达到0.71%,其中以北部大平原的水库淤积最为迅速,年平均损失率为1.28%。到了20世纪70年代末期,每年大约有12亿t的泥沙淤积在水库里。

苏联的中亚细亚一带,水库淤积也甚为严重。锡尔河上的法尔哈德水库,库容2.5亿m³,运用12年,损失库容达87%;另一库容1亿m³的水库,仅运用9年,便被淤满[3]。

我国西北和华北地区很多河流以高含沙而驰名于世,在这些河流上建坝以后,水库的淤积速度更是十分惊人。在不到14年内,20座水库平均损失库容31.3%,年损失率达到2.26%,为美国水库淤积速度的3.2倍[4]。据不完全统计,至1990年(有些统计至1987年),在黄河干支流上水库总淤积量约为115.5亿m³,其中大型水库淤积量约为96亿m³,中型水库淤积量约为14亿m³。大部分大型水库的淤积十分严重,至今许多水库的淤积甚至超过总库容的一半以上[5]。

水库泥沙淤积侵占了有效库容,降低了水库的调节能力,减少了工程的效益,甚至影响了水库对下游的防洪作用和大坝自身的防洪安全。控制水库泥沙淤积和长期保持多沙河流水库有效库容已经成为在多沙河流上修建水库必须解决的问题。

0.2 水库异重流研究与排沙

挟沙水流进入蓄有清水的水库,在满足一定的条件时会潜入清水下面沿库底向坝前流动,这种因密度差异而发生的相对运动即为异重流。若异重流具有足够的能量即可运行至坝前,并通过底层泄水洞排出库外。水库异重流可以在大量蓄水条件下排沙,既能保持较高的兴利效益,又能减少水库淤积、延长水库使用寿命,因此异重流是水库重要的排沙方式。

异重流的发现由来已久,早在19世纪末期,瑞士的一些科学家注意到莱茵河和罗恩河流入康斯坦湖和日内瓦湖以后,浑浊寒冷的河水并没有和澄清温暖的湖水掺混,而是潜入湖底成一股潜流[6]。异重流问题真正受到关注是20世纪30年代。1935年美国科罗拉多河上胡佛坝落成蓄水,回水长度达110 km。当上游降暴雨,河水挟带大量泥沙进入水库,随后不久在水坝的泄水孔突然有浑浊的泥水流出,而水库内始终清澈可见,表明异重流可以挟带大量泥沙历经长距离而不与清水掺混,并通过合理调度排出水库。自此以后,水库异重流问题开始引起人们广泛关注,各方面致力于这一问题的研究颇不乏人。20世纪40年代开始,美国分别在水利实验室和水库中对异重流进行了试验与观测。20世纪50年代初,我国对异重流进行了大量的原型观测研究。1953年汛期,官厅水库上游发生高含沙大洪水,库区发生异重流并排沙出库。此后官厅水库开始进行系统的观测试验,长达20多年[7]。这些系统的观测资料不仅为黄河三门峡水利枢纽规划设计提供了科学依据,也为长江流域、辽河流域等诸多水库的规划设计提供了宝贵资料。20世纪50年代后期到60年代,我国相继兴建了三门峡、巴家嘴、汾河、红山、刘家峡等大型水库,相应开展了异重流观测,积累了大量的实测资料,为水库异重流排沙减淤、水库运用与管理提供了重要依据。自2001年后黄河小浪底水库开始了较为系统的异重流观测,积累了大量的实测资料[8]。

实测资料显示,异重流形成和运动的影响因素很多,多沙河流水库水流含沙量较高且泥沙颗粒较细,高含沙异重流运动特征有别于一般异重流,而且异重流到达坝前以后不同规模的泄流设施或不同的调度过程,水库排沙比也有很大差别。一般情况下,当入库洪水过后,异重流无足够的后续动力而失去持续运行条件,浑水中悬浮的泥沙就地沉降。异重流排沙时间总是小于洪峰持续时间。然而对泄流规模比较小的巴家嘴水库则相反,例如1971年4月巴家嘴水库产生高含沙异重流,异重流运行到达坝前以后,受泄流能力的制约不能及时排出而停滞在坝前形成浑水水库。由于浑水水库中悬浮的泥沙含量很高,颗粒又比较细,浑水水库与库内清水的交界面以极其缓慢的速度徐徐下沉,使得浑水水库中悬浮的泥沙继续排出库外,巴家嘴水库的异重流排沙时间与洪峰持续时间比增加到1.5~6.9。对回水较短、蓄水较少的水库,水库排沙比往往较高,例如黑松林水库,库长3 km,当入库水流含沙量为370 kg/m³的高含沙水流形成异重流之后,其排沙比达91%。还有水库会形成所谓"冲刷型"异重流,例如三门峡、小浪底水库,在入库流量较大且水库控制水位较低时,在库区上段产生冲刷,在水库回水区形成异重流,水库排沙比可大于100%。

鉴于异重流问题的重要性、复杂性及工程实际的需求,围绕水库异重流的研究相继开展。中国水利水电科学研究院于1956年开始进行异重流研究,为三门峡水利枢纽规划设计提供了科学依据[6,9]。1980年陕西省水利科学研究所进行了高含沙异重流试验研究。1983年黄河水利科学研究院在室内水槽做了高含沙异重流研究,并对巴家嘴水库高含沙异重流进行了全面系统的分析研究。与此同时,相关专著陆续出版,例如清华大学钱宁等的专著《异重流》[6]、中国水利水电科学研究院范家骅的专著《异重流的研究和应用》[9],

黄河水利科学研究院焦恩泽的专著《黄河水库泥沙》[10]等。此外,韩其为在其专著《水库淤积》中对水库淤积与河床演变等方面做了系统研究,在水库淤积方面基本完成了将其由定性描述到定量研究的过渡,尤其在异重流淤积及支流倒灌研究方面更为深入[1]。范家骅在《异重流与泥沙工程实验与设计》对其50年来的泥沙异重流和泥沙工程科研成果进行了全面的梳理,主要包括异重流水力学、泥沙工程设计中涉及异重流淤积问题、泥沙沉淀和饱和含沙量水槽试验的研究成果[11]。此外,国内外众多科研人员在水库异重流研究方面取得了大量成就,重点包括以下几个方面:

(1)水库异重流潜入条件。范家骅等[9,11]不少学者从非均匀异重流方程出发进行分析,给出了异重流的潜入条件计算方法。芦田和男[12]通过推导动量方程求出异重流形成条件的判别准则。Akiyama 与 Stefan[13]导出缓坡和陡坡不同的潜入水深公式。曹如轩等[14]认为,随着含沙量增大,流体黏性增大,流态发生改变,潜入点数相应减小。Basson基于最小水流功率原理,认为在水库的潜入点处,异重流的水流功率应等于或小于来流的功率[15]。韩其为认为潜入点的水深必须大于异重流正常水深,否则潜入不成功[1]。李元亚等通过理论分析,给出了考虑底坡、阻力系数等因素的统一的潜入点佛汝德数的表达式[16]。

(2)异重流运动。异重流的运动主要是通过惯性力和有效重力的相互作用引起的,阻力起关键的作用。Keulegan 借层流边界层的概念,得到阻力系数、异重流速度、密度、黏滞系数相关的交界面阻力表达式[17]。钱宁、万兆惠通过对二维异重流进行力学分析推导后,得到层流异重流的阻力作用定律[18]。范家骅[11]提出了有效入库水量的概念,概化了异重流持续运动的时间过程。张瑞瑾[19]、韩其为[1]定性给出了异重流持续运行的条件。韩其为提出异重流排沙含沙量与级配计算式[1]。詹义正等[20]从悬移质运动一般扩散方程出发,推导出一维非饱和非均匀沙异重流含沙量的沿程分布的计算公式。

(3)水库浮泥层与浑水水库输移规律。当异重流能量不足以克服沿程阻力损失,则停滞或以极低速度缓慢前行,此时的浑水体经过密实作用形成具有非牛顿体特性的高含沙量悬浮体称之为水库浮泥层。水库浮泥层或进一步密实转化为淤积物,或在后续洪水形成的异重流作用下重新起动,且与之叠加一并前行。浑水水库是当异重流运行至坝前不能及时排出聚集而成。水库浮泥层与浑水水库不仅涉及该场次洪水排沙,而且对接踵而来的后续洪水泥沙输移产生影响。浮泥的研究始于20世纪50年代,Inglis 和 Allen[21]在研究 Thames 河的泥沙运动时首次使用了浮泥(FluidMud)这一名称。Parker 和 Hooper采用了"高浓度水底泥层"(Hyper – concentrated Benthic Layers)这一名称替代了浮泥[22]。钱宁、万兆惠认为,浮泥形成的必要条件是其悬沙落淤率大于其沉积率。徐建益认为,浮泥形成的条件:一是细颗粒泥沙多;一是水动力条件相对较弱。大多数认为浮泥一般属于宾汉流体运动特性,也有部分人认为浮泥具有黏弹塑性的特征。多数学者采用容重或含沙量来定义浮泥,认为当浮泥的流动性明显消失,流变参数随浮泥容重的增大而明显加大时的浮泥特性为浮泥的上界,当泥浆由牛顿流体转为宾汉流体时的浮泥特性为浮泥的下限。韩其为研究了细颗粒泥沙淤积体,提出以宾汉极限切应力作为水下浆河与异重流的判别指标[23]。Rocio 和 Imberger 进行了类似于水库两个洪水过程底部异重流相互作用的试验,认为当后期浑水异重流比重等于水库浑水比重,异重流对前期浑水有推动作用[24]。

20 世纪 70 年代清华大学给出了浑水水库浑液面沉降过程的经验公式,并对浑水水库排沙过程进行了初步的探讨[25]。陈景梁等论述了浑水水库特性和排沙规律,提出了浑水水库排沙计算的数学模型和物理模型试验方法[26]。凌来文等提出了恒山浑水水库排沙计算方法[27]。赵克玉建立了浑水水库排沙的基本方程,并研发了浑水水库排沙数学模型[28]。刘树君等在一维模型中引入了孔口出流的概念,对浑水水库库区进行了分层计算[29]。韩其为等分析了小浪底水库泥沙分选规律,给出了异重流畅流排沙、浑水水库排沙以及两者结合的排沙效果[30]。

(4)水库异重流数值模拟。范家骅早在 1963 年就曾提出过异重流的简单计算方法[31]。吴德一[32]、韩其为对一维浑水异重流的计算方法进行了改进和提高。王光谦等引入泥沙扩散方程建立了双层密度平均的异重流平面二维数学模型[33]。曹志先建立了立面二维非耦合悬浮流模型,并将之应用于水库坝前冲刷漏斗动平衡形态及相应水沙流动特性的数值模拟[34]。彭杨采用变密度流基本方程和混合有限分析法,求解了突扩边界下的异重流潜入运动[35]。夏军强、王光谦利用空间概念上的分步法,对剖面二维悬移质泥沙输移方程,提出两种不同的计算格式[36]。冯小香、张小峰基于 σ 坐标变换和 SIMPLE 算法,建立了立面二维悬浮物分布数学模型[37]。

以上成果为水库异重流调度奠定了坚实基础,并极大地促进了学科进步。

黄河小浪底水库 2000 年投入运用使水库异重流研究进入一个新的阶段。小浪底水库位于黄河中游下段,在黄河治理与开发中具有重要的战略地位。小浪底水库入库水沙条件复杂多变,众多支流入汇地形复杂,水库调水调沙调度相对频繁,使得水库异重流问题更为复杂,促使科技人员进一步深入研究。小浪底水库运用以来,水库下段均处于蓄水状态,当汛期黄河中游降雨产沙时,大量泥沙涌入小浪底水库后,往往形成异重流或浑水水库排沙。随着库区淤积三角洲向坝前推进,异重流潜入点不断下移,水库排沙比呈增大趋势。小浪底水库运用不仅对自然洪水形成的异重流进行了优化调度,而且实现了人工塑造异重流的调度。所谓塑造异重流,是在黄河中游未发生洪水的情况下,通过黄河中游万家寨、三门峡与小浪底水库联合调度,充分利用万家寨、三门峡水库汛限水位以上水量泄放的能量,冲刷三门峡水库非汛期淤积的泥沙与堆积在小浪底库区上段的泥沙,在小浪底库区形成异重流并排沙出库,对减少三门峡及小浪底水库泥沙淤积是有利的。黄河水利委员会在 2004 年以来历年汛前的调水调沙过程中,在不同的来水来沙条件及河床边界条件下,均成功地塑造出异重流并实现排沙出库。在减少水库淤积的同时,深化了对异重流运动规律认识。

0.3 本书的主要内容和研究进展

0.3.1 水库异重流基本规律

系统地总结了水库异重流的研究现状,针对多沙河流水库异重流形成及输移过程中的基本运动特性从基础理论和实际应用两个层面开展了研究,提出了多沙河流水库异重流的潜入条件和持续运动条件;建立异重流交界面阻力、流速垂向分布和挟沙力的表达式;分析了浑水水库的沉降特性等。

0.3.2　多沙水库泥沙动床模型相似理论及模型设计

在分析总结以往水库模型相似理论和设计方法的基础上,广泛地吸取模型相似理论和设计方法的原理和经验,以及泥沙运动力学和河床演变学的最新成果,针对黄河含沙量变幅大、河床冲淤变化迅速,以及水库排沙方式的多样性(明流、异重流等)等特点,提出了较为完善的水库泥沙动床模型设计方法;基于非恒定异重流运动方程等提出了异重流潜入相似条件、基于非恒定二维非均匀条件下的扩散方程导出异重流挟沙相似及连续相似条件;将异重流潜入相似条件、异重流挟沙相似及连续相似条件与水流、泥沙运动及河床变形等模型相似条件相结合,构成完整的多沙河流水库模型相似律。

利用三门峡水库和小浪底水库的实测资料进行了系统、科学的验证试验,可以基本满足在不同条件下河床冲刷相似和淤积相似,同时满足水库明流排沙和异重流排沙相似,可以保证试验成果的可靠性。

0.3.3　小浪底水库拦沙初期不同运用方式的试验研究

小浪底库区物理模型试验研究了水库不同运用方式下库区泥沙运动规律、排沙特征、河床纵横剖面形态及库容变化的影响。模型试验得出的主要结论及认识,不仅为选择水库最优运用方式提供了必要的科学依据,而且证明了小浪底水库投入运用后的实测资料的可靠性。

0.3.4　水库异重流数值模拟

建立了小浪底水库准二维数学模型,进行小浪底水库运用初期1~5年两种调节方案计算,在库区淤积形态及过程、水库排沙特性等方面,取得了与小浪底水库实体模型试验相近的结果,两者起到了相互印证、相互补充的作用。

建立了小浪底水库水沙调度数学模型,进行黄河汛前调水调沙小浪底水库异重流调控方案计算,提出了可定量且能直观地反映小浪底水库排沙的计算公式和便于调控的水库异重流调度指标。

0.3.5　水库异重流的研究及应用

利用上述异重流研究成果,并依据当时的水沙条件及边界条件,制订2002~2011年的调水调沙异重流调度、塑造及排沙方案,并在调水调沙实施过程中得到应用与检验。黄河历次汛前调水调沙,通过万家寨、三门峡与小浪底水库联合调度,成功地塑造出异重流并排沙出库,实现了减少水库淤积及调整库区淤积形态的目的。

参 考 文 献

[1] 韩其为. 水库淤积[M]. 北京:科学出版社,2003.

[2] P. G. Reservoir Sedimentation,in Hand Book of Applied Hydrolrogy,ed. [M]. By V T: Chow,Mc-Graw-Hill Book Co. , 1964:37.

[3] 水利电力部技术委员会. 关于世界坝工建设中几个主要问题的发展概况[J]. 水利电力技术,1964(12):40-46.

[4] 钱宁,戴定忠. 中国河流泥沙问题及其研究概况[C]. 北京:光华出版社,1980.

[5] 赵文林. 黄河泥沙[M]. 郑州:黄河水利出版社,1996.

[6] 钱宁,范家骅,曹俊. 异重流[M]. 北京:水利出版社,1957.

[7] 侯晖昌,焦恩泽,秦芳. 官厅水库 1953~1956 年异重流资料初步分析[J]. 泥沙研究,1958(2):70-94.

[8] 张俊华,陈书奎,李书霞,等. 小浪底水库拦沙初期水库泥沙研究[M]. 郑州:黄河水利出版社,2007.

[9] 范家骅. 异重流的研究与应用[M]. 北京:水利电力出版社,1959.

[10] 焦恩泽. 黄河水库泥沙[M]. 郑州:黄河水利出版社,2004.

[11] 范家骅. 异重流与泥沙工程实验与设计[Z]. 北京:中国水利水电出版社,2011.

[12] Ashida K. (芦田和男). How to predict reservoir sedimentation[C]//河流国际泥沙学术会议讨论会论文集,第二卷. 北京:光华管理出版社, 1980:821-850.

[13] Akiyama J, Stefan H G. Plunging Flow into a Reservoir[J]. Theory. ASCE Journal of Hydraulic Engineering, 1984,110(4):484-499.

[14] 曹如轩,任晓枫,卢文新. 高含沙异重流的形成与持续条件分析[J]. 泥沙研究,1984(2):1-10.

[15] Basson, G. R. , Rooseboom, A. Dealing with Reservoir Sedimentation South African Water Research Commission Publication[J], 1998.

[16] Yuanya Li, Junhua Zhang, Huaibao Ma. Analytical Froud number solution for reservoir density inflows [J]. Journal of Hydraulic Research,2011,49(5):693-696.

[17] Keulegan, G. H. ,"Laminar Flow at the Interface of Two Liquid[J]. Res. Nat. Bureau of Standards, 1977,32:303-327.

[18] 钱宁,万兆惠. 泥沙运动力学[M]. 北京:科学技术出版社,1983.

[19] 张瑞瑾,谢鉴衡,王明甫,等. 河流泥沙动力学[M]. 北京:水利电力出版社,1989.

[20] 詹义正,黄良文,赵云. 异重流非饱和非均匀沙含沙量的沿程分布规律[J]. 武汉大学学报(工学版),2003,36(2):6-9.

[21] Inglis ,C. C. and Allen ,H. H. , The regimen of the Thames Estuary as affected by currents , salinities and river flows [C]//Proceedings of the Institution of Civil Engineers , Maritime and Waterways Engineering Division Meeting , 1957(7) : 827 - 879.

[22] Parker ,W. R. and Hooper ,P. M. . Criteria and methods to determine navigable depth in hyper-concentrated sediment layers[C]//Proceedings of Hydro - Port'94 , International Conference on Hydro - Technical Engineering for Port and Harbour Construction ,October , Yokosuka , Japan , 1994 , 1211-1224.

［23］徐建益,袁建忠.长江口深水航道建设中的浮泥研究及述评［J］.泥沙研究,2001(3):74-81

［24］Rocio Fernandez, R. and Imberger, J. Time-Varying Underflow into a Continuous Stratification with Bottom Slope［J］. Hydraul. Eng. 2008, 134(9):1191-1198.

［25］陕西省水利科学研究所河流研究室,清华大学水利工程系泥沙研究室.水库泥沙［M］.北京:水利电力出版社,1979.

［26］陈景梁,付国岩,赵克玉.浑水水库排沙的数学模型及物理模型试验研究［J］.泥沙研究,1988(1):77-86.

［27］凌来文,郭志刚,李新虎,等.恒山浑水水库排沙计算方法研究［J］.泥沙研究,1991(4):47-52.

［28］赵克玉.浑水水库排沙数学模型的研究［J］.西北水资源与水工程,1994(4):59-63.

［29］刘树君,付健,陈翠霞.水库异重流和浑水水库排沙数值模拟技术研究［J］.人民黄河,2012,34(12):30-31.

［30］韩其为.非均匀悬移质不平衡输沙［M］.北京:科学出版社,2013.

［31］范家骅,沈受百,吴德一.水库异重流的近似计算［C］∥水利水电科学研究院.科学研究论文集第2集.北京:中国工业出版社,1963:34-44.

［32］吴德一.关于水库异重流的计算方法［J］.泥沙研究,1983(2):54-63.

［33］王光谦,周建军,杨本均.二维泥沙异重流运动的数学模型［J］.应用基础与工程科学学报,2000(8):52-60.

［34］曹志先,谢鉴衡,魏良琰.水库坝前冲刷漏斗平衡形态的数学模拟［J］.水动力学研究与进展(A辑),1994(5):617-624.

［35］彭杨,李义天,槐文信.异重流潜入运动的剖面二维数值模拟［J］.泥沙研究,2000(6):68-75.

［36］夏军强,王光谦.剖面二维悬移质泥沙输移方程的分步解法［J］.长江科学院院报,2000(2):14-17.

［37］冯小香,张小峰,崔占峰.垂向二维非恒定流及悬浮物分布模型研究［J］.水科学进展,2006(4).

第1篇 水库异重流基本规律

第1章　异重流产生

异重流潜入现象是开始形成异重流的标志,异重流的潜入条件是异重流形成条件的量化表示。研究挟沙水流由明渠流转化为潜流的物理背景并建立合理的表达式是异重流研究的重要环节。研究异重流的形成就是要找到潜入点处各水沙因素之间的联系,以便对异重流产生进行预报。

1.1　异重流产生机制

在多沙河流上修建水库,挟沙水流进入水库壅水区以后,因为过水面积增大,水流流速减缓,粗颗粒泥沙受到自身的重力作用不能再继续悬浮,沉积在水库壅水区末端,剩余的细颗粒泥沙被水流带往下游。在一定的水沙因子条件下,挟带细颗粒泥沙的水流与水库内清水相比有密度差,由此产生压力差,开始潜入库底形成异重流。在潜入点附近的水面上,可以看到大量漂浮物,有倒流现象。从水面向下看,有大量横向涡列,俗称"翻花"现象。潜入点附近常聚集大量漂浮物,该点常成为判断潜入点位置的直观标志。潜入位置在平面上的分布并不是直线,而是呈舌状,这是由于中间部分流速较大的缘故,如图 1-1 所示[1],而且它的平面位置是不稳定的,一般会随入库洪水流量大小及坝前水位变化而上下移动。通常涨水时向下移动,落水过程向上移动。当潜入处的断面过宽时,潜入后的异重流并不分布于整个库底,而是逐渐扩宽的。随着水位、入库流量及底部淤积情况等不断变化,潜入点位置不仅上下游移动,而且潜入处的异重流也会左右横向摆动[2]。当水库发生异重流时,在潜入点附近水流由普通浑水明流转化为异重流。由于水深沿程增加,其流速和含沙量沿垂线分布状态会沿程逐渐发生变化。

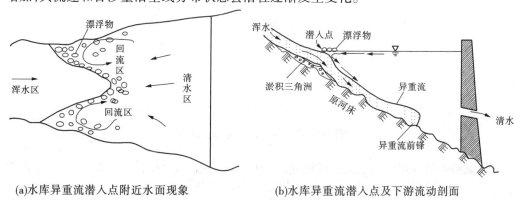

(a)水库异重流潜入点附近水面现象　　　　(b)水库异重流潜入点及下游流动剖面

图 1-1　水库异重流

一般来说,水库异重流潜入现象的水槽试验观测相对较为容易,且观测精度较高。已有试验观测表明,不管进入的浑水含沙量有多大、在陡坡或缓坡、是否有水跃发生,在潜入点处,其流速沿垂线分布中,表面和底部均为零;其含沙量沿垂线分布中,表面为零,底部含沙量在无沉淀时,其值同平均含沙量接近,在有泥沙沉淀时,其值较异重流平均含沙量大。近底层过大的含沙量一般属于淤积泥沙,不属于运动中的异重流悬浮泥沙。这些特性可以用来判断水库各断面原型观测的水沙分布情况是否符合潜入点的条件[3]。应当指出,目前对水库异重流潜入点条件的原型观测相对较为困难。

目前对浑水异重流潜入点条件的定量计算方法,一般多采用水槽试验成果结合理论分析得到。国内水槽试验成果主要以范家骅等[15]、曹如轩等[7]、焦恩泽[1,8]及姚鹏等[59]的研究成果为代表。国外水槽试验成果,主要涉及温差异重流或盐水异重流。

范家骅等[15]通过分析非均匀异重流运动方程,认为浑水潜入时交界面沿程变化存在一转折点 k,其 $\mathrm{d}h_e/\mathrm{d}x \to -\infty$,故 $u_{ek}^2/(\eta_g g h_{ek}) = 1$,此处 x 为纵向坐标,h_{ek}、u_{ek} 分别为异重流水深及流速,g 为重力加速度,η_g 为重力修正系数。说明 k 点断面处于临界状态。由于潜入点处位于 k 点上游,故潜入点水深 h_p 大于 h_{ek},则 u_p 显然比 u_{ek} 要小,即应有 $Fr_p^2 = u_p^2/(\eta_g g h_p) < 1$。$Fr_p$ 值随含沙量等因素和不同条件而改变。对于平底河槽,朱鹏程[60]按异重流产生前后断面上的作用力与进、出断面动量改变率的关系,同样得出产生异重流潜入点也应满足范家骅等提出的关系式的结论。范家骅等[15]较早开展了低含沙异重流的水槽试验研究(见图1-2),根据试验成果率定出潜入点处的水沙条件应满足下式

$$Fr_p = u_p / \sqrt{\eta_g g h_p} = 0.78 \tag{1-1}$$

或

$$h_p = 1.186\left[q_p^2/(\eta_g g)\right]^{1/3} \tag{1-2}$$

式中:Fr_p 为异重流潜入点的密度佛汝德数,且 $\eta_g = \Delta\rho/\rho_e$,$\Delta\rho = \rho_e - \rho_c$ 为浑水(ρ_e)与清水(ρ_c)密度差;$q_p = u_p h_p$ 为潜入点处的单宽流量。

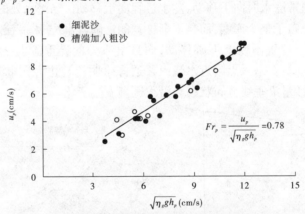

图1-2 潜入点水深与流速的关系

该试验中潜入点处的垂线平均流速 u_p 用流速仪实测得到,而相应水深 h_p 也是实测值。尽管该试验中宽深比很小,最大仅为2.5,但由于潜入点流速 u_p 及水深 h_p 均是水槽试验实测值,因此上述关系式的相关程度较高。已有资料表明,式(1-1)一般多用在低含沙量的异重流中。已有异重流潜入点条件的判别公式,往往建立在含沙量相对较低的基础上,且以范家骅等[15]提出的计算公式为代表。这类公式多是结合室内水槽试验成果,从而确定异重流潜入条件判别式中的相关参数。对于 400 kg/m³ 以下的高含沙水流,近

期范家骅[3]采用已有高含沙异重流的水槽试验资料,对式(1-1)进一步修正为

$$Fr_p = u_p/\sqrt{\eta_g g h_p} = 0.9/S_p^{0.1} \tag{1-3}$$

式中:S_p 为潜入点处的垂线平均含沙量,kg/m³。

韩其为在范家骅公式的基础上提出了异重流水深还应满足均匀流水深公式[2]。方春明等通过理论推导认为范家骅从动量方程出发得到的异重流潜入判别条件与能量方程是矛盾的[4]。国外关于异重流潜入的多数公式都与范家骅的公式相似,无非是临界值不同而已[5,6]。

曹如轩等[7]通过概化水槽试验,研究了高含沙浑水异重流形成的定量关系(见图1-3),发现高含沙异重流潜入点流态存在紊流、过渡、层流三种,各类规律不同。这些资料与巴家嘴等水库实测资料、细沙高含沙异重流水槽试验资料进行对比分析后发现,粗沙高含沙水流黏性较清水大,仍能形成异重流,形成条件与低含沙异重流一致,即潜入点处密度佛汝德数 $Fr_p' = 0.78$;粗沙高含沙异重流的流态为紊流,输沙模式为悬移质两相流。试验结果还表明,当 $S < 40$ kg/m³(低含沙量)时,Fr_p' 与体积比含沙量 S_V 无关;当含沙量增大时,Fr_p' 随 S_V 的增加而减小;当 $S = 400$ kg/m³ 时,Fr_p' 的值急剧下降。

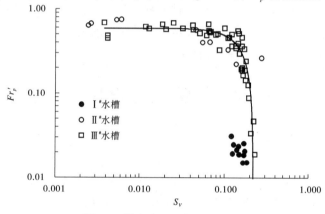

图 1-3　潜入点 Fr_p' 与 S_V 的关系

焦恩泽[8]也开展了高含沙异重流潜入条件的试验研究(见图1-4)。试验结果发现在高含沙水流产生的异重流上游,明流段水面平静,潜入点下游没有发生水跃现象,一旦进口含沙量小于 400 kg/m³,明渠段水流开始出现微细波纹,特别当进口含沙量小于 200 kg/m³ 时,明流段水流湍急,潜入点下游水跃现象非常突出。总之,随着进口含沙量减小,水流现象往湍急方向发展。这种现象与含沙量大小很有关系,表明含沙量大小会改变水流流动形态。水槽试验数据表明,有效雷诺数 Re_e 与 S_V 之间、Fr_p' 与 S_V 之间都存在较好的相关关系。因此,可以认为上述三者存在如下关系,即

$$\sqrt{Fr_p' Re_e} = a/(S_V)^b \tag{1-4}$$

对于不同的含沙量范围,式中参数 a 与 b 可分别表示为:当 $S_V < 0.04$ 时,$a = 16$,$b = 0.61$;当 $0.04 < S_V < 0.15$ 时,$a = 1.6$,$b = 1.3$;当 $S_V > 0.15$ 时,Fr_p'、Re_e 与 S_V 无关。

对于高含沙浑水异重流潜入点的试验研究,现仅有曹如轩等及焦恩泽的水槽试验成果。在这些水槽试验中,一般水深及流速均较小,且含沙量很大,因而流体黏滞系数大,有

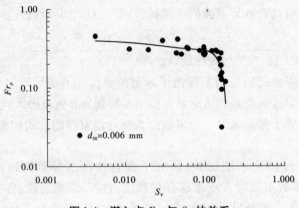

图 1-4　潜入点 Fr_p 与 S_V 的关系

效雷诺数 Re_e 小，故一般均假定试验中高含沙水流为 Bingham 体。曹如轩和焦恩泽两位曾利用 Bingham 体有关参数，与流体阻力系数联系起来分析潜入点 Fr_p 与 S_V 的相关关系，以解释不同含沙量大小对 Fr_p 的影响。尽管曹如轩等[9]与焦恩泽[10]的研究成果能够用于分析 Fr_p 与 S_V 之间的相关关系，但不能直接用于计算潜入点处的临界水深。

尽管这方面研究成果很多，但目前对异重流潜入点判别条件仍有争论，特别是适用于多沙河流水库异重流的潜入条件判别公式。

1.2　异重流运动方程

1.2.1　异重流静水压力分布

压力作用相对突出是异重流运动的另外一个力学特性。异重流潜入点上游浑水来流量减小时，潜入点以下的异重流将停止运动，则是压力作用相对突出的例子。

浑水异重流的静水压力（压强）沿垂线分布如图 1-5 所示。γ_e' 为某一点浑水容重，只考虑其沿水深变化，不考虑横向变化；γ_e 为平均浑水容重。由图 1-5 中的异重流压强分布，可将异重流部分某点 p' 的压强表示为

$$p' = \gamma_c h_c + \int_z^{h_e} \gamma_e' \mathrm{d}z \tag{1-5}$$

式中：γ_c 为清水容重；h_c 为清水厚度；z 为垂向坐标；h_e 为浑水厚度。

图 1-5 中异重流厚度（h_e）内的总压力为

$$P = \int_0^{h_e} p' \mathrm{d}z = \gamma_c h_c h_e + \int_0^{h_e} \left(\int_z^{h_e} \gamma_e' \mathrm{d}z \right) \mathrm{d}z \tag{1-6}$$

其中，γ_e' 与某点含沙量 S_e' 之间的关系为

$$\gamma_e' = \gamma_c + \frac{\gamma_s - \gamma_c}{\gamma_s} S_e' \tag{1-7}$$

以往文献[11]中一般假定异重流容重沿水深不变，即 $\gamma_e' = \gamma_e$，这样任一点压强 p' 可写为

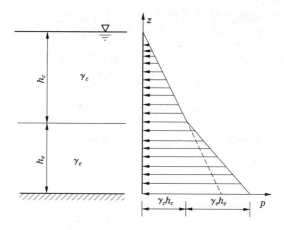

图 1-5　异重流压强沿垂线分布

$$p' = \gamma_c h_c + \gamma_e'(h_e - z) = \gamma_c h_c + \gamma_e(h_e - z) \tag{1-8}$$

则异重流厚度内的总压力 P 为

$$P = \int_0^{h_e} p' \mathrm{d}z = \gamma_c h_c h_e + \gamma_e h_e^2/2 \tag{1-9}$$

对照式(1-6)、式(1-9)，显然只有假定 γ_e' 取为平均值 γ_e 时，两者才相等。如果 γ_e' 随水深 z 而变，则 P 的形式就复杂多了。为了考虑浑水容重沿水深分布的不均匀性，在式(1-9)中的 γ_e 之前添加压力修正系数 k_e，其定义式为

$$k_e = \frac{\displaystyle\int_0^{h_e} \left(\int_z^{h_e} \gamma_e' \mathrm{d}z \right) \mathrm{d}z}{\gamma_e \dfrac{h_e^2}{2}} \tag{1-10}$$

由于垂线上任一点浑水容重 γ_e' 与含沙量 S_e' 的关系可用式(1-7)表示，而异重流含沙量沿垂线分布异常复杂，迄今难以用确切的数学形式表达出来。k_e 的大小取决于含沙量 S_e' 沿水深的变化趋势，目前可利用常见的含沙量沿水深分布公式近似计算。例如采用张红武等[12]提出的悬移质含沙量沿垂线分布公式，可由下式表示

$$\frac{S_e'}{S_{ea}} = \exp\left[5.33 \frac{\omega}{\kappa u_*} (\arctan \sqrt{1/\xi - 1} - 1.345) \right] \tag{1-11}$$

式中：S_{ea} 为近底($z = a$)的含沙量；$\xi = a/h_e$。

令 $E = \dfrac{\omega}{\kappa u_*}$ 为悬浮指标，则式(1-11)可改写为 $S_e'/S_{ea} = \exp[f(E), \xi]$。因此，$\gamma_e' = \gamma_c + \dfrac{\gamma_s - \gamma_c}{\gamma_s} S_e'$ 可写成：$\gamma_e' = \gamma_c + \dfrac{\gamma_s - \gamma_c}{\gamma_s} S_{ea} \exp[f(E), \xi]$。故式(1-10)的具体表达式为

$$k_e = \frac{\displaystyle\int_0^{h_e} \left\{ [\gamma_c (h_e - z)] + \frac{\gamma_s - \gamma_c}{\gamma_s} S_{ea} \int_z^{h_e} \exp\left[f\left(E, \frac{z}{h_e}\right) \right] \mathrm{d}z \right\} \mathrm{d}z}{\gamma_e \dfrac{h_e^2}{2}} = F(E, S_{ea}, h_e, \gamma_c, \gamma_s)$$

$$\tag{1-12}$$

因此,由式(1-12)可知压力修正系数 k_e 主要与近底含沙量大小、悬浮指标等因素密切相关。

图 1-6 给出了蒲河巴家嘴水库 1980 年 7 月 13 日实测异重流潜入点附近含沙量及浑水密度沿垂线的分布形状,该垂线上的异重流厚度为 1.8 m,平均含沙量为 493 kg/m^3。计算可得 $\int_0^{h_e}\left(\int_z^{h_e}\gamma_e'\mathrm{d}z\right)\mathrm{d}z = 26\ 435$ N/m 与 $\gamma_e\dfrac{h_e^2}{2} = 28\ 254$ N/m,因此可得压力修正系数 $k_e = 0.936$。该实测资料中异重流潜入点附近近底含沙量达到 769 kg/m^3,使得 k_e 接近于 1.0。

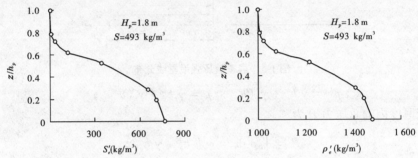

图1-6　潜入点附近含沙量及浑水密度沿垂线分布(巴家嘴1980年)

图 1-7 给出了小浪底库区 2001 年 8 月 24 日实测异重流潜入点附近含沙量及浑水密度沿垂线的分布形状,该垂线上的异重流厚度为 2.8 m,平均含沙量为 144 kg/m^3。计算可得 $\int_0^{h_e}\left(\int_z^{h_e}\gamma_e'\mathrm{d}z\right)\mathrm{d}z = 7\ 570$ N/m 与 $\gamma_e\dfrac{h_e^2}{2} = 7\ 854$ N/m,因此可得压力修正系数 $k_e = 0.964$。该实测资料中异重流潜入点处的平均悬沙粒径为 0.009 mm,故悬浮指标 E 值相对较小。因此,水深 2 m 以下的含沙量分布较为均匀,使得 k_e 接近于 1.0。

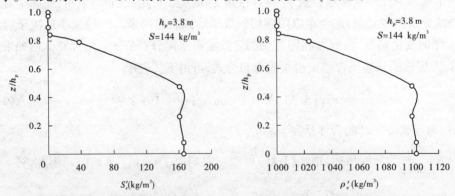

图1-7　潜入点附近含沙量及浑水密度沿垂线分布(小浪底2001年)

图 1-8 给出了小浪底库区 2005 年 6 月 29 日实测异重流潜入点附近(HH29 断面)含沙量及浑水密度沿垂线的分布,该垂线异重流厚度为 6.4 m,平均含沙量为 50.3 kg/m^3。计算可得 $\int_0^{h_e}\left(\int_z^{h_e}\gamma_e'\mathrm{d}z\right)\mathrm{d}z = 16\ 337$ N/m 与 $\gamma_e\dfrac{h_e^2}{2} = 21\ 121$ N/m,因此可得压力修正系数

$k_e = 0.774$。尽管该实测资料中异重流潜入点附近的平均悬沙粒径也为 0.009 mm,悬浮指标 E 值相对较小,但由于含沙量沿水深分布很不均匀,使得 k_e 值较小。因此,上述计算及分析表明,在某些条件下,压力修正系数 k_e 的值远偏离 1.0。

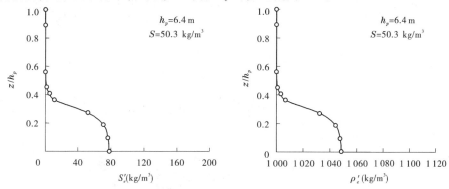

图 1-8 潜入点附近含沙量及浑水密度沿垂线分布(小浪底 2005 年)

1.2.2 非恒定异重流运动方程

引入浑水容重及流速沿水深分布的不均匀性修正系数后,以此推导非恒定异重流运动的动量方程。异重流受力情况如图 1-9 所示。为分析简便起见,一般假定清水水面是水平的,水流方向与异重流交界面方向平行,取坐标轴 x 的方向与水流方向一致,以单位宽度、长度为 Δx 的异重流流体作为研究对象,并在推导过程中忽略包含 Δx^2 的二阶微小项,则此异重流流体在水流方向所受的各作用力可写成如下形式:

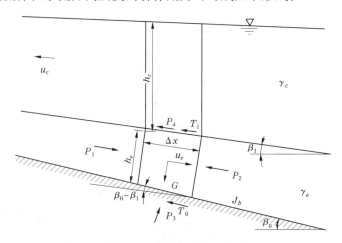

图 1-9 非恒定异重流运动过程的受力分析

(1)压力项。

$$P_1 = \left(\gamma_c h_c h_e + k_e \gamma_e \frac{h_e^2}{2} \right) \tag{1-13}$$

$$P_2 = \gamma_c \left(h_c + \frac{\partial h_c}{\partial x}\Delta x \right)\left(h_e + \frac{\partial h_e}{\partial x}\Delta x \right) + k_e \frac{\gamma_e}{2}\left(h_e + \frac{\partial h_e}{\partial x}\Delta x \right)^2$$

$$\approx \gamma_c h_c h_e + k_e \gamma_e \frac{h_e^2}{2} + (\gamma_c h_c + k_e \gamma_e h_e) \frac{\partial h_e}{\partial x} \Delta x + \gamma_c h_e \frac{\partial h_c}{\partial x} \Delta x \quad (1\text{-}14)$$

$$P_3 \sin(\beta_0 - \beta_1) = \left[\gamma_c \left(h_c + \frac{\partial h_c}{\partial x} \frac{\Delta x}{2} \right) + k_e \gamma_e \left(h_e + \frac{\partial h_e}{\partial x} \frac{\Delta x}{2} \right) \right] \frac{\Delta x \sin(\beta_0 - \beta_1)}{\cos(\beta_0 - \beta_1)}$$

$$\approx (\gamma_c h_c + k_e \gamma_e h_e) \frac{\partial h_e}{\partial x} \Delta x \quad (1\text{-}15)$$

（2）重力项。

$$G \sin\beta_1 = k_e \gamma_e \left(h_e + \frac{\partial h_e}{\partial x} \frac{\Delta x}{2} \right) \Delta x \sin\beta_1 = k_e \gamma_e h_e \frac{\partial h_e}{\partial x} \Delta x \quad (1\text{-}16)$$

（3）阻力项（包括床面、交界面）。

$$T = T_0 \cos(\beta_0 - \beta_1) + T_1 = \tau_0 \frac{\Delta x}{\cos(\beta_0 - \beta_1)} \cos(\beta_0 - \beta_1) + \tau_1 \Delta x$$

$$= \frac{f_{0e}}{8} \frac{k_e \gamma_e}{g} u_e^2 \Delta x + \frac{f_{1e}}{8} \frac{k_e \gamma_e}{g} u_e^2 \Delta x = \frac{k_a f_e}{8} \frac{\gamma_e}{g} u_e^2 \Delta x \quad (k_a f_e = k_e f_{0e} + k_e f_{1e}) \quad (1\text{-}17)$$

式中：f_e 为异重流综合阻力系数；f_{0e} 为床面阻力系数；f_{1e} 为异重流交界面阻力系数。

（4）惯性力项。

$$I = k_e \frac{\gamma_e}{g} \left(h_e + \frac{\partial h_e}{\partial x} \frac{\Delta x}{2} \right) \Delta x \frac{\mathrm{d} u_e}{\mathrm{d} t} \approx k_e \frac{\gamma_e}{g} h_e \Delta x \left(\frac{\partial u_e}{\partial t} + \alpha_e u_e \frac{\partial u_e}{\partial x} \right) \quad (1\text{-}18)$$

此处引入参数 α_e，表示因流速沿垂线不均匀分布引起的动量修正系数。另外，还有一项因表层清水以 u_c 的速度往上游流动而对异重流产生的附加力 T_c。故力的平衡方程式应为

$$P_1 - P_2 + P_3 \sin(\beta_0 - \beta_1) + G \sin\beta_1 - T - T_c = I \quad (1\text{-}19)$$

将有关各力的表达式代入式（1-19），化简可得

$$(k_e \gamma_e - \gamma_c) h_e \frac{\partial h_c}{\partial x} - \frac{f_e}{8} \frac{k_e \gamma_e}{g} u_e^2 - \frac{T_c}{\Delta x} = \frac{k_e \gamma_e}{g} h_e \left(\frac{\partial u_e}{\partial t} + \alpha_e u_e \frac{\partial u_e}{\partial x} \right) \quad (1\text{-}20)$$

$$T_c = \tau_c \Delta x \quad (1\text{-}21)$$

$$\frac{\partial h_c}{\partial x} = -\frac{\partial (Z_b + h_e)}{\partial x} = J_0 - \frac{\partial h_e}{\partial x} \quad (1\text{-}22)$$

式中：τ_c 为附加阻力；Z_b 为河底高程；J_0 为库底比降，$J_0 = -\frac{\partial Z_b}{\partial x}$。则式（1-22）可写成

$$J_0 - \frac{f_e}{8} \frac{u_e^2}{\eta'_g h_e} - \frac{\tau_c}{h_e (k_e \gamma_e - \gamma_c)} - \frac{\partial h_e}{\partial x} = \frac{1}{\eta'_g g} \left(\frac{\partial u_e}{\partial t} + \alpha_e u_e \frac{\partial u_e}{\partial x} \right) \quad (1\text{-}23)$$

$$k_e = P_1 / P_2 \quad \left(P_1 = \int_0^{h_e} \left(\int_z^{h_e} \gamma'_e \mathrm{d} z \right) \mathrm{d} z, \quad P_2 = \gamma_e \frac{h_e^2}{2} \right) \quad (1\text{-}24)$$

式中：$\eta'_g = \frac{k_e \gamma_e - \gamma_c}{k_e \gamma_e}$；$k_e$ 为含沙量沿垂向不均匀分布引起的压力修正系数；γ_c 与 γ_e 分别为清浑水的容重；α_e 为流速沿垂向不均匀分布引起的动量修正系数；z 为积分变量，$\int_z^{h_e} \gamma'_e \mathrm{d} z$ 为 z 点的压强。

· 18 ·

式(1-23)即为新建立的非恒定异重流运动的动量方程。该式考虑了异重流含沙量与流速沿垂线不均匀分布对异重流运动的影响。

式(1-23)中的动量修正系数 α_e 的计算公式为

$$\alpha_e = \frac{\int_0^{h_p} u'_e u'_e \mathrm{d}z}{u_e^2 h_e} \tag{1-25}$$

式中：u'_e 为异重流垂线上某一点的流速；u_e 为异重流的垂线平均流速。

如果认为流速沿垂线分布服从对数规律，则 $\alpha_e = 1 + g/(C^2 \kappa^2)$，式中 C 为谢才系数，κ 为卡曼常数，一般取 0.4。若流速沿垂线分布符合 1/7 幂函数规律，则 $\alpha_e = 1.016$；如果服从表层及底层流速均为 0 近似的二次抛物线分布，则计算得到的动量修正系数 α_e 一般大于 1.1。图 1-10～图 1-12 分别给出了上述 3 处垂向流速分布，由式(1-25)计算得到 α_e 分别为 1.196、1.423 及 1.066。郭振仁[13]对明渠流能量耗散率沿程变化的研究表明，动量修正系数的大小与水流佛汝德数有关，一般情况下水流佛汝德数越小，相应的 α_e 值越大。

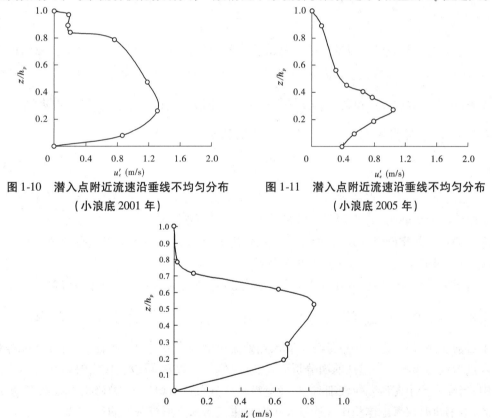

图 1-10　潜入点附近流速沿垂线不均匀分布（小浪底 2001 年）

图 1-11　潜入点附近流速沿垂线不均匀分布（小浪底 2005 年）

图 1-12　潜入点附近流速沿垂线不均匀分布（巴家嘴 1980 年）

由于潜入点附近流速沿垂线分布往往表现为表层及底层流速均为 0，故 α_e 值一般远大于 1。而且上述实测资料已表明，当含沙量沿垂线分布极不均匀时，参数 k_e 值一般小于 1。因此，在异重流运动的动量方程中考虑含沙量与流速沿垂线不均匀分布对异重流运动的影响是有必要的。

1.3 异重流潜入点判别条件

对于恒定异重流,存在 $\partial u_e / \partial t = 0$,因此式(1-23)中的水沙因子仅随 x 而变。在二维恒定流情况下,假设单宽流量(q_e)沿程不变,故应有 $\frac{\partial}{\partial x}(q_e) = \frac{\partial}{\partial x}(h_e u_e) = h_e \frac{\partial}{\partial x}(u_e) + u_e \frac{\partial}{\partial x}(h_e) = 0$,即存在

$$\frac{\partial u_e}{\partial x} = -\frac{u_e}{h_e}\frac{\partial h_e}{\partial x} \tag{1-26}$$

将式(1-26)代入式(1-23)化简可得

$$\frac{\partial h_e}{\partial x} = \frac{J_0 - \dfrac{f_e}{8}\dfrac{u_e^2}{\eta_g' g h_e} - \dfrac{\tau_c}{h_e(k_e \gamma_e - \gamma_c)\eta_g' g}}{1 - \dfrac{\alpha_e}{\eta_g' g}u_e \dfrac{u_e}{h_e}} \tag{1-27}$$

范家骅等的异重流形成条件的水槽试验观测结果表明[14]:从明流过渡到异重流的清浑水交界面曲线上发现有一拐点 k,其 $dh_e/dx \to -\infty$,密度佛汝德数 $Fr_k = 1$。此处同样引入该条件,则由式(1-27)可得 $Fr_k = \dfrac{\alpha_{ek} u_{ek}^2}{\eta_g' g h_{ek}} = 1$。由于潜入点在 k 点上游,潜入点水深 h_p 大于 k 点水深 h_{ek},则潜入点流速 u_p 显然比 k 点流速 u_{ek} 要小,即应有

$$\frac{\alpha_e u_p^2}{\eta_g' g h_p} < 1 \tag{1-28}$$

因此,异重流潜入点的水流流态不仅与动量修正系数(α_e)有关,而且与系数 η_g' 有关。而前面分析表明,η_g' 取值与含沙量的大小、分布形式(悬浮指标)及压力修正系数 k_e 等都有关系。前文已经提到,曹如轩等[7]和焦恩泽[1]根据水槽试验资料点绘 Fr_p' 与含沙量(S)或体积比含沙量(S_v)之间的相关关系。

由于 Fr_p' 本身间接包括有含沙量因子,因此 Fr_p' 本身包含自相关条件,与含沙量之间不是相互独立的。因此,可将式(1-28)改写成 $\dfrac{u_p^2}{gh_p} = f\left(\alpha_e, S_v, \dfrac{\omega}{\kappa u_*}\right)$,其中 $\dfrac{\omega}{\kappa u_*}$ 为悬浮指标。限于目前实测资料,还无法直接考虑潜入点处流速沿垂线不均匀分布程度、悬浮指标等对潜入点形成的影响。不过从前面分析可知,动量修正系数 α_e 可以直接反映到水流佛汝德数中;当异重流中泥沙颗粒较细时,含沙量沿垂线分布较为均匀,压力修正系数 k_e 接近 1。因此,本书暂时仅考虑体积比含沙量大小对异重流潜入点形成条件的影响,即

$$Fr_p^2 = u_p^2/(gh_p) = f(S_v) \tag{1-29}$$

式中:Fr_p 为潜入点处的佛汝德数;$f(S_v)$ 为体积比含沙量 S_v 的某一函数,需要由实测资料确定。

为确定函数 $f(S_v)$ 的具体表达式,点绘范家骅、曹如轩、焦恩泽上述三家异重流潜入点形成的水槽试验资料[1,7,15],如图 1-13 所示,利用这些水槽试验资料,确定出 $f(S_v)$ 的具

体表达式为

$$Fr_p^2 = u_p^2/(gh_p) = 0.24(S_V)^{0.77}$$

或

$$Fr_p = u_p/\sqrt{gh_p} = 0.49(S_V)^{0.385} \tag{1-30}$$

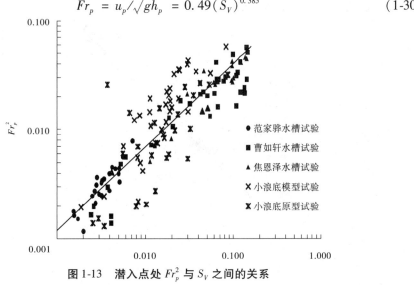

图 1-13 潜入点处 Fr_p^2 与 S_V 之间的关系

图 1-13 中同时还点绘了小浪底水库模型与原型异重流潜入点观测中的实测数据。异重流潜入点的模型观测资料来自黄科院近年来开展的小浪底水库运行方式研究过程中的试验数据[16~21]。而原型观测资料来自于黄河水利委员会水文局,该局自 2001 年起在小浪底水库开展异重流原型观测[22~24]。图 1-13 中点绘的是小浪底水库 2001 ~ 2011 年中 24 个测次的异重流潜入点观测资料。在这些原型观测数据中,潜入点水深在 3.8 ~ 12.8 m,流速在 0.19 ~ 1.35 m/s,含沙量在 4 ~ 169 kg/m³ 变化。应当指出,目前对水库异重流潜入点条件的原型观测相对较为困难。在小浪底水库异重流原型观测中,由于潜入点附近水流紊乱,漂浮物多,测验船只很难靠近。因此,一般在潜入点下游水流比较平稳的地方进行测验,可以认为潜入“点”是一种较为理想的状况,实际的潜入是发生在一个河段内的,其位置在不断摆动,且水流紊乱,无法准确地确定其特征代表点[22]。也正如范家骅[3]指出的,由于现场情况的复杂性及测验仪器精度的限制,这些原型观测资料大多不是真正潜入点处的实测资料,故图 1-13 中这部分原型观测数据的分散度相对较大,相关性较差。

将 $q_p = u_p h_p$ 代入式(1-30),则可得潜入点水深与单宽流量及体积比含沙量之间的具体表达式,即

$$h_p = 0.7517 \frac{q_p^{2/3}}{S_V^{0.77/3}} \tag{1-31}$$

式(1-31)表明,当来流单宽流量增加时,潜入点应下移;当来流含沙量增加时,潜入点应上移。在实际异重流潜入条件判别中,一般可以采用式(1-31)估算潜入点水深。潜入点处计算与实测水深的对比结果如图 1-14 所示。从图中可以看出,计算与实测的潜入点水深较为接近,因此可以认为潜入点水深计算公式(1-31)可用于多沙河流水库异重流形

成条件的判别。

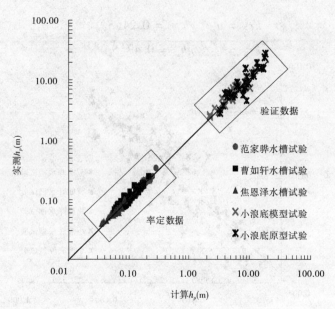

图 1-14　潜入点处计算水深与实测水深对比

第2章 异重流运动特性

流体之间的密度差异是产生异重流的根本原因。与一般明渠水流一样,维持异重流运动的动力仍是重力。所不同的是,由于浑水在清水下面运动,必然受到清水的浮力作用,使浑水的重力作用减小。异重流的有效重力减小,从而改变了异重流运动的惯性力及阻力作用之间的相互关系,形成了异重流区别于一般明渠水流的特殊矛盾[2]。

2.1 异重流有效重力、惯性力

异重流运动的力学特性之一是有效重力大大减小。由于浑水在清水下面运动,故浑水的重力作用减小。要消去这个浮力,可对清水与浑水同时施加与重力加速度相等的反向加速度 $-g$[2]。此时上层清水的容重为零,可不予考虑。而下层浑水的容重为

$$\rho_e g - \rho_c g = (\rho_e - \rho_c)g = \frac{\rho_e - \rho_c}{\rho_e} g \rho_e = \eta_g g \rho_e \tag{2-1}$$

式中:ρ_c、ρ_e 分别为清水密度、浑水密度;g 为重力加速度;$g' = \eta_g g$ 称为有效重力加速度;η_g 为重力修正系数,可表示为

$$\eta_g = \frac{\gamma_e - \gamma_c}{\gamma_e} = \frac{\rho_e - \rho_c}{\rho_e} \tag{2-2}$$

式中:γ_c、γ_e 分别为清水容重、浑水容重。

由式(2-2)可见,由于清水的浮力作用,浑水的重力加速度减小到 η_g 倍,又因 η_g 的量级一般为 $10^{-3} \sim 10^{-1}$,故异重流的重力作用大为减弱。

引入含沙量浓度 $S(\text{kg/m}^3)$,则浑水密度 ρ_e 可表示为 $\rho_e = \rho_c + (1 - \rho_c/\rho_s)S$,故式(2-2)可进一步表示为

$$\eta_g = 1 - \frac{\rho_c}{\rho_e} = 1 - \frac{\rho_c}{\rho_c + (1 - \rho_c/\rho_s)S} \tag{2-3}$$

式中:ρ_s 为泥沙密度,一般取 2 650 kg/m³,而清水密度 ρ_c 一般为 1 000 kg/m³。

由式(2-3)可知,即使含沙量 S 有较大的变化,也只能引起浑水密度 ρ_e 较小的变化。例如,当含沙量 S 从 1 kg/m³ 增至 100 kg/m³,即增加 100 倍时,浑水密度 ρ_e 将从 1 000.622 kg/m³ 增至 1 062.2 kg/m³,即只增加 6.2%。而此时 $\sqrt{\eta_g}$ 仅增加 10 倍左右,即从 0.025 增加到 0.242。当含沙量 S 在 1~400 kg/m³ 变化时,式(2-3)中 η_g 可直接近似表示成含沙量 S 或体积比含沙量 S_V 的幂函数(见图 2-1),即

$$\eta_g = 0.000\,7 S^{0.954\,5}, \quad R^2 = 0.999 \tag{2-4}$$

显然,式(2-4)结构形式较式(2-3)简单,且相关系数的平方接近 1。为了简化计算,在后面的分析中采用式(2-4)分析异重流运动的基本力学规律。

异重流运动的力学特性之二是惯性力的作用相对突出[25]。在水力学中常以佛汝德

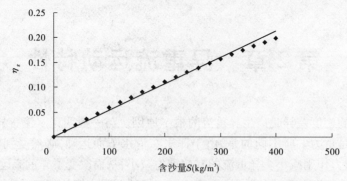

图2-1　重力修正系数 η_g 与含沙量 S 之间的非线性关系

数表示惯性力与重力的对比关系。若令异重流的流速为 u_e,相应厚度为 h_e,则异重流的密度佛汝德数 Fr 可表示为

$$Fr = \frac{u_e}{\sqrt{g'h_e}} = \frac{u_e}{\sqrt{\eta_g g h_e}} \tag{2-5}$$

式(2-5)表明:在相同的异重流流速及水深条件下,当含沙量 $S = 20 \text{ kg/m}^3$ 时,异重流的密度佛汝德数大约为相同条件下明流的 9 倍。异重流能够在一定范围内超越障碍物和爬高,就是惯性力相对突出的例子(见图2-2)。

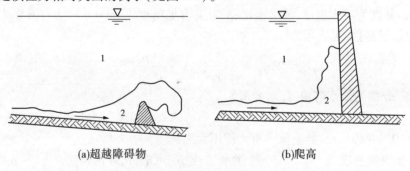

(a)超越障碍物　　　　　　　(b)爬高

1—清水;2—异重流

图2-2　异重流超越障碍物及爬高

2.2　异重流运动阻力

异重流运动的力学特性之一是阻力作用也相对突出[25]。水力学中的均匀流速,实质上反映着重力与阻力作用的对比关系。若令 R_e、J_e、f_e 分别表示异重流的水力半径、底坡及阻力系数(即达西-魏斯巴赫阻力系数,是一个包括床面阻力系数 f_{0e} 及交界面阻力系数 f_{1e} 在内的综合阻力系数),则呈均匀流的异重流流速为

$$u_e = \sqrt{\frac{8}{f_e}} \sqrt{g'R_e J_e} = \sqrt{\frac{8}{f_e}} \sqrt{\eta_g g R_e J_e} \tag{2-6}$$

由此可见,与水力半径、底坡及阻力系数相同的一般明渠水流相比,异重流流速将为一般明渠流流速的 $\sqrt{\eta_g}$ 倍,即要小得多。此点反映了阻力的作用相对突出。

2.2.1　层流异重流阻力

一般在处理明渠和管流的水流时,水流速度的公式中常常引用阻力系数来说明水流受到的阻力。当水流属于层流时,这个阻力系数是水流雷诺数的函数,而在水流进入紊流范围以后,阻力系数就由水流边界相对粗糙度而决定。同样的方法也可以用来分析异重流所承受的阻力。

坎利根[26](Keulegen G. H.)曾对层流异重流阻力作过分析,得到层流异重流平均流速公式

$$u_e = \frac{Re^{1/2}}{2.7} \sqrt{\eta_g g h_e J_e} \tag{2-7}$$

式中:Re 为雷诺数,$Re = u_e h_e / \nu$。

由式(2-6)可得层流异重流阻力系数为

$$f_e = \frac{58}{Re} \tag{2-8}$$

伊本(Ippen A. T.)和哈勒曼(Harlean D. R. F.)[27]用试验方法对式(2-7)进行了验证,试验的异重流运动雷诺数在 5 ~ 1 000 范围内。巴塔(Bata G.)和耐兹维茨(Knezevich B.)[28]、雷诺德(Raynaud J. P.)[29]、伯耐费(Bonnefille R.)和戈带(Goddet J.)[30]也做过一些层流异重流试验,证实了式(2-7)。

近年来,曹如轩[31]、范家骅[32]、赵乃熊等[33,34]对层流异重流阻力也进行了深入的研究,取得了有价值的成果。

2.2.2　紊流异重流阻力

对于紊流异重流阻力的研究,没有在层流范围内做得充分。从一般明渠水流的阻力来看,在紊流范围内,当槽底粗糙时,阻力系数应该是相对糙率的函数,与雷诺数无关。这一点在盖撒与伏契锡的试验结果中可以明显地看出来[35]。

1952 年,法国谢都水利试验所在尼塞里(Nizery A.)的领导下,对异重流的各种特性进行了较为系统的研究,其中也包括紊流异重流的阻力问题[36]。他们把异重流分成两个区域,一个是近底区($0 < y < h_{1e}$),一个是交混区($0 < y < h_e - h_{1e}$),各区的平均流速分别为 u_{1e}、u_{2e},底部和交界面的阻力系数可分别表示如下

$$f_{0e} = \frac{8\tau_0}{\rho u_{1e}^2} \tag{2-9}$$

$$f_{1e} = \frac{8\tau_i}{\rho u_{2e}^2} \tag{2-10}$$

式中:τ_0、τ_i 分别为底部、交界面上的阻力;ρ 为任一点的液体密度,该值因位置而异。

底部阻力系数 f_0 主要取决于底部的相对糙率及区域 I 中的水流雷诺数,后者的定义为

$$Re_1 = \frac{h_{1e} u_{1e}}{\nu_{1e}} = \frac{q_{1e}}{\nu_{1e}} \tag{2-11}$$

式中：q_{1e}、ν_{1e} 分别为近底区异重流的单宽流量、平均运动黏性系数。

米勋等在水槽及天然渠道中进行观察，从而确定阻力系数和边界糙率、水流及泥沙的特性间的关系[37]。试验中自由水面及天然库区水面的反比降及 $\int_0^h \frac{\partial \rho}{\partial x} dy$ 极小，可以忽略不计，故

$$f_0 = \frac{8 J g h_{1e}^2}{q_{1e}^2} \int_0^{h_{1e}} \frac{\Delta \rho}{\rho} dy \tag{2-12}$$

当渠槽光滑时，f_0 应该是雷诺数的函数，而当渠槽粗糙时，则应与相对糙率有一定的关系。

异重流运动方程和能量方程中的阻力通常用一个包括床面阻力系数 f_{0e} 及交界面阻力系数 f_{1e} 在内的综合阻力系数 f_e 来表示。异重流的阻力公式与一般明流相同，只是需要考虑异重流的有效重力加速度 $\frac{\Delta \gamma}{\gamma_e} g$，异重流的流速 u_e 可写为

$$u_e = \sqrt{\frac{8}{f_e} \frac{\Delta \gamma}{\gamma_e} g R_e J_0} \tag{2-13}$$

式中：R_e、J_0 分别为异重流的水力半径、河底比降。

异重流平均阻力系数值 f_e 采用范家骅的阻力公式[15]。即在恒定条件下，$\partial u_e / \partial t = 0$，从异重流非恒定运动方程，即

$$\frac{\Delta \gamma}{\gamma_e}\left(J_0 - \frac{\partial h_e}{\partial s}\right) + \frac{u_e^2}{g h_e} \frac{\partial h_e}{\partial s} - \frac{f_e u_e^2}{8 g R} - \frac{1}{8} \frac{\partial u_e}{\partial t} = 0 \tag{2-14}$$

可以得出

$$f_e = 8 \frac{R}{h} \frac{\frac{\Delta \gamma}{\gamma_e} g h_e}{u_e^2}\left[J_0 - \frac{dh_e}{ds}\left(1 - \frac{u_e^2}{\frac{\Delta \gamma}{\gamma_e} g h_e}\right)\right] \tag{2-15}$$

式中：J_0 为河底比降；dh_e / ds 为异重流厚度沿程变化，可根据上、下断面求得；其他符号意义同前。

异重流的湿周比明渠流湿周多了一项交界面宽度 B_e，用式(2-15)计算小浪底水库不同测次异重流沿程综合阻力系数 f_e，平均值为 $0.022 \sim 0.029$，见图2-3。

2.2.3　紊流异重流交界面阻力

在清水、浑水交混区 $(0 < y < h_e - h_{1e})$，平均流速为 u_{2e}，交界面的阻力系数可表示为

$$f_{1e} = \frac{8 \tau_i}{\rho u_{2e}^2} \tag{2-16}$$

式中：τ_i 为交界面上的阻力；ρ 为任一点的液体密度，该值因位置而异。

交界面上的阻力 τ_i 在这一区域可表示为

$$\tau_i = \rho g' h_{2e} J_1 \tag{2-17}$$

式中：J_1 为交界面的比降，实际运用中可用水库或河道底坡比降代替。

由式(2-16)、式(2-17)可得

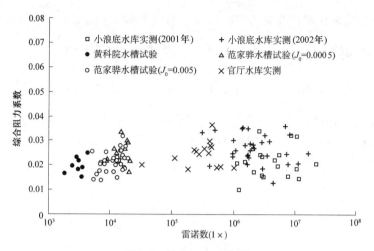

图 2-3　综合阻力系数图

$$f_{1e} = \frac{8g'h_{2e}J_1}{u_{2e}^2} \tag{2-18}$$

因 $u_{2e} = 0.86u_e$，所以式（2-18）可写成

$$f_{1e} = \frac{8g'h_{2e}J_1}{(0.86u_e)^2} \tag{2-19}$$

式中：h_{2e} 为清水、浑水交混区水深。

近底区（$0 < y < h_{1e}$）内，$u_e = (1 + m)u_{1e}$，交界面阻力系数就可以与近底区的平均流速联系起来，交界面阻力系数可表示为

$$f_{1e} = \frac{8g'h_{2e}J_1}{[0.86(1 + m)u_{1e}]^2} \tag{2-20}$$

但式（2-20）在实际运用中还不太方便，因已知的水沙因子通常是断面平均值。由于在理论上探讨交界面阻力系数和断面平均水沙因子之间的关系还存在着很大的难度，为此开展了专门的试验研究，以求通过试验的方法来找出它们之间的关系，此部分内容将另行论述。

对式（2-20）进行变形，得

$$f_{1e} = \frac{8J_1}{[0.86(1 + m)]^2 \dfrac{u_{1e}^2}{g'h_{2e}}} \tag{2-21}$$

从式（2-21）可以看出，交界面阻力系数和交混区的佛汝德数有一定的关系，这也说明交界面阻力和底部阻力有所不同，交界面阻力是上、下两层流体发生相对运动的结果，这种相对运动现象的来源是动量的变化。为了验证式（2-20）的合理性，采用范家骅的水槽异重流资料和官厅水库异重流资料对异重流交界面阻力系数进行了匡算。

钱宁等设想交界面阻力与佛汝德数有一定关系[36]，在清水、浑水交混区中，清浑水交界面的阻力系数 f_{1e} 与清水、浑水交混区佛汝德数 Fr_2（$Fr_2 = \dfrac{u_e^2}{g\dfrac{\Delta\rho_e}{\rho}h_{2e}}$）有关。在考虑淤积

或冲刷的情况下,采用水槽及渠道中的试验结果以及水库中的试验成果等资料,点绘出了 f_{1e}/J_1 与 Fr_2 之间的关系 $\dfrac{f_{1e}Fr_2}{J_1}=6.04$。式(2-21)与 $\dfrac{f_{1e}Fr_2}{J_1}=6.04$ 在结构上基本一致,只是有关的系数不同,这也说明式(2-21)是比较合理的。运用式(2-21)和 $\dfrac{f_{1e}Fr_2}{J_1}=6.04$ 对试验、实测异重流资料进行计算得交界面阻力系数,结果见图2-4。从图中可以看出,异重流交界面阻力系数为 0.003 ~ 0.018,但大部分点据集中在 0.003 ~ 0.01,这和坎利根、亚伯拉罕、爱辛克等的研究成果相近。

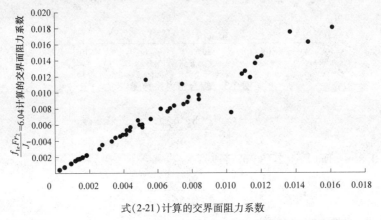

式(2-21)计算的交界面阻力系数

图2-4 式(2-21)和 $\dfrac{f_{1e}Fr_2}{J_1}=6.04$ 计算的交界面阻力系数对比

针对上文提出的交界面阻力系数与断面平均水力、泥沙要素之间的关系,通过水槽试验取得的数据,进行了深入的研究。在整理分析数据的过程中发现,h_{2e}/h_{1e} 与测量断面所在位置距进口的距离 l、断面平均含沙量 S、水槽比降 J_0 及单宽流量 q 有比较密切的关系。经分析,h_{2e}/h_{1e} 与 l、S、J_0、q 关系可表示为

$$h_{2e}/h_{1e} = qS^{0.13}J_0^{0.15}\mathrm{e}^{\frac{l}{L_e}} \tag{2-22}$$

式中:L_e 为水槽的有效试验长度。

利用试验资料点绘的实测 h_{2e}/h_{1e} 值与计算 h_{2e}/h_{1e} 值见图2-5。从图中可以看出,计算值与实测值有较好的相关性。由大量的试验和天然实测资料分析来看,异重流交界面以上的流速分布迅速减小,所以断面平均流速可以用交界面以下的平均流速来代替,这样做可以简化计算,也不会对计算结果产生较大的误差。因此,用式(2-20)和式(2-22)就可以计算异重流交界面的阻力系数。具体的计算方法如下:假定 $h_e \approx h_{1e} + h_{2e}$,异重流水深 h_e 为已知数,利用式(2-22)就可以求出 h_{1e} 和 h_{2e}。

由 $u_{1e}=0.86u_e$,$u_{2e}=(1+m)u_e$ 得

$$\frac{u_{1e}}{u_{2e}} = \frac{0.86}{1+m} \tag{2-23}$$

若异重流断面清浑水交界面以下断面平均流速为 u_e,则

$$u_e = \frac{u_{1e}h_{1e} + u_{2e}h_{2e}}{h_{1e} + h_{2e}} \tag{2-24}$$

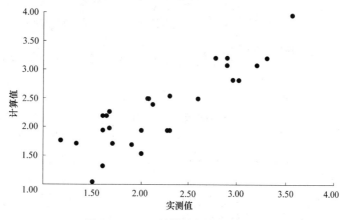

图 2-5 h_{2e}/h_{1e} **计算值与实测值对比**

由式(2-23)、式(2-24)可以求出 u_{2e} 与 u_e 的关系,在计算交界面阻力系数时,断面平均流速、平均含沙量为已知量,这样利用式(2-21)就能计算出异重流交界面的阻力系数。

阻力系数是反映流体宏观整体平均特性的参数,它与流速分布和边界剪应力分布密切相关,常用来表示固体边界对水流阻力的参数有谢才系数 C、曼宁系数 n 和达西系数 f,其中 C 和 n 为有量纲的,f 为无量纲的。在明渠水力计算中,习惯上常用 n 和 C,这 3 个阻力参数之间的转化关系为

$$\frac{8}{f} = \frac{C^2}{g} = \frac{R^{1/3}}{n^2 g} \tag{2-25}$$

第3章 异重流流速及含沙量垂向分布

流速分布是水流阻力状况的反映,或者说是水流能量消耗的反映。因此,流速和含沙量沿垂向分布规律的研究是水流挟沙力研究的基础。研究水库异重流的流速与含沙量沿垂向分布规律,对水库优化调度等方面具有重要意义。本章首先给出现有异重流交界面位置确定的几种方法;然后总结国内外已有异重流流速沿垂向分布规律的研究现状,一般认为最大流速点以下区域的流速分布可用对数或指数函数表示,但相关参数必须随水沙条件而变化,而最大流速点以上区域的流速分布一般可用高斯分布或抛物线分布近似;最后指出因现有小浪底库区流速与含沙量沿垂向分布的测量精度尚待提高,难以用简单函数关系描述它们沿垂向的分布规律,今后应当将异重流的室内水槽试验与野外观测相结合,进一步深入研究异重流流速与含沙量沿垂向的分布规律。

3.1 异重流交界面

库区异重流交界面的形状是两层分层流体研究的基本课题之一。在这个领域,前人已经做了大量的研究工作,但是由于异重流交界面的位置不如明渠流容易判别,各家对异重流交界面的定义也有所不同(见图3-1)。目前确定异重流交界面位置的方法主要有以下5种:

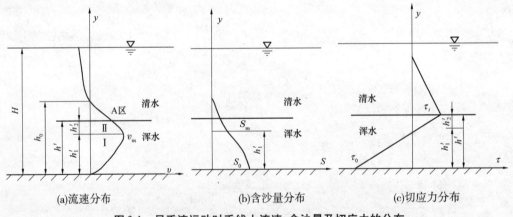

(a)流速分布　　　　　　(b)含沙量分布　　　　　　(c)切应力分布

图3-1　异重流运动时垂线上流速、含沙量及切应力的分布

(1)把垂线含沙量为零处的层面作为异重流交界面。这种方法在异重流含沙量大,异重流与清水层的交界面清晰时,可以采用。

(2)将异重流沿程各垂线流速分布中在交界面附近流速为零的点的连线作为异重流交界面。这种方法在研究河道温差异重流时得到了广泛的应用。例如,陈惠泉[38]就定义零流速面为交界面。

（3）将异重流垂线流速分布从槽底向上积分，得单宽流量 $q(z)$，即

$$q(z) = \int_0^z u_e \mathrm{d}z \tag{3-1}$$

在某点 $z = a$ 处，$q(a)$ 和实测量水堰测出的单宽流量 q 相等，即 $q = q(a)$，把该处的位置定为异重流的上边界，异重流水深等于 a。这个方法在异重流垂线流速分布量测较高时，是最科学的方法，这样得到的位置也就是理论上的异重流交界面所在的位置。这种方法尽管理论基础强，但在实际应用中也存在一定的问题。当异重流排沙时，由于闸门开启，清水被带出库外，不能形成环流，往往不能发现表层清水向上游的流动。此时尽管表层清水的流速很小，但一般都显示出向下游流动。

（4）在水文测验中，异重流清浑水交界面的确定常常采用这样的方法：含沙量沿垂线分布在清浑水交界区有一转折点，该转折点以下含沙量突然增大，该点所处的水平面即为异重流清浑水交界面，其上为清水，其下为浑水异重流。异重流交界面以垂线上有明显流速且垂线含沙量发生突变，并参考同断面其他垂线和上下游异重流交界面高程确定。

（5）异重流运行过程中，因清浑水两种水流相互掺混而使清浑水交界面存在一定厚度，为便于表示，以某级含沙量作为清浑水交界面。这种方法具有很大的实用性，关键是如何确定清水、浑水分界的临界含沙量。

从上述可以看出，交界面的确定都是以研究的方便来定义的。在后面的研究过程中，为方便问题的研究和简化计算，以含沙量为 $5\ \mathrm{kg/m^3}$ 的水流面作为清浑水交界面。

3.2　异重流流速垂向分布

图 3-2 为异重流潜入点附近流速与含沙量沿垂线及沿程的变化过程。水库上游带有一定数量细颗粒泥沙的挟沙水流进入水库的壅水段之后，由于水深的逐渐增加，其流速和含沙量沿垂线的分布从正常状态（A 断面）逐渐向分布不均匀变化（B 断面），水流最大流速向库底转移（B 断面）；当水流流速减小到一定值时，浑水开始下潜；在潜入点（C 断面），流速和含沙量沿垂线分布更不均匀，水面处流速为 0，含沙量也接近于 0；在潜入点以下（D 断面），异重流的流速和含沙量沿水深分布比较均匀，上层清水形成横轴环流，潜入点附近有漂浮物聚集[25]。对于异重流流速分布和含沙量分布的定量研究没有对明渠流研究得那样多，发表的文献也较少，这主要与异重流量测困难较大有关。

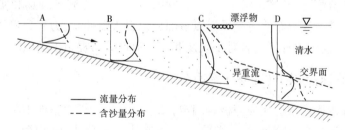

A—远离潜入点；B—潜入点附近上游；C—潜入点；D—潜入点以下

图 3-2　异重流潜入点附近流速与含沙量沿垂线及沿程的变化示意图

Michon 等[37]在水槽试验中观测到有异重流运动时,其垂线上的流速、含沙量及切应力分布可用图 3-1 表示。在流速曲线的上半部有一转折点 A。一般可以把 A 点所在的平面作为清浑水交界面。其中,浑水区的厚度为 h_e,按照最大流速 u'_{em} 所在点的位置,可以分成上、下两个区域,其厚度分别为 h_{1e}、h_{2e}。已有实测资料表明,这两个区域中的流速分布遵循不同的规律,而且异重流层流及紊流时的沿垂向分布规律也不相同。

对于异重流层流的情况,Raynauld[29]假定交界面以下区域的流速分布为抛物线型,从而得到异重流的流速分布公式。Ippen 和 Harleman[27]分析得到的流速分布为

$$\frac{u'_e}{u_e} = 1 + 2\frac{z}{h_e} - \frac{1}{2\xi}\Big[\Big(\frac{z}{h_e}\Big)^2 + \frac{1}{3}\frac{z}{h_e} - \frac{1}{12}\Big] \tag{3-2}$$

式中:ξ 是表明黏滞力和重力之比的无量纲数;u'_e 为异重流垂线上某点的流速;u_e 为异重流平均流速。

图 3-3 给出了水槽中所测的异重流流速分布。从图中可以看出,层流异重流实测与理论流速分布符合较好。

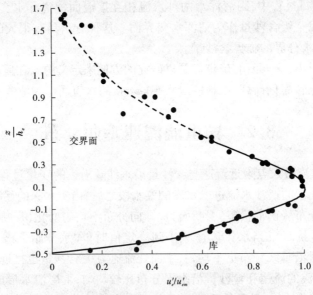

图 3-3　层流异重流的实测与理论流速分布比较

对异重流紊流情况,其流速沿垂向分布如图 3-1 所示。在野外现场和实验室水槽内,均曾测量到类似的流速分布。将交界面以下部分以最大流速 u'_{em} 为界分为两部分,即流速分布 I、II 区。目前国内外研究者对 I 区及 II 区的流速分布提出了类似的表达式。

3.2.1　最大流速点以下(I 区)流速分布

由于河道或水库底部剪切应力极难测定,摩阻流速的计算值精度不高,在采用对数流速分布公式时会造成一定的误差。指数形式的流速分布公式,结构简单,但在 Karman-Prandtl 对数流速公式问世以后,前者逐渐为后者所代替[39]。陈永宽[40]采用实测资料具体分析了对数流速公式,在含沙量较高的水流中,指数流速公式中的系数 m 如果取为变

量,则具有较对数公式更高的计算精度,并指出系数 m 随含沙量增加而有所增加。张红武[41]在研究弯道环流流速分布规律时,对大量黄河和室内资料进行分析后认为,相对于修正前的对数流速分布公式,指数流速公式与实际较为符合;惠遇甲[42]的研究也得出了类似的结论。由于异重流的含沙量一般较大,特别在北方河流、水库中表现尤为突出,因此需要从挟沙水流流速沿垂向的分布规律研究异重流 I 区的流速分布特点。下面首先介绍早期国外研究者对 I 区流速分布规律的研究成果,然后介绍近期作者的研究成果。

3.2.1.1 早期国外研究成果

对在最大流速以下的 I 区部分,Geza 等[35]利用不同油类在水槽内实测异重流流速分布得到符合下式的关系

$$u_e - u'_{em} = \frac{u_*}{\kappa} \lg \frac{z}{h_{1e}} \tag{3-3}$$

式中:h_{1e} 为异重流 I 区的厚度;u_* 为摩阻流速。

Geza 等[35]也发现在槽底光滑时,异重流近底处的流速分布基本上遵循对数流速公式。法国谢都水利试验所的 Michon 等[37]在底部光滑水槽内观测所得的浑水异重流的流速分布,如图 3-4 所示。

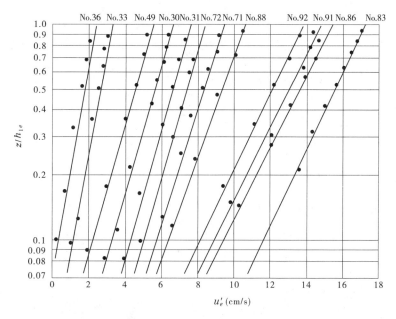

图 3-4　光滑底部异重流 I 区流速分布(谢都水利试验所)

试验表明,I 区流速分布符合上述对数关系,在 $z/h_{1e} = 0.2 \sim 0.9$ 范围内,点据落在直线上,其中卡门常数 κ 与异重流平均流速有关,如图 3-5 所示。

Michon 等还使用指数表达式表示异重流分布

$$u_e = Au_e \left(\frac{z}{h_{1e}}\right)^{1/n} \tag{3-4}$$

在 $z/h_{1e} < 0.85$ 范围内,测点符合上式。式(3-4)中参数 n 与 A 随平均流速 u_e 而变,如图 3-6、图 3-7 所示。

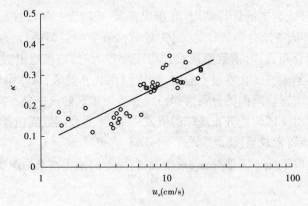

图3-5 κ与Ⅰ区平均流速的关系

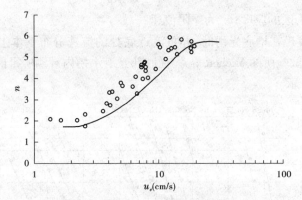

图3-6 参数 n 与Ⅰ区平均流速的关系

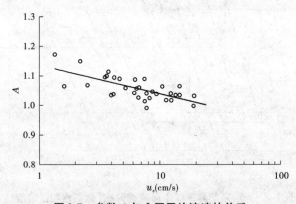

图3-7 参数 A 与Ⅰ区平均流速的关系

对于粗糙底部的情况,实测异重流流速沿垂线分布规律与式(3-3)或式(3-4)均不符合。在粗糙底部水槽内观测所得的浑水异重流的流速分布如图3-8所示。按照Michon等[37]的分析结果,在 $z/h_{1e}=0.2\sim0.9$ 的范围内,流速分布遵循如下对数定律

$$u_e - u'_{em} = \frac{u_e}{\kappa'}\lg\frac{z}{h_{1e}}\qquad(3-5)$$

其中,κ' 与Ⅰ区平均流速 u_e 的关系如图3-9所示。现场观测(官厅水库、三门峡水库)异

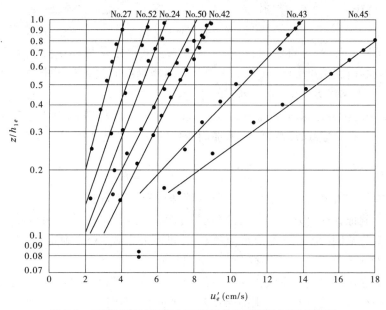

图 3-8　粗糙底部异重流Ⅰ区流速分布（谢都水利试验所）

重流分布基本符合对数关系，但 κ' 值随含沙量与流速的增大而增大；实际观测中还发现，最大流速点在交界面以下的位置（区分Ⅰ、Ⅱ区）很不容易测准。

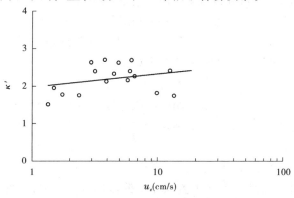

图 3-9　κ' 与 u_e 的关系

3.2.1.2　作者的研究成果

作者的研究成果是以前人提出的明渠流指数流速分布公式为基础，采用典型水库异重流流速分布资料对挟沙水流指数流速分布规律进行验证的。

流速分布规律的研究是揭示水流流动特性的关键。早在 20 世纪 20 年代，Karman 和 Prandtl 根据因次分析的概念，各自独立地提出了如下简单的指数流速分布公式

$$u' = u_m (z/h)^m \tag{3-6}$$

式中：u' 为距床面高度为 z 处的流速；h 为水深；u_m 为 $z = h$ 处的最大流速；m 为指数。

将流速 u' 沿垂线积分，可得垂线平均流速 u 为

$$u = \frac{u_m}{h} \int_0^h (z/h)^m \mathrm{d}z = \frac{u_m}{1 + m} \tag{3-7}$$

将式(3-7)代入式(3-6)后,得

$$u' = (1 + m)u(z/h)^m \qquad (3\text{-}8)$$

由式(3-6)、式(3-8)不难看出,指数流速分布公式的定量描述主要取决于指数 m 值的大小。前人的研究结果表明,m 与雷诺数及相对粗糙度有关。对于指数 m 与含沙量之间关系的研究,大多成果所取的含沙量范围较小(小于 50 kg/m³),而且没有给出确定的办法,因此影响对指数流速分布规律的全面认识,为此张俊华等[43]开展了较为系统的研究。通过进一步拟合曲线,m 值随 S_V 增加而变化的平均情况,可由以下经验关系描述

$$m = \frac{0.143}{1 - 4.2\sqrt{S_V}(0.46 - S_V)} \qquad (3\text{-}9)$$

采用水库异重流最大流速点以下部分的流速分布实测资料,对修正后的指数流速分布公式进行了验证,图3-10(a)、(b)、(c)列举了部分验证结果。由此可以看出,即使含沙量有较大的变化范围(包括高含沙水流资料),如果采用式(3-9)确定式(3-8)中的指数 m,指数流速公式与实测资料颇为符合。

根据小浪底水库实测异重流流速的垂线分布图,水库异重流是清水、浑水因为比重的差异而发生的相对运动,清水、浑水能保持其原来面目,不因交界面上的紊动作用而混淆成一体。一般来说,异重流流速分布交界面上下明显不同,交界面以上流速较小,交界面以下流速较大,最大流速在异重流层的相对位置不稳定。根据小浪底水库历年实测资料点绘流速沿垂线分布,并进行分析可知,在水库上段,测点最大流速位置偏下,尤其是在潜入点下游附近,最大流速测点接近于河底;在坝前段,由于受小浪底水库泄水影响,最大测点也接近于河底,例如在桐树岭断面。图3-11 给出了小浪底水库异重流最大流速点以下(Ⅰ区)流速分布。从图3-11 中可以看出,用式(3-8)及式(3-9)进行验证,结果与实测值相差较大。当异重流含沙量较小时,计算值与实测值符合较好;当异重流含沙量增大时,两者差别较大。解河海等[44]分析了近期小浪底水库异重流流速分布的指数 m 与平均含沙量 S 之间的关系。分析结果表明,m 随着平均含沙量的增大有先增大后减小的趋势。经回归分析,m 可以近似表示为平均含沙量的函数。从他们的分析中可以看出,由于所用实测点据较少,且分散程度大,故规律性相对较差。

综合分析近年来小浪底水库异重流观测中的流速分布数据,发现最大流速点以下观测点个数偏少,一般为3~4个。同时由于异重流底部位置不易确定,近底层流速的测量精度较差。因此,现有小浪底库区异重流流速实测资料精度难以用来分析Ⅰ区的流速分布规律,需要结合异重流的水槽试验,开展进一步的研究。

3.2.2 最大流速点以上(Ⅱ区)流速分布

对于异重流最大流速点以上部分即Ⅱ区的流速分布,Michon 等[37]提出,符合正常高斯误差分布定律(见图3-12)

$$u_e = u'_{em}\exp\left[-\frac{1}{2}\left(\frac{z - h_{1e}}{h_{2e}}\right)^2\right] \qquad (3\text{-}10)$$

式中:h_{2e} 为最大流速点至转折点的距离,即 $h_{2e} = h_e - h_{1e}$。

由式(3-10)可以推导出这一区域的平均流速 u_e 为 u'_{em} 的86%。

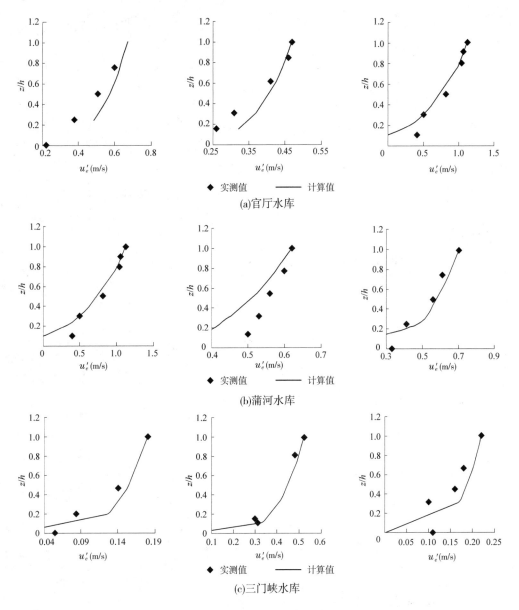

图 3-10 异重流最大流速点以下流速分布验证

从现有的文献资料看,关于最大流速所在点以上部分(Ⅱ区)的流速分布以 Michon 等提出的高斯误差正态分布定律为主。姚鹏[45]对此问题也进行了探讨,他认为异重流垂线时均流速分布可以用下式表示,即

$$\frac{u_e}{u'_{em}} = 1 - 0.45\left(\frac{z}{h_{1e}} - 1\right)^2 \tag{3-11}$$

从式(3-11)与实测资料的对比图(见图 3-13)可以看出,虽然受到测量精度的影响,试验点据比较散乱,但式(3-11)基本反映了时均流速变化的规律性,同时也说明在此区域的流速分布规律比较复杂。

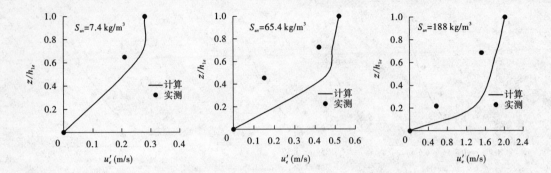

图 3-11　小浪底水库异重流最大流速点以下流速分布验证

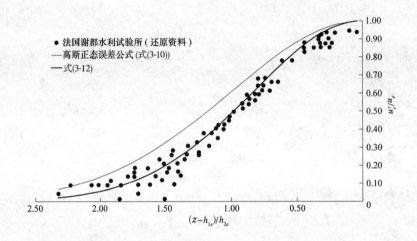

图 3-12　紊流异重流在 Ⅱ 区的流速分布

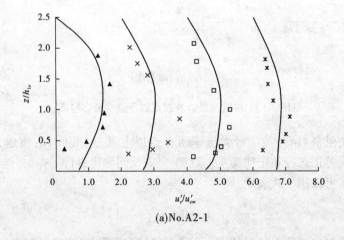

(a)No.A2-1

图 3-13　流速沿垂线分布计算与实测对比(姚鹏,1994)

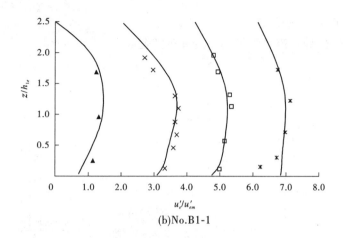

(b)No.B1-1

续图 3-13

在对 Abulsom 等[46]的试验结果进行分析时发现,Ⅱ区的流速分布确实符合高斯误差正态分布,但是提出的流速分布公式与试验点据并不能很好地吻合,也不像有关文献描述的"这一区域内的实测流速分布的点据很好地分布在曲线的两侧",只是流速分布的曲线和试验点据具有相同的分布趋势。为能找出这一区域的流速分布规律,张俊华等[16]仍然采用 Abulsom 等的经典数据进行了研究。由于目前 Abulsom 等的试验数据比较难以获得,采用了比较先进的数据识别技术对文献中提供的图的试验点据进行了还原。从还原后试验数据的图与文献提供图的数据对比可以发现,还原数据与原图数据基本吻合。这样可以确保还原数据的准确性。根据还原数据,对这一区域的流速分布提出如下修正公式

$$u_e = u'_{em} e^{-0.72\left(\frac{z-h_{1e}}{\delta}\right)^2} \tag{3-12}$$

式中:h_{1e}为异重流最大流速点以下水深。

图 3-12 中列出了拟合式(3-12)的曲线、密勋等提出的高斯误差正态分布定律与试验点据的比较。从图 3-12 中可以看出,拟合式(3-12)与试验点据符合得比较好。对式(3-12)积分,不难算出这一区域的平均流速近似为 u'_{em} 的 86%。

3.3　异重流含沙量垂向分布

目前对异重流含沙量沿垂线分布规律的研究,大多来自水库实测资料,例如分析官厅水库、三门峡水库等异重流含沙量沿垂线分布的资料可以发现,异重流交界面附近存在明显的转折拐点,交界面以下含沙量分布较为均匀。而异重流含沙量沿垂线分布规律的室内试验研究不是很多,主要以曹如轩等[31]、姚鹏[45]的研究成果为主。

姚鹏[45]在异重流室内水槽试验中发现,由于沿程掺混的影响,含沙浓度沿程降低,定义无量纲的高度参数为

$$Y = 10\frac{z}{h_p}\left(\frac{h_p}{L_x}\right)^{0.1} \tag{3-13}$$

式中:h_p 为潜入点的水深;L_x 为距潜入点的距离。

通过回归计算,异重流含沙量沿垂线分布可表示为

$$\frac{S}{S_a} = e^{0.2Y/(Y^2-1)}$$

(3-14)

式中:S_a 为靠近底部的垂线最大含沙量。

式(3-14)与试验资料的对比结果如图 3-14 所示。

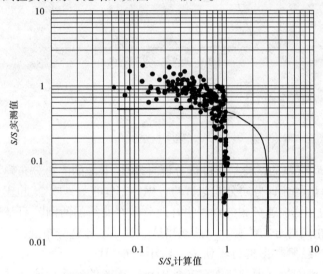

图 3-14   异重流含沙量计算值与实测值对比(室内水槽试验)

应当指出,上述关系是在室内水槽试验中得到的,实际水库中的含沙量沿垂线分布规律要复杂得多。为了得到小浪底水库异重流含沙量的垂线分布公式,解河海等[44]对小浪底水库2001~2006 年异重流垂线流速分布进行了分析。多个异重流含沙量垂向分布图表明:含沙量沿垂线由交界面至河底逐渐增大,并表现出一定的规律性;含沙量沿垂向分布总体表现为抛物线分布。

侯素珍[47]分析了小浪底水库异重流含沙量沿垂线分布的实测结果,一般可分为两种类型:在异重流形成的初期阶段,入库流量大,其强度和流速均较大,由于紊动和泥沙扩散作用使清水、浑水掺混,交界面附近含沙量梯度变化较小,清浑水交界面不明显。随着异重流的持续和稳定,交界面处含沙量变化梯度增大,最大流速发生在异重流上部接近交界面处,最大流速以下含沙量垂向分布均匀或变化梯度很小。由于异重流细颗粒泥沙沉积的影响,底部形成淤泥层,含沙量会突然增大。

图 3-15 给出了小浪底库区异重流不同含沙量下的沿垂线分布。由该图可知,在实际水库中,异重流含沙量沿垂线分布规律非常复杂,难以用简单的函数关系来描述其分布规律。另外,从这些年来小浪底库区异重流含沙量沿垂线分布的实测资料来看,由于异重流底部位置不易确定,测量误差较大。例如含沙量分布中近底层含沙量往往测得较大的值(最大可达 1 000 kg/m³)。这些含沙量特大值,往往是泥沙淤积物,非异重流本身悬浮泥沙。如果将底部淤积物含沙量计入平均含沙量,显然是不合适的。因此,今后应当将室内水槽试验与野外观测结合,进一步深入研究异重流含沙量沿垂线的分布规律。

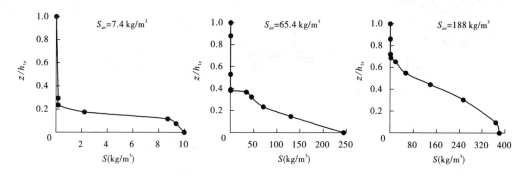

图 3-15　小浪底水库实测异重流含沙量沿垂线分布

第4章 异重流传播与输沙

4.1 异重流传播时间

只有准确预测异重流到达坝前的时间,才能适时开启泄水建筑物闸门排走泥沙,否则开启过早则排走库内清水,损失蓄水量和水头,开启过迟则坝前异重流浑水发生壅高,不仅库内发生淤积,影响排沙效果,甚至由于浑水水面抬高,使过机含沙量大为增加。为了在异重流到达坝前时及时开闸排沙,以免过早开闸废泄清水或过迟开闸产生坝前淤积、闸门淤堵、库容淤损,在水库管理运用中,陕西省水科所总结了异重流传播时间经验关系,认为异重流传播时间与入库洪水总量、洪峰流量、含沙量、异重流运行距离(或水库回水长度)及回水段库底比降有关[48]。

在假设异重流前锋运动是稳定流的前提下,韩其为[2]推导了异重流传播时间计算公式,认为异重流传播时间主要与异重流运行距离、单宽流量、含沙量及库底比降等因素有关,此外对于不同的水库,还引入了库形系数。

影响异重流传播的因素是很多的,各个水库的特点不同,因而各影响因素中的主次关系也变化多端,再加上实测资料缺乏,目前尚未找到一个普遍适用的异重流传播时间计算公式。

在水库的库尾段(天然河流区),若河底比降较缓且不受库区回水影响,洪水波一般以运动波传播为主;而对于库底比降较陡的山区河段,洪水波一般应考虑以惯性波传播为主。在水库的坝前段(水库的平水区或蓄水区),河床底坡很小,由于受大坝挡水等因素的作用,若不发生异重流,洪水波在传播过程中存在着叠加和反射,洪水波进入该区后,波长较短,而恒定流水深一般很大,此时洪水波的运动以惯性波为主[49]。如果发生异重流潜入,则异重流潜入点以后的运动与缓坡上的明流运动类似,但必须考虑重力修正系数等方面的影响。

均匀流的异重流流速一般可表示为[50]

$$u_e = \sqrt{8/f_e}\ \sqrt{\eta_g g R_e J_0} \tag{4-1}$$

式中:η_g 为重力修正系数,其量级一般为 $10^{-3} \sim 10^{-1}$;g 为重力加速度;R_e、f_e 分别为异重流的水力半径及阻力系数。

式(4-1)同样也表明,计算 R_e 时须考虑交界面部分的湿周,故 R_e 比一般明流要小。假设异重流清浑水交界面处的水面宽度为 B_e,相应该水面宽度下的平均水深为 h_e。对于宽浅断面上形成的异重流,存在 $B_e \gg h_e$,故可得异重流的水力半径 $R_e = (B_e h_e)/(2B_e + 2h_e) \approx h_e/2$。这样均匀流的异重流流速可化简为 $u_e = \sqrt{(4/f_e)\eta_g g J_0 h_e}$。异重流运动的流

量为 $Q_e = B_e h_e u_e$，则异重流流速与流量之间的关系为 $u_e = \sqrt{(4/f_e)\eta_g g J_0 Q_e/(B_e u_e)}$，故该式可变形为

$$u_e = \sqrt[3]{(4/f_e)\eta_g g J_0 (Q_e/B_e)} \tag{4-2}$$

当含沙量 $S < 400$ kg/m³ 时，可知 η_g 与 S 之间存在如下关系 $\eta_g = 0.000\,7 S^{0.954\,5}$，代入式(4-2)，进一步可得

$$u_e = \sqrt[3]{(4/f_e)0.000\,7g}(J_0 S^{0.954\,5} Q_e/B_e)^{1/3} \tag{4-3}$$

令异重流运动的单宽流量 $q_e = Q_e/B_e$，参数 $K_s = \sqrt[3]{(4/f_e)0.000\,7g}$，则可得异重流流速与单宽流量、含沙量等之间的关系式

$$u_e = K_s(J_0 S^{0.954\,5} q_e)^{1/3} \tag{4-4}$$

异重流库段洪水波传播速度的计算，与明流库段基本类似，即

$$\omega_{u_e} = \beta_e u_e \tag{4-5}$$

式中：ω_{u_e} 为异重流洪水波波速；β_e 为异重流洪水波的修正系数；u_e 为异重流流速。

计算 u_e 时必须考虑重力修正系数的影响以及采用异重流运动的综合阻力系数，同时在计算水力半径时还须考虑交界面部分的水面宽度，即需修正异重流水力半径的大小。异重流洪水波传播速度的推导过程如下。

由式(4-1)可得

$$\frac{\mathrm{d}u_e}{\mathrm{d}R_e} = \frac{C}{2}\frac{1}{\sqrt{R_e}} = \frac{1}{2}\frac{u_e}{R_e} \tag{4-6}$$

式中：$C = \sqrt{8\eta_g g J_0/f_e}$。

对于宽浅断面上形成的异重流，存在 $R_e \approx h_e/2$，故有 $\dfrac{\mathrm{d}R_e}{\mathrm{d}A_e} = \dfrac{\mathrm{d}(h_e/2)}{\mathrm{d}(B_e h_e)} = \dfrac{1}{2B_e}$，其中 A_e 为异重流的过水面积。因此，可得 β_e 的计算式

$$\beta_e = 1 + \frac{A_e}{u_e}\frac{\mathrm{d}u_e}{\mathrm{d}R_e}\frac{\mathrm{d}R_e}{\mathrm{d}A_e} = 1 + \frac{A_e}{u_e}\frac{u_e}{2R_e}\frac{1}{2B_e} \approx \frac{3}{2} \tag{4-7}$$

故对于宽浅断面，异重流洪水波的传播速度近似为 $\omega_{u_e} = \dfrac{3}{2}u_e$。由于重力修正系数及交界面存在对水力半径计算的影响，u_e 比一般明流要小。在实际计算中，因库区断面形态较为复杂，异重流段洪水波的传播速度可近似按 $\omega_{u_e} = (1\sim2)u_e$ 估算。

入库洪水运行到水库坝前时间为 $T_{总}$，该时间包括在库尾段天然河道运行时间（即运行至异重流潜入点时间）T_{op} 和潜入点起至坝前时间 T_{dc}，即 $T_{总} = T_{op} + T_{dc}$；相应全库区长度为 $L_{总} = L_{op} + L_{dc}$。库区明流段长度为 L_{op}，洪水波的平均传播速度为 $\omega_{u_{op}}$，相应于某一流量级及坝前水位，$T_{op} = L_{op}/\omega_{u_{op}}$。库区异重流运行段的长度为 L_{dc}，相应洪水波的平均传播速度为 $\omega_{u_{dc}}$，则 $T_{dc} = L_{dc}/\omega_{u_{dc}}$。

因此，异重流的运行时间可按下式计算，即

$$T_{dc} = \int_0^{L_{dc}} \frac{1}{\omega_{u_{dc}}}\mathrm{d}x = \int_0^{L_{dc}} \frac{1}{\beta_e u_e}\mathrm{d}x \tag{4-8}$$

将式(4-4)代入式(4-8)可得

$$T_{dc} = \int_0^{L_{dc}} \frac{1}{\beta_e K_s (J_0 S^{0.9545} q_e)^{1/3}} \mathrm{d}x \qquad (4\text{-}9)$$

由于异重流泥沙输移一般为超饱和输沙,水流挟沙力远小于水流含沙量,因此可以忽略其水流挟沙力[2],则一维非饱和非均匀沙异重流含沙量的沿程分布方程式[51]可进一步化简为

$$S_1 = S_0 \sum_{k=1}^{N} \Delta P_{0k} \exp\left(-\frac{\alpha_k \omega_k \Delta x}{q_e}\right) \qquad (4\text{-}10)$$

式中:α_k 为第 k 粒径组泥沙的恢复饱和系数;ω_k 为第 k 粒径组泥沙的沉速;ΔP_{0k} 为进口断面非均匀沙的级配;N 为非均匀沙分组数;S_0,S_1 分别为进、出口断面的含沙量。

将简化后的非均匀沙异重流含沙量的沿程分布方程,代入计算异重流运行时间的关系式,可得

$$\begin{aligned} T_{dc} &= \int_0^{L_{dc}} \frac{1}{\beta_e K_s (J_0 S^{0.9545} q_e)^{1/3}} \mathrm{d}x \\ &= \frac{L_{dc}}{(J_0 S_0^{0.9545} q_e)^{1/3}} \left(\frac{1}{\beta_e K_s}\right) \int_0^1 \frac{1}{\left[\sum\limits_{k=1}^{N} \Delta P_{0k} \exp\left(-\frac{\alpha_k \omega_k L_{dc}}{q_e} \frac{\Delta x}{L_{dc}}\right)\right]^{0.9545}} \mathrm{d}\left(\frac{\Delta x}{L_{dc}}\right) \end{aligned} \qquad (4\text{-}11)$$

根据韩其为[2]的假设:考虑到由于单宽流量大,潜入点的水深也大,在坝前水位和含沙量变化不大的条件下,潜入点至坝址的距离 L_{dc} 就短,故在一定范围内可以近似认为式(4-11)中指数项 $\exp(-\alpha_k \omega_k L_{dc}/q_e)$ 沿程变化不大。当 q_e 很大时,$-\alpha_k \omega_k L_{dc}/q_e \approx 0$,故指数项 $\exp(-\alpha_k \omega_k L_{dc}/q_e)$ 的值接近1。这样再加上潜入点及 q_e 不变的假定,则存在

$$\left(\frac{1}{\beta_e K_s}\right) \int_0^1 \frac{1}{\left[\sum\limits_{k=1}^{N} \Delta P_{0k} \exp\left(-\frac{\alpha_k \omega_k L_{dc}}{q_e} \frac{\Delta x}{L_{dc}}\right)\right]^{0.9545}} \mathrm{d}\left(\frac{\Delta x}{L_{dc}}\right) = 常数 = a \qquad (4\text{-}12)$$

因此,式(4-12)表明,当 q_e 很大且 L_{dc} 较短时,可以近似认为 $-\alpha_k \omega_k L_{dc}/q_e$ 的值趋于0,则 $\exp(-\alpha_k \omega_k L_{dc}/q_e)$ 的值接近1。

因此,潜入点至坝前异重流段洪水波运行时间 T_{dc}(单位为 h)可表示为

$$T_{dc} = a \frac{L_{dc}}{(J_0 S_0^{0.9545} q_e)^{1/3}} \qquad (4\text{-}13)$$

式中:L_{dc} 为潜入点至大坝的距离,km;J_0 为相应库段库底比降(‰);如果忽略异重流段运行宽度的沿程变化,式中单宽流量 q_e 可近似用入库流量表示;a 为库形系数,显然对于不同的水库,a 是不同的。

通过收集近年来小浪底库区不同年份异重流段运行的实测资料,包括实际运行时间(h)、潜入点至大坝距离(km)、相应运行水位下的库底比降、平均河宽等资料,初步对式(4-13)中的参数进行了率定,得 $a = 1.8$(见图4-1)。

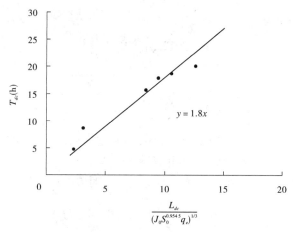

图4-1 异重流传播时间估算式(4-13)参数率定

4.2 异重流挟沙力

水库形成异重流后,由于浑水集中,底部过水断面减小,平均流速增加,使挟沙力加大。这是在同样条件下异重流排沙较明流排沙效果大的根本原因。另外,若含沙量不是特别高,异重流一般为超饱和输沙,沿程总是发生淤积,加之异重流在沿程流动过程中流量的散失,因此异重流排沙比一般不会达到100%。为了开展异重流输沙计算,需要找出计算异重流挟沙力的计算公式。

目前,异重流挟沙力的计算方法主要是由韩其为[52]、焦恩泽[1]、张俊华[53]等提出的。这些方法表明:现有明流挟沙力公式同样适用于异重流,但公式中相应参数需要采用异重流模式计算。上述计算方法均能反映异重流多来多排的输沙规律,但是韩其为公式尚缺少高含沙资料的验证。

4.2.1 韩其为方法[52]

由于异重流的特殊条件,它的挟沙力关系在表现形式上又与明流有很大的差别,原因是明渠的含沙量基本不影响水流速度,而异重流则不然。将异重流均匀流动时的速度公式(4-1)代入常见的挟沙力公式 $S_* = k\gamma_s \left(\dfrac{u^3}{gh\omega} \right)^m$,则可得出

$$S_{*e} = k\gamma_s \left(\frac{8}{f_e} \frac{\eta_g q_e J_0}{h_e \omega_e} \right)^m \tag{4-14}$$

当含沙量不是很大时,η_g 与 S 之间的关系可用 $\eta_g = 0.63S/\gamma_c$ 近似表示,则式(4-14)可表示为

$$S_{*e} = k\gamma_s \left(\frac{5.04}{f_e} \frac{S}{\gamma_c} \frac{q_e J_0}{h_e \omega_e} \right)^m \tag{4-15}$$

这就是异重流的挟沙力公式。按照这种方法导出的异重流的挟沙力与来水含沙量或单宽输沙率有关。若取 $m = 0.92$,$\dfrac{k\gamma_s}{g^{0.92}} = 0.03$,即此处 $k = 0.926 \times 10^{-4}$,以及 f_e 取 0.025,

则式(4-15)可进一步表示为

$$S_{*e} = 0.012\,2\gamma_s \left(\frac{S}{\gamma_c}\frac{q_e J_0}{\omega_e h_e}\right)^{0.92} \tag{4-16}$$

若 $m = 1.0$,则式(4-16)可改写为

$$S_{*e} = 0.018\,7\frac{\gamma_s}{\gamma_c}\frac{q_e J_0}{\omega_e h_e}S = 0.049\,5\frac{q_e J_0}{\omega_e h_e} \tag{4-17}$$

此处取 $\gamma_s = 2\,650\ \mathrm{kg/m^3}$。式(4-17)表明,当其他条件相同时,异重流挟沙力与含沙量成正比。这就是含沙量不是很大时异重流多来多排的理论依据。

现在考虑一种特殊情况,即平衡输沙的情况。此时 $S = S_{*e}$,于是式(4-16)可改写为

$$\frac{\omega_e}{u_e} = 0.008\,32 J_0 \frac{\gamma_s^{1.087}}{\gamma_c S^{0.087}} = 0.043\,7 J_0 S^{-0.087} \tag{4-18}$$

即可认为存在

$$\omega_e/u_e = K_s J_0 \tag{4-19}$$

式中:K_s 为某一参数。

式(4-18)和式(4-19)指出,当满足平衡输沙时,水流挟带泥沙的粗细与水力因素有密切关系,但是其含沙量与水力因素无关,即有多少泥沙来就能带走多少。必须指出,该结论是在平衡输沙条件下得到的。由于异重流特别是水库异重流输沙一般是超饱和输沙,上述结论一般不成立。但是根据实际资料对比,我们可以对异重流输沙规律得出一个重要结论[52]。由式(4-16)及式(4-18)可得

$$\frac{\omega_e}{u_e} = 0.008\,32 J_0 \frac{\gamma_s^{1.087}}{\gamma_c S^{0.087}}\left(\frac{S}{S_{*e}}\right)^{1.087} = 0.043\,7\frac{J_0}{S_{*e}}\left(\frac{S}{S_{*e}}\right)^{1.087} \tag{4-20}$$

另外,据官厅、三门峡、红山、刘家峡等水库异重流资料,可以得到图4-2中的经验关系

$$\omega_e/u_e = 1.5 J_0 \tag{4-21}$$

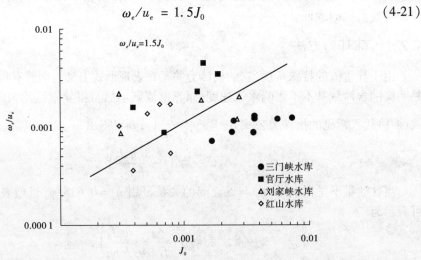

图4-2 不同水库 ω_e/u_e 与 J_0 的关系

令式(4-21)与式(4-20)相等,则有

$$\frac{S_{*e}}{S} = 0.038\ 7S^{-0.08} \tag{4-22}$$

当 $S = 1 \sim 50\ \text{kg/m}^3$ 时, $S_{*e} = (0.038\ 7 \sim 0.028\ 3)S$。这说明水库异重流的挟沙力远低于含沙量,属于较强烈的超饱和输沙。这表明除非含沙量很高时,水库异重流在输移过程中总是淤积的。

4.2.2　焦恩泽方法[1]

在天然条件下,水库异重流的运动都是不恒定的非均匀流。但是由于异重流在沿程阻力和槽蓄的作用下,流经一定距离和经过一定时间以后,异重流运动逐渐趋向恒定与均匀。如果将运动距离和流动时间看作是微小的,可以假定这种异重流运动是恒定均匀流。

异重流在恒定均匀流条件下,存在 $\frac{\partial u_e}{\partial x} = 0$。对于二元问题, $B_e > 2h_e$,所以 $R_e \approx h_e$,此时异重流的流速与水深可以写成 $h_e = \sqrt[3]{(f_e/8)q_e^2/(\eta_g g J_0)}$。在恒定条件下,异重流的单宽输沙率 q_{s_e} 可写成 $q_{s_e} = q_e S_e$。则水流挟沙力可写成: $S_{*e} \approx k\left(\frac{u_e^3}{gh_e\omega_0}\right)^m$。因此,可以推导出异重流挟沙力公式为

$$S_{*e} = k\left(\frac{\frac{8}{f_e}\eta_g g q_e J_0}{gh_e\omega_0}\right)^m = k\left(\frac{8}{f_e}\eta_g \frac{q_e J_0}{h_e\omega_0}\right)^m \tag{4-23}$$

式中: f_e 为综合阻力系数,可以用水槽试验和水库实测资料计算求得,例如水槽试验所得 $f_e = 0.025$,官厅水库为 0.023,小浪底水库为 0.022; J_0 为水库库底坡降。

将群体沉速 ω_e 与单颗粒泥沙沉速 ω_0 的关系 $\omega_e/\omega_0 = e^{-6.72S_V}$ 代入式(4-23),则可得出单宽输沙率的表达式为

$$q_{s_e} = k'\eta_g \frac{q_e^2 J_0 e^{6.72S_V}}{h_e\omega_0} \tag{4-24}$$

式(4-24)与天然河道的输沙力公式基本相同,只是相差一项 η_g。单宽输沙率与单宽流量的平方成正比, $\frac{J_0}{\omega_0 h_e}$ 表示水流能坡与沉降时间的比值,能坡越大,水流提供的能量越大,相应的输沙能力也越强。 k' 为综合系数。根据小浪底水库 2001 年实测异重流资料,按式(4-24)进行计算,如图 4-3 所示。确定综合系数 k' 为 370,指数 m 为 0.63。应当指出的是,这些参数只局限于小浪底水库。因此, k' 尚有待用更多的实测资料进行验证。

4.2.3　张俊华等方法[53]

异重流与明流挟沙力关系实际上表现在明流与异重流的主要差别上,亦即异重流在清水中流动,一方面受到清浑水交界面阻力的作用,这一差别在异重流流速中反映出来。另一方面,异重流的含沙量本身就是异重流挟沙力的主要影响因子方面表现得更为突出。因为对于异重流而言

$$u_e = \sqrt{\frac{8}{f_e}}\sqrt{g\frac{\gamma_e - \gamma_c}{\gamma_e}h_e J_0} \tag{4-25}$$

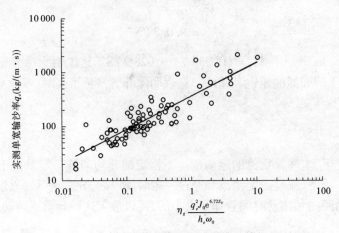

图 4-3　异重流单宽输沙率的计算

则可将挟沙力综合因子表示为

$$\frac{u_e^3}{gh_e\omega_e} = \frac{1}{gh_e\omega_e}\Big(\frac{8}{f_e} - \frac{\gamma_e - \gamma_c}{\gamma_e}gR_eJ_0\Big)^{\frac{3}{2}} \quad (4\text{-}26)$$

式(4-26)中的浑水容重 $\gamma_e = \gamma + \dfrac{\gamma_s - \gamma_c}{\gamma_s}S$，随含沙量的增加而增加。

因此，水库异重流的挟沙规律与明流并无本质的差别，可以在计算异重流挟沙力时将水力因子置换成浑水相应的因子。为使异重流挟沙力的计算更符合实际，并体现出特殊性，运用能耗原理，建立异重流挟沙力公式。

首先，对呈二维恒定均匀流的异重流单位浑水水体而言，紊动从平均水流运动中取得的能量就是当地所消耗的能量。令 E_1 为单位浑水水体在单位时间内本地消耗的能量，可表示为

$$E_1 = \tau_b\frac{\mathrm{d}u_e}{\mathrm{d}z} \quad (4\text{-}27)$$

式中：$\mathrm{d}u_e/\mathrm{d}z$ 为异重流水深 z 处单位浑水水体中的流速梯度；τ_b 为异重流单位浑水水体的切应力。

根据 E_1 的含义，显然它应包括异重流中该点处的单位水体内通过各种途径所消耗的能量。而异重流悬浮泥沙所消耗的能量只是本地耗能的途径之一。于是可列出二维异重流单位浑水水体的能量平衡方程式为

$$\tau_b\frac{\mathrm{d}u}{\mathrm{d}z} = E_2 + E_3 \quad (4\text{-}28)$$

式中：E_2 为该点处悬浮泥沙所消耗的能量；E_3 代表由于黏性作用及其他途径转化为热量的相应能量消耗。

按照物理学常用的方法，将式(4-28)改写为

$$\eta_e\tau_b\frac{\mathrm{d}u}{\mathrm{d}z} = E_d \quad (4\text{-}29)$$

式中，η_e 为比例系数，其物理含义为异重流单位体积浑水在单位时间内就地消耗的能量中悬浮泥沙耗能所占百分数。

在不冲不淤的相对平衡情况下,悬浮泥沙消耗的能量 E_2 实际上就是异重流因悬浮泥沙所做的功 E_4,即

$$E_2 = E_4 = (\gamma_s - \gamma_e) S_V' \omega_e \tag{4-30}$$

式中:S_V' 为距河床为 z 的流层中以体积百分数表示的时均含沙量。

对于二维异重流,剪切力为零处以下的 τ_b 可近似表达为

$$\tau_b = \gamma_e (h_e - z) J_0 \tag{4-31}$$

Bata[28] 及 Michon 等[37] 在底部光滑的水槽内测试浑水异重流流速分布规律,认为最大流速以下流速分布符合对数关系。因此,由 Karman-Prandtl 对数流速分布公式[39],求导得

$$\frac{\mathrm{d}u_e}{\mathrm{d}z} = \frac{u_*}{\kappa} \frac{1}{z} \tag{4-32}$$

式中:κ 为卡门常数,对于挟沙水流,可按下式计算

$$\kappa = \kappa_0 [1 - 4.2\sqrt{S_V}(0.365 - S_V)] \tag{4-33}$$

将式(4-30)~式(4-32)代入式(4-29),整理后得

$$S_V' = \eta_e \frac{h_e - z}{z} \frac{J u_*}{\kappa \omega_e \dfrac{\gamma_s - \gamma_e}{\gamma_e}} \tag{4-34}$$

对式(4-34)两边沿垂线积分,取积分区间为 $[\delta, h_e]$(δ 为理论上的床面高程),并视 κ、γ_e、ω 仅为异重流平均含沙量 S 的函数,即

$$\int_\delta^{h_e} S_V' \mathrm{d}z = \frac{J u_*}{\kappa \omega_e \dfrac{\gamma_s - \gamma_e}{\gamma_e}} \int_\delta^{h_e} \eta_e \frac{h_e - z}{z} \mathrm{d}z \tag{4-35}$$

对于式(4-35)右端,在区间 $[\delta, h_e]$ 上,$(h_e - z)/z$ 不变号且可积,η_e 为 z 的连续函数,则根据积分的第一中值定理,至少存在一个小于 h_e 而大于 δ 的数 c,使得

$$\int_\delta^{h_e} \eta_e \frac{h_e - z}{z} \mathrm{d}z = \eta_e \int_\delta^{h_e} \frac{h_e - z}{z} \mathrm{d}z = \eta_e \left(h_e \ln \frac{h_e}{\delta} - h_e + \delta \right) \tag{4-36}$$

式中:$\eta_e = \eta_e(c)$,由于 $h_e \gg \delta$,则

$$\int_\delta^{h_e} \eta_e \frac{h_e - z}{z} \mathrm{d}z = \eta_e h_e \ln \frac{h_e}{\mathrm{e}\delta} \tag{4-37}$$

参考前人研究[54,55],δ 与床沙中值粒径 D_{50} 有关,因此我们取 $\delta = D_{50}$。由于异重流挟沙力 S_{*e} 具有与含沙量相同的单位,S_V 为体积百分数表示的浓度,故有

$$S_V = \frac{S_{*e}}{\gamma_s} = \frac{1}{h_e} \int_\delta^{h_e} S_V' \mathrm{d}z \tag{4-38}$$

将式(4-35)~式(4-37)代入式(4-38),又可推演出

$$S_{*e} = \gamma_s \eta_e \frac{J_0 u_{*e}}{\kappa \omega_e \dfrac{\gamma_s - \gamma_e}{\gamma_e}} \ln\left(\frac{h_e}{\mathrm{e}D_{50}} \right) \tag{4-39}$$

将 $J_0 = f_e u_e^2 / (8R_e g')$ 及 $u_{*e} = \sqrt{(f_e/8)}\, u_e$ 代入式(4-39),得

$$S_{*e} = \gamma_s \frac{f_e^{\frac{3}{2}} \eta_s}{8^{3/2} \kappa \dfrac{\gamma_s - \gamma_e}{\gamma_e}} \frac{u_e^3}{g' R_e \omega_e} \ln\left(\frac{h_e}{e D_{50}}\right) \tag{4-40}$$

式中:f_e 为异重流阻力系数。

对于式(4-40)中的 f_e 和 η_s,由推导过程看,主要反映异重流阻力系数和挟沙效率系数的影响。此外,式(4-31)及式(4-32)仅仅是在异重流主要区域近似适用,因此必须通过实测资料进行率定。我们借助于黄河三门峡水库测验资料给出的点据得出

$$f_e^{\frac{3}{2}} \eta_s = 0.021 S_V^{0.02} \left[\frac{u_e^3}{\kappa g' h_e \omega_e \dfrac{\gamma_s - \gamma_e}{\gamma_e}} \ln\left(\frac{h_e}{e D_{50}}\right) \right]^{-0.38} \tag{4-41}$$

将式(4-41)代入式(4-40),整理即得异重流挟沙力公式(取 $R_e \approx h_e$)

$$S_{*e} = 2.5 \left[\frac{S_{Ve} u_e^3}{\kappa \dfrac{\gamma_s - \gamma_e}{\gamma_e} g' h_e \omega_e} \ln\left(\frac{h_e}{e D_{50}}\right) \right]^{0.62} \tag{4-42}$$

式(4-42)单位采用 kg、m、s 单位制,其中沉速可由下式计算

$$\omega_e = \omega_0 \left[\left(1 - \frac{S_V}{2.25\sqrt{D_{50}}} \right)^{3.5} (1 - 1.25 S_V) \right] \tag{4-43}$$

由式(4-43)可以看出,式(4-42)能反映异重流多来多排的输沙规律。采用实测资料对式(4-42)的验证结果见图 4-4。

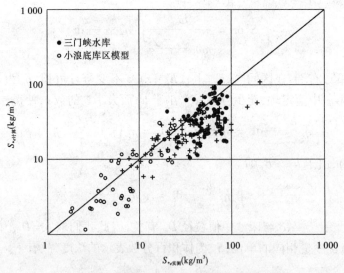

图 4-4　异重流挟沙力公式的验证结果

4.3　异重流不平衡输沙

正如挟沙力规律一样,异重流的不平衡输沙规律在本质上与明流也应是一致的。异重流总是超饱和输沙,即处于淤积状态下的不平衡输沙[2]。异重流含沙量沿程分布的计

算公式如下

$$S_1 = S_{1*} + (S_0 - S_{0*}) \sum_{l=1}^{N} \Delta P_{4,l,0} \exp\left(-\frac{\alpha_l \omega_l \Delta x}{q}\right) +$$

$$S_{0*} \sum_{l=1}^{N} \Delta P_{4,l,0} \frac{q}{\alpha_l \omega_l \Delta x} \left[1 - \exp\left(-\frac{\alpha_l \omega_l \Delta x}{q}\right)\right] -$$

$$S_{1*} \sum_{l=1}^{N} \Delta P_{4,l,1} \frac{q}{\alpha_l \omega_l \Delta x} \left[1 - \exp\left(-\frac{\alpha_l \omega_l \Delta x}{q}\right)\right] \tag{4-44}$$

$$P_{4,l} = P_{4,l,i}(1 - \lambda)^{\left[\left(\frac{\omega_l}{\omega_e}\right)^v - 1\right]} \tag{4-45}$$

式中：$\Delta P_{4,l,0}$、$\Delta P_{4,l,1}$ 分别为进、出口断面第 l 粒径组悬沙的沙重百分数；S_0、S_1 分别为进、出口断面的悬移质含沙量；S_{0*}、S_{1*} 分别为进、出口断面悬移质的水流挟沙力；q 为河段长度 Δx 内的单宽流量；ω_l、α_l 分别为第 l 粒径组悬沙的沉速及恢复饱和系数。

从式(4-44)可知，出口断面的含沙量 S_1 取决于进口断面的含沙量 S_0、水流挟沙力 S_{0*}、出口断面的水流挟沙力 S_{1*} 及参数 $\alpha_l \omega_l \Delta x / q$。一般情况下，$S_1$ 的大小在式(4-44)中以第一项为主，第二项所占分量的大小取决于剩余含沙量 $S_0 - S_{0*}$ 的大小，若断面实际来沙量较大，而该断面的挟沙力较小，则该项所占份量将较大；第三项与第四项之和取决于出、进口非均匀沙的水流挟沙力以及出、进口断面悬移质级配。通过水槽试验资料和实测资料验证，认为式(4-44)与实际符合较好。

4.4　异重流持续运动

异重流形成之后，能否持续运动到坝前，还要看它是否满足持续运动的条件。所谓持续运动条件，就是在一定的水库地形条件下，入库洪水能维持异重流在水库中持续向前运动至坝址而排出水库所要满足的条件[15,56]，其物理意义就是入库洪水形成异重流后供给异重流的能量，能够克服异重流在水库中运动总的能量损失。异重流持续运动条件用于判断在不同水沙条件及库区地形条件下异重流能否运行到坝前而排出水库，该条件作为水库异重流调度过程中最重要的一个调控指标，直接关系到水库异重流调控排沙的成功与否。

4.4.1　主要影响因素

异重流持续运动条件主要包括上、下游边界条件与库区边界条件，具体可归纳为以下五方面。

4.4.1.1　入库流量和洪峰持续时间

一定大小的入库流量和洪峰持续时间是维持异重流持续向前运动的能源。异重流持续运动的最基本条件是要有一定大小的入库流量以便推着整个异重流前进。已有水槽试验观测结果表明：一旦上游来流中断，运动着的异重流很快减速继而停止运动[56]。已有水库实测资料表明：当入库洪峰流量降低时，异重流运动就逐渐减弱甚至消失[2]。对于洪峰持续时间的计算，范家骅等[32]提出了有效入库水量的概念，只有这一部分水量和与之相应的沙量才能作为异重流畅流排出的进库部分并用以确定出库沙量。

图 4-5 为异重流潜入断面洪峰、出库沙峰和异重流持续时间示意图,图中 Q_p、S_p 分别代表异重流潜入断面流量和含沙量;S_j 代表异重流出库含沙量;t_1 和 t_3 分别代表异重流潜入断面洪峰的起、止时间,即 $t_3 - t_1$ 为异重流潜入断面洪峰的持续时间(对于小浪底水库而言,该时间与入库洪峰的持续时间基本一致);t_2 为异重流前锋到达坝址的时间。

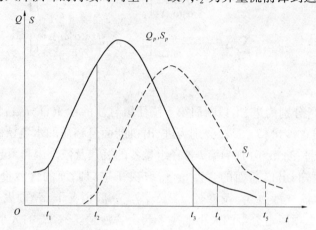

图 4-5　潜入断面洪峰、出库沙峰和异重流的持续时间示意图

异重流从潜入点运行到坝址的时间为

$$T_2 = t_2 - t_1 \tag{4-46}$$

异重流可能出库的持续时间为

$$\Delta T = t_3 - t_2 \tag{4-47}$$

异重流平均峰速为 $u_e = \dfrac{L}{\Delta T_{1-2}}$,则 $T_2 = \dfrac{L}{u_e}$,则可得 $\Delta T = t_3 - t_2 - \dfrac{L}{u_e}$。异重流能否持续

运行到坝前要看洪峰持续时间 $t_3 - t_1$ 是否大于 $\dfrac{L}{u_e}$(异重流传播时间 T_2)。

4.4.1.2　库底坡降

与明流运动类似,异重流运动只有凭借势能的消耗克服沿程的阻力损失。因此,要使异重流形成后能够持续向坝前运动,水库河床必须具有一定的坡降。由式(4-1),恒定均匀异重流的流速 u_e 可以表示为

$$u_e = \sqrt{8/f_e} \sqrt{g'R_e J_e} = \sqrt{(4/f_e)\eta_g g J_e h_e}$$

式中:R_e、J_e、f_e 分别为异重流的水力半径、底坡及综合阻力系数;g 为重力加速度;η_g 为重力修正系数,与含沙量大小有关,一般情况下,η_g 的量级为 $10^{-3} \sim 10^{-1}$。

由此可见,与水力半径、底坡及阻力系数相同的一般明渠水流相比,异重流流速将为一般明渠水流流速的 $\sqrt{\eta_g}$ 倍[50]。因此,需要有较大的库底坡降,才能使异重流流速 u_e 维持一定的值。

4.4.1.3　地形条件

地形条件的变化对异重流持续运动也有很大影响,适当的地形条件要求异重流运动中的局部能量损失及沿程能量损失都要小。水库平面形态的变化,例如异重流运行过程中弯道段、突然收缩段或扩宽段的出现,将会损失异重流的一部分能量,减低异重流流速;

水库底部宽度的变化对异重流运动也有影响,一般底部宽度大,则异重流的单宽流量及流速均较小;此外,过宽的水库库面,以及干支流之间的倒回灌过程,都会增加异重流的能量损失,可能使异重流运行中途结束。

4.4.1.4　异重流有效重力

异重流运动中的重力修正系数 η_g 与挟带泥沙含沙量 S_e 大小有关。当 $S_e < 400$ kg/m³时,可以近似表示为 $\eta_g = 0.000\,7S^{0.954\,5}$。因此,由该式及式(4-1)可知,在库底坡降一定的情况下,如果要求 u_e 具有一定的大小,则要求入库含沙量 S_p 必须具有一定的值。

4.4.1.5　闸门调度

异重流运行到坝前后,必须有位置恰当的泄水孔(或排沙洞)并及时开启闸门,才能顺利排出库外。如果坝体未设置适当的泄水孔,或有泄水孔而闸门关闭,则坝前异重流将逐渐壅高,以致在清水层下面形成浑水水库。浑水水库内流速很低,泥沙会在坝前逐渐沉淀下来。浑水水库的淤积属于坝前淤积,如果有泄水孔并能经常及时开启,则坝前淤积将大为减轻。

进一步总结上述描述异重流持续运动的条件,4.4.1.1 节、4.4.1.4 节内容为上游边界条件,4.4.1.5 节内容为下游边界条件,4.4.1.2 节、4.4.1.3 节内容为库区边界条件。异重流持续运动条件各方面内容之间的逻辑关系可用图4-6 表示。由于水库中实际发生的异重流既不是恒定的也不是均匀的,因此上述内容仅给出了产生水库异重流持续运动条件的定性描述,目前定量估计异重流持续运动条件还是比较困难的[2]。

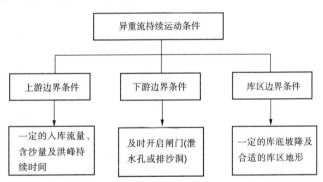

图4-6　异重流持续运动条件各方面内容之间的逻辑关系

4.4.2　异重流持续运动条件

尽管目前很难定量地给出异重流持续运动的条件,但根据水库异重流的实测资料,初步建立在某种特定条件下,异重流持续运动条件的定量表达式还是可能的。针对水库运用初期及相应的边界,以来水流量、含沙量及悬沙组成为主要因素分析异重流持续运动条件,并基于水流功率与库区平均水深之间的相关关系定量表示异重流持续运动的临界条件。

4.4.2.1　基于水沙条件

异重流的流速与其挟沙力和含沙量成正比,因此异重流的流速与含沙量具有一致性。

图 4-7 为基于小浪底水库拦沙初期发生异重流时的入库水沙资料,点绘的小浪底水库入库流量与含沙量的关系(图中点群边标注数据为细泥沙的沙重百分数),从点群分布状况可大致划分为 A、B、C 3 个区域。

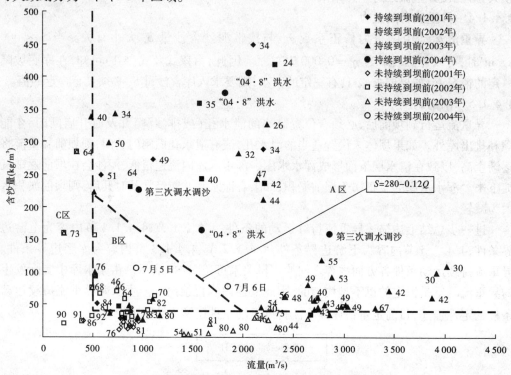

图 4-7　小浪底水库入库流量与含沙量的关系

A 区为满足异重流持续运动至坝前的区域,即小浪底水库入库洪水过程在满足一定历时且悬移质泥沙中粒径小于 0.025 mm 的沙重百分数约为 50% 的前提下:

若 500 m³/s ≤ 入库流量 Q_0 < 2 000 m³/s,且满足入库含沙量 S_0 ≥ 280 - 0.12Q_0,则出库含沙量 S_1 > 0。故当入库流量 Q_0 = 500 m³/s 时,入库含沙量 S_0 须大于 220 kg/m³,则出库含沙量 S_1 > 0。

若入库流量 Q_0 > 2 000 m³/s,且满足入库含沙量 S_0 > 40 kg/m³,则出库含沙量 S_1 > 0。

B 区涵盖了异重流可持续到坝前与不能到坝前两种情况。其中,异重流可运动到坝前的资料往往具备以下三种条件之一:一是处于洪水落峰期,此时异重流行进过程中需要克服的阻力要小于其前锋所克服的阻力;二是虽然入库含沙量较低,但在水库进口与水库回水末端之间的库段产生冲刷,使异重流潜入点断面含沙量增大;三是入库细泥沙的沙重百分数基本在 75% 以上。

C 区为入库流量 Q_0 < 500 m³/s 或入库含沙量 S_0 < 40 kg/m³ 部分,异重流往往不能运行到坝前。

当入库流量及水流含沙量较大时,悬移质泥沙中粒径小于 0.025 mm 的沙重百分数 d_i 略小,三者之间的关系基本可用下式描述

$$S_0 = 980\mathrm{e}^{-0.025d_i} - 0.12Q_0 \tag{4-48}$$

以上各式中,角标 0、1 分别表示入、出库相关参数。影响异重流持续运动的因子不仅与水沙条件有关,而且与边界条件关系密切,若边界条件发生较大变化,上述临界水沙条件亦会发生相应变化。式(4-48)不仅考虑来水流量大小的影响,而且还考虑了含沙量大小及组成对持续运动的影响。不足之处是没有考虑坝前运用水位、库底坡降对异重流持续运动过程的影响。

此外,黄河水利委员会(简称黄委)三门峡水库管理局等单位[57]通过分析三门峡水库1961 年异重流资料归纳得出:三门峡水库异重流洪峰可能到达坝址的持续条件:①流量上涨至 1 000 ~1 500 m³/s 并持续上涨;②入库含沙量大于 30 kg/m³;③异重流所能挟带粒径为 $d < 0.025$ mm 的细泥沙占总沙量的30%以上。

4.4.2.2　基于水流功率

上述分析表明,维持异重流持续运动的条件主要包括三要素,即一定大小的流量、含沙量及库底坡降。为了体现上述三要素,一般可用水流功率这个概念[58],即单位时间单位河长的能量耗散率来表示异重流持续运动的动力条件。该值越大,表示产生异重流持续运动的条件越强。此处采用某一水位下的库区平均水深表示库区地形的特征参数。某一水位下的平均水深越大,表示相应库容越大。随着水库淤积,同水位下的库区平均水深会减小。为了计算库区平均水深,首先需要知道库区干支流汛前实测断面地形,求出任意水位下的库区水面面积及库容,则库区平均水深等于库容与相应水面面积之比。

基于小浪底水库拦沙初期2001～2005 年不同来水来沙条件下异重流到达小浪底坝前附近消失的临界资料,点绘入库水流功率 P_w 与库区平均水深 H_{av} 之间的关系(见图 4-8)如下

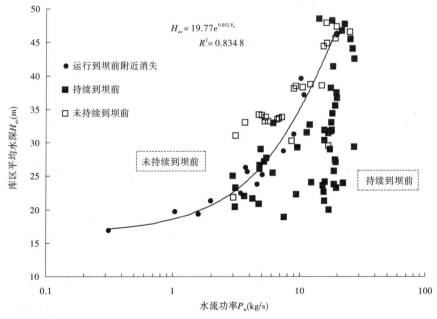

图 4-8　库区平均水深与水流功率的关系

$$H_{av} = 19.77e^{0.052P_w} \qquad\qquad (4\text{-}49)$$

式中：$P_w = \rho Q_0 J_0 (\mathrm{kg/s})$，$Q_0$、$\rho$ 分别为三门峡水库下泄的流量、浑水密度；J_0 为某一坝前水位下的库底坡降。

图 4-8 中同时还点绘了小浪底水库发生异重流期间异重流持续运动到坝前与未持续到坝前的实测数据。原型观测资料来自于黄委水文局，该局自 2001 年起在小浪底水库开展异重流原型观测[22-24]。在这些原型观测数据中，入库流量在 209 ~ 4 020 m³/s，入库含沙量在 2 ~ 449 kg/m³ 变化。两组数据的点据基本分布在式(4-49)曲线两侧。

应当指出，式(4-49)初步提出了定量考虑异重流持续运动条件的计算方法，还需要考虑更多因素完善该方法，例如考虑来沙组成的影响、沿程冲刷的影响等。

第5章 浑水水库

含沙水流以异重流的形式运行至坝前后,经常由于各种因素不能及时地全部排出库外,被拦蓄在库内的异重流在坝前段形成浑水水库,并随异重流不断向大坝推移,清浑水交界面不断升高,浑水水库的范围逐渐向上游延伸。由异重流挟带到坝前所形成的浑水水库的含沙量高,泥沙粒径非常细(小浪底水库异重流的中值粒径 D_{50} 一般为 0.005 ~ 0.012 mm, d_{90} 也基本都在 0.030 mm 以下),聚集在坝前的浑水以浑液面的形式整体下沉。沉降速度与浑水含沙量、悬沙级配及水温等因素有关。由于坝前流速很小,扰动掺混作用弱,因此沉降极其缓慢,浑水水库维持时间很长,水库排沙过程也相应延长。水库异重流及其产生的浑水水库均具有高含沙水流特性,流变特性及泥沙沉降规律是研究高含沙水流运动特性不可缺少的重要因素。本章对原型沙、模型沙等不同沙样在不同含沙量、不同级配等多种组合下进行流变试验与沉降试验,确定水流从牛顿体到非牛顿体的临界浓度,探讨黏性泥沙及混合沙随水体浓度变化的沉降特性及沉降速度,以及絮团转变成絮网的临界浓度,作为研究高含沙水流运动特性的基础。在此基础上,结合水库的实测资料进行分析研究,对指导水库调度具有重要意义。

5.1 高含沙水流基本特性

当某一水流强度的挟沙水流中,其含沙量及泥沙颗粒组成,特别是粒径 $d < 0.01$ mm 的细颗粒所占百分数,使其挟沙水流在其物理特性、运动特性和输沙特性等方面基本上不能再用牛顿流体的规律进行描述时,这种挟沙水流可称为高含沙水流。

5.1.1 流变特性

流体在流动中所承受的剪切力 τ 和切变速率 $\dfrac{\mathrm{d}u}{\mathrm{d}y}$ 称为流体的流变特性,表示这种特性的方程称为流变方程 $\tau = \tau_B \mu \dfrac{\mathrm{d}u}{\mathrm{d}y}$;当液体中的较细颗粒达到一定的含沙浓度之后其流变性质就不再符合牛顿线性流变方程,此时的流体已不属于牛顿流体,大多属于宾汉流体,或被近似地看作宾汉流体,即流变特性符合 $\tau = \tau_B + \mu \dfrac{\mathrm{d}u}{\mathrm{d}y}$。可以看出,流体在受剪切力 τ 时,首先要克服宾汉极限应力 τ_B(即 $\tau > \tau_B$),液体才能产生变形。

5.1.2 沉淀特性

高含沙水流除在含沙量上存在数量级差别外,更重要的是在沉淀机制上也有本质区别。在天然浑水的沉降中,泥沙和絮体颗粒下沉过程中只有运动阻力起阻碍作用,而颗粒与颗粒间无分子力的相互作用。依据含沙量适用范围和特点,以出现混液面和泥沙分选这两个概念为前提条件把高浊度水自然沉降划分为以下三种类型[15]:

(1)干扰群体沉降。

(2)絮网及超絮网沉降。

(3)固结压缩沉降。

由于高含沙水流泥沙颗粒组成不同,即使在含沙量相近的情况下,其絮凝特征也不相同。因此,沉降类型划分的临界含沙量也应是泥沙粒径组成、级配特点等因素的函数[1]。

5.2 高含沙浑水特性试验

5.2.1 流变特性试验

5.2.1.1 试验装置及原理

悬液流变特性试验是在立管式黏度计中进行的。测验的目的是确定切应力 τ 与切变率 K 之间的关系,从而确定流变模型,求出流变参数。对于不同的悬液流型,可由相应的切应力与切变率关系表示,其具体形式如下[8]

牛顿体
$$\tau_w = \mu \frac{8u}{D} \tag{5-1}$$

宾汉体
$$\tau_w = \eta \left(\frac{8u}{D} \right) + \frac{4}{3} \tau_B \tag{5-2}$$

伪塑性体
$$\tau_w = K \left(\frac{8u}{D} \right)^n \left(\frac{3n+1}{4n} \right)^n \tag{5-3}$$

式中:τ_w 为管壁切应力;μ 为黏滞系数;η 为刚度系数;u 为平均流速;D 为管径;τ_B 为宾汉极限切应力;n 为流动指数。

5.2.1.2 试验结果

重点对 14 组沙样由高含沙量到低含沙量的流变特性进行了试验研究,其中黄河花园口沙 3 组、模型沙郑州热电厂粉煤灰(简称粉煤灰)5 组、模型沙北京燕山啤酒厂拟焦沙(简称拟焦沙)2 组、粉煤灰和拟焦沙混合物 4 组。试验所用沙样颗粒级配曲线如图 5-1 所示。

1. 管壁切应力与平均切变率

试验取雷诺数 $Re < 2\ 300$ 的数据,保证流体的流动状态是层流。由试验得出花园口沙、粉煤灰、拟焦沙所对应的管壁切应力 τ_w 与平均切变率 $8u/D$ 关系如图 5-2、图 5-3 所示。

由图 5-2 及图 5-3 中管壁切应力 τ_w 与平均切变率 $8u/D$ 关系得出,各沙样所对应的临界含沙量,见表 5-1。

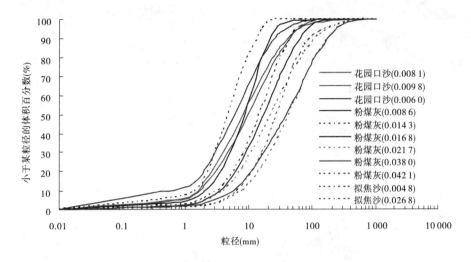

图 5-1 试验所用沙样颗粒级配曲线

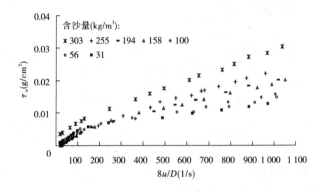

（a）花园口沙（$d_{50} = 0.009\,8$ mm）

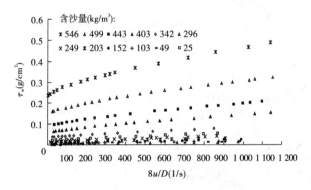

（b）花园口沙（$d_{50} = 0.006\,0$ mm）

图 5-2 不同沙样 $\tau_w \sim 8u/D$ 关系一

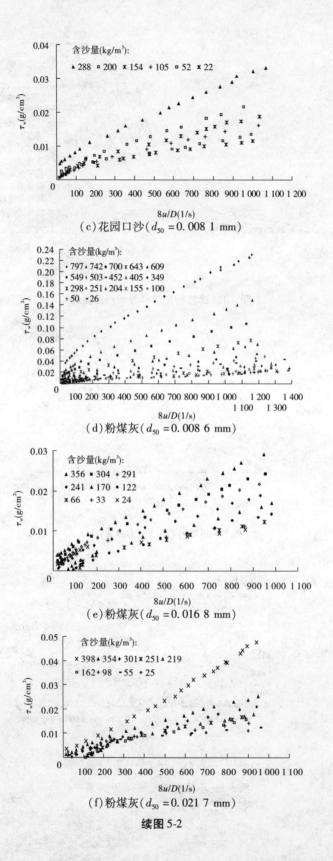

（c）花园口沙（$d_{50} = 0.008\ 1$ mm）

（d）粉煤灰（$d_{50} = 0.008\ 6$ mm）

（e）粉煤灰（$d_{50} = 0.016\ 8$ mm）

（f）粉煤灰（$d_{50} = 0.021\ 7$ mm）

续图 5-2

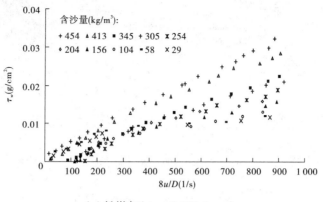

（a）粉煤灰（$d_{50}=0.038\ 0$ mm）

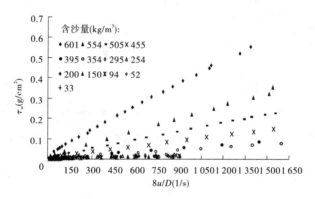

（b）粉煤灰（$d_{50}=0.042\ 1$ mm）

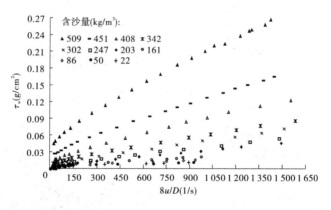

（c）拟焦沙（$d_{50}=0.004\ 8$ mm）

图 5-3　不同沙样 $\tau_w \sim 8u/D$ 关系二

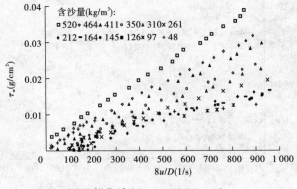

（d）拟焦沙（$d_{50} = 0.026\ 8$ mm）

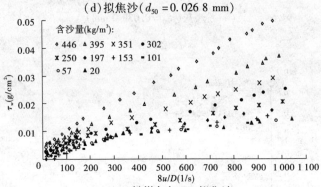

（e）95%粉煤灰与5%拟焦沙

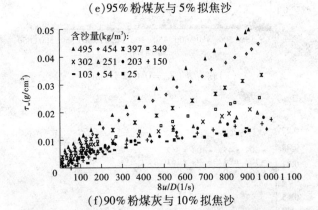

（f）90%粉煤灰与10%拟焦沙

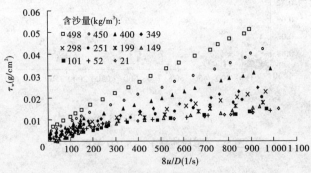

（g）85%粉煤灰与15%拟焦沙

续图 5-3

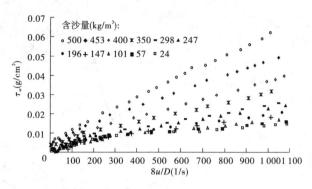

（h）80％粉煤灰与20％拟焦沙

续图5-3

表5-1　各沙样（d_{50}）相对应的临界含沙量

沙样名称	花园口沙	花园口沙	花园口沙	粉煤灰	粉煤灰	粉煤灰	粉煤灰	粉煤灰	拟焦沙	拟焦沙	混合沙
粒径（mm）	0.006 0	0.008 1	0.009 8	0.008 6	0.016 8	0.021 7	0.038 0	0.042 1	0.004 8	0.026 8	0.014 3 0.004 8
S（kg/m³）	100	150	250	250	250	350	400	450	50	250	250

从上述试验组图还可以得出,14组沙样表现出如下特点:其一,各沙样随着含沙量的增加,其流变特性逐渐由牛顿体转变为宾汉流体,即宾汉极限切应力 τ_B 随着含沙量的增大而增大;其二,各沙样的流变特性与沙样的级配有关,细颗粒含量多时,含沙量较小的浑水沙样就易成为宾汉流体;其三,粉煤灰中细颗粒含量的多少对高含沙水流的微观结构和流变特性影响最为严重,因为当细颗粒粉煤灰含量很少而粗颗粒粉煤灰含量很多时,即使浑水含沙量很高,形成了宾汉流体,但所得出来的流变模型参数(宾汉极限切应力 τ_B 以及刚度系数 η)很不合理,浑水流型有偏离宾汉模型的倾向(见图5-3(a)、(b)),即牛顿体时流变曲线不是通过原点的直线。这样,按宾汉模型求得的宾汉极限切应力 τ_B 以及刚度系数 η 与实际值有一定的偏离。当加入细颗粒沙样后,流变参数逐渐合理化,其结果在四组粉煤灰和拟焦沙的混合物流变模型中得到进一步验证(见图5-3(e)~(h))。建议模型试验中在粉煤灰中值粒径确定之后,尽量使颗粒级配细化,以减小粗颗粒对流变参数的影响,使试验结果的精度得到进一步提高。

2.流变参数的确定

含沙量大小对流变特性的影响主要体现在随着含沙量的增加,颗粒间距变小,细颗粒间吸附作用加强,容易形成絮网结构,增大了水流的黏性和阻力,表现出宾汉极限切应力 τ_B 和刚度系数 η 也相应增大;而且颗粒粗细也对宾汉极限切应力 τ_B 和刚度系数 η 有很大影响。

1)宾汉极限切应力

试验浑水沙样对应的宾汉极限切应力 τ_B 与含沙量 S 的关系如图5-4所示。从图中可以看出,高含沙水流中宾汉极限切应力 τ_B 随含沙量的增加,经历一个由缓变到陡变的过程。

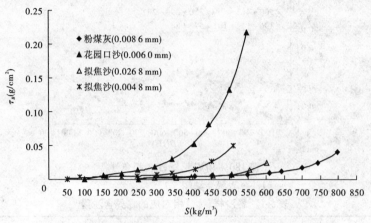

图 5-4　宾汉极限切应力 τ_B 与含沙量 S 的关系

　　其中,中值粒径为 0.006 0 mm 的花园口沙含沙量为 100 ~ 350 kg/m³,宾汉极限切应力随含沙量增加而缓慢上升;当含沙量大于 350 kg/m³ 以后,宾汉极限切应力急剧上升;中值粒径为 0.008 6 mm 的粉煤灰、0.004 8 mm 的拟焦沙、0.026 8 mm 的拟焦沙在含沙量的增加过程中,宾汉极限切应力缓慢上升。

　　2)刚度系数

　　试验浑水沙样的刚度系数随含沙量的变化如图 5-5 所示。由图可见,当花园口沙、粉煤灰在含沙量小于 350 kg/m³ 时,刚度系数随含沙量增加而缓慢上升;当含沙量超过临界值 350 kg/m³ 以后,刚度系数急剧上升;粉煤灰和其他两种沙样的刚度系数有较大的差别,且随着含沙量的增加其差值逐渐加大。

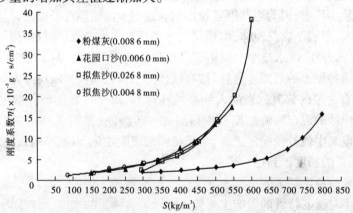

图 5-5　浑水的刚度系数 η 与含沙量 S 的关系

　　3.悬液宾汉极限切应力的表达式

　　悬液宾汉极限切应力多数通过试验给出带有经验性的表达式,费祥俊则在前人研究的基础上,充分考虑了 τ_B 受固体浓度及颗粒级配的影响,在试验结果的基础上拟合得出了 τ_B 的表达式。

费祥俊公式
$$\tau_B = 9.8 \times 10^{-2} \exp\left(B \frac{S_V - S_{V0}}{S_{Ve}} + 1.5\right)$$
(5-4)

把试验所得的试验值和用费祥俊公式得到的计算值(对于花园口沙、粉煤灰、拟焦沙,系数 B 分别取 9.05、2.16、2.38)进行对比分析(见图 5-6),花园口沙的试验值和计算值数据很相近,粉煤灰及拟焦沙的试验值和计算值数据有一定的误差。可见,费祥俊公式作为黄河泥沙宾汉极限切应力的基本关系式,在实践中可以直接应用,粉煤灰及拟焦沙的 τ_B 则必须通过试验确定。

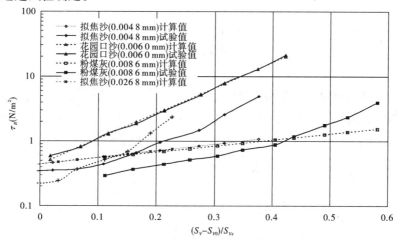

图 5-6 计算值与试验值的 $\tau_B \sim (S_V - S_{V0})/S_{Ve}$ 关系

5.2.2 黏性泥沙沉降试验

通过一系列模型沙沉降试验,详细观测了各种初始浓度下不同沉降历时的含沙量分布,分析常用的沉速计算方法,探讨了含黏性细颗粒的混合沙随水体浓度变化的沉降特性及沉速。

5.2.2.1 试验概况

试验采用了 3 种沙样,按平均粒径从小到大为:黄河细沙($d_{50} = 0.009\ 25$ mm),粉煤灰($d_{50} = 0.019\ 55$ mm),黄河粗沙($d_{50} = 0.038\ 95$ mm)。试验所用沙样颗粒级配曲线如图 5-7 所示。试验分别按以上 3 种沙样进行,试验组次及条件见表 5-2。

表 5-2 试验组次及条件

试验用沙	含沙量 S(kg/m³)					
夏天粉煤灰	10	50	100	200	300	350
夏天黄河粗沙	10	50	100	200	300	350
夏天黄河细沙	10	50	100	200	300	350
冬天粉煤灰	10	50	100	200	300	
冬天黄河粗沙	10	50	100	200		
冬天黄河细沙	10	50	100	200	300	

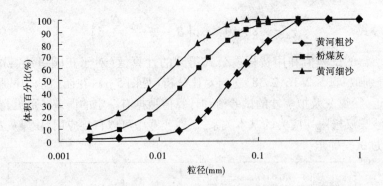

图 5-7　试验所用沙样颗粒级配曲线

5.2.2.2　试验沉速计算——沉降历时线法

由各种初始浓度下不同含沙浓度比(S_t/S_0)的沉降历时线($h \sim t$)可得水深 h 处沉降历时为 t 时的沉速 $\omega = \mathrm{d}h/\mathrm{d}t$;若悬浮液初始浓度为 S_0,t 时刻水样所含浓度为 S_t,此时对应的沉速为 ω_t,则

$$\frac{S_t}{S_0} = \frac{泥沙沉速小于\ \omega_t\ 的浓度}{浑水的初始浓度} \tag{5-5}$$

以 $\dfrac{S_t}{S_0}$ 对 ω_t 作图,即以即时沉速为横坐标,以小于该沉速的泥沙浓度比值为纵坐标,绘制各种浓度比$\left(\dfrac{S_t}{S_0} = P\right)$的实测沉速 ω 的沉降累积曲线,也即沉降历时线。

5.2.2.3　试验成果分析

以即时沉速 $\omega(\mathrm{cm/s})$ 为横坐标,以小于该沉速的泥沙浓度比值 $P(\%)$ 为纵坐标,绘制 $\omega \sim P$ 曲线图(见图 5-8 ～图 5-10)。

从一系列的沉降历时线图($\omega \sim P$ 曲线)可以看出,黄河细沙和粉煤灰在含沙量大于 100 kg/m^3 条件下,$\omega \sim P$ 曲线有明显的转折点,黄河细沙及粉煤灰在含沙量等于 10 kg/m^3 及黄河粗沙 $\omega \sim P$ 曲线和清水 $\omega_0 \sim P$ 曲线基本一样,呈较圆滑的曲线。这条曲线表示在一定沙样及一定含沙浓度条件下,有对应的百分之多少的颗粒参加群体沉降。转折点则代表了在此以后,很长时间内与此对应的颗粒都是按一定沉速均匀沉降的。对于相对圆滑的曲线,转折点的出现制约了颗粒的沉速。

　　1.沉降距离对混合沙沉速的影响

试验结果表明,沉距对沉速的影响不大(见图 5-11)。从前面 $\omega \sim P$ 图中所求平均沉速和中值沉速按取样位置(即沉距)考虑,试验桶上下沉速相差不多,最大差值不超过 0.1 cm/s;在本次试验结论中,排除沉降桶下部淤积面和沉降桶上部浑液面下降过快等因素对沉速的影响,我们选取沉降桶中间沉距 $H = 0.85$ m 的 $8^{\#}$ 取样孔所测数据,用沉降历时线法求得不同级配泥沙的平均沉速和中值沉速,并对含沙浓度对沉速的影响进行分析,推求临界含沙浓度及沉速计算公式。

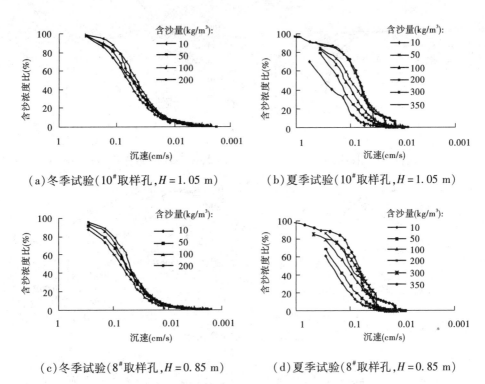

（a）冬季试验（10#取样孔，$H = 1.05$ m） （b）夏季试验（10#取样孔，$H = 1.05$ m）

（c）冬季试验（8#取样孔，$H = 0.85$ m） （d）夏季试验（8#取样孔，$H = 0.85$ m）

图 5-8　黄河粗沙沉降试验

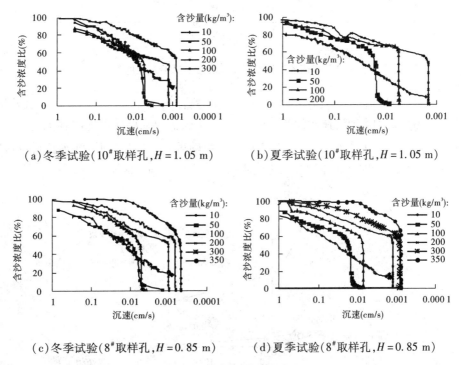

（a）冬季试验（10#取样孔，$H = 1.05$ m） （b）夏季试验（10#取样孔，$H = 1.05$ m）

（c）冬季试验（8#取样孔，$H = 0.85$ m） （d）夏季试验（8#取样孔，$H = 0.85$ m）

图 5-9　黄河细沙沉降试验

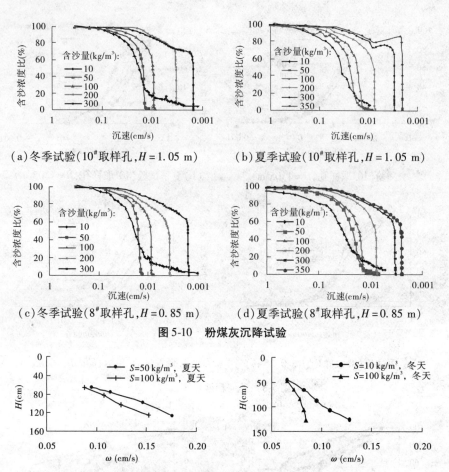

（a）冬季试验（10#取样孔，$H = 1.05$ m）　　（b）夏季试验（10#取样孔，$H = 1.05$ m）

（c）冬季试验（8#取样孔，$H = 0.85$ m）　　（d）夏季试验（8#取样孔，$H = 0.85$ m）

图 5-10　粉煤灰沉降试验

图 5-11　不同含沙浓度下黄河粗沙沉速沿沉距的变化

2. 含沙浓度对混合沙沉速的影响

把混合沙的实测中值沉速作为其群体代表沉速 ω，点绘初始体积比浓度 S_{V0} 的关系，得到具有一个转折点的线性关系，如图 5-12 所示。由图可知，花园口细沙浑水转折点对应的体积浓度比为 0.037，即该沙样从牛顿体过渡到非牛顿体的临界体积比浓度为 0.037。

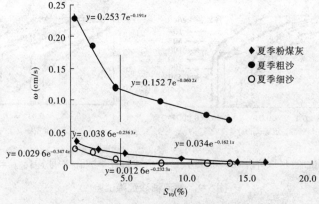

图 5-12　不同工况下沙样的 ω 与 S_{V0} 的关系

混合沙的实测 ω 为

$$\omega = a\mathrm{e}^{-bS_{V0}}$$

(5-6)

同一级配的混合沙以临界浓度为界具有不同的规律,相应的 a、b 值也各不相同;针对不同级配的混合沙也有对应不同的 a、b 值[59]。本次试验所得值见表 5-3。由表可见,a 值主要取决于混合沙的颗粒级配。颗粒级配越粗,a 值就越大,同时,也基本满足温度越高,a 值越大。

表 5-3 各种沙样对应的 a、b 值

沙样	夏天($T=24.1 \sim 30.4$ ℃)			冬天($T=3 \sim 11.6$ ℃)		
	S_{V0}	a(cm/s)	b	S_{V0}	a(cm/s)	b
黄河粗沙	≤0.037	0.253 7	0.191 0	≤0.020	0.077 2	0.102 1
	>0.037	0.152 7	0.060 2	>0.020	0.068 4	0.056 9
粉煤灰	≤0.037	0.038 6	0.236 3	≤0.037	0.022 1	0.183 2
	>0.037	0.034 0	0.162 1	>0.037	0.022 3	0.191 0
黄河细沙	≤0.037	0.029 6	0.347 4	≤0.037	0.014 6	0.247 4
	>0.037	0.012 6	0.232 3	>0.037	0.014 7	0.262 4

3. 水温对沉速的影响

水温对沉速的影响是一个很复杂的问题,特别是对絮凝沉速的影响[60]。本次试验,冬季水温基本在 $3 \sim 11.6$ ℃,夏季水温基本在 $24.1 \sim 30.4$ ℃,代表沉速选为中值沉速。由图 5-13 可以看出,泥沙粒径愈细,温度对群体沉速的影响作用愈小;泥沙粒径愈粗,温度对群体沉速的影响作用愈大;相同温度下,泥沙粒径愈细,其群体沉速愈小;泥沙粒径愈粗,其群体沉速愈大。

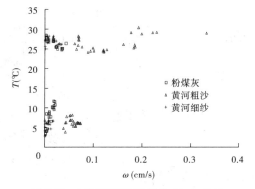

图 5-13 不同工况下沙样的 $T \sim \omega$ 关系

5.3 浑水水库沉降

5.3.1 浑水水库特征值变化

5.3.1.1 泥沙粒径沿程变化

表 5-4 为小浪底水库 2001 ~ 2007 年异重流及库区淤积物级配观测资料。观测资料表明,粒径 $d > 0.04$ mm 的泥沙多数淤积到回水末端床面附近,粒径 0.01 mm $< d < 0.04$ mm 的泥沙,一般在异重流运行沿程途中淤积,而 0.005 mm $< d < 0.01$ mm 部分泥沙在水库滞洪区淤积。也就是说,泥沙组成沿程经过不同程度的调整,到坝前浑水水库桐树岭断面泥沙级配相当均匀,d_{50} 基本在 $0.006 \sim 0.007$ mm,垂线分布相差不大。

表 5-4　小浪底水库库区淤积物中值粒径(d_{50})沿程变化

年份	项目	回水末端范围	异重流运行区	浑水水库滞洪区
2001	断面	HH48 ~ HH31	HH30 ~ HH17	HH16 ~ 坝前
	距坝里程(km)	91.51 ~ 51.78	50.19 ~ 27.19	26.01 ~ 0
	d_{50}(mm)	0.166 ~ 0.040	0.035 ~ 0.016	0.010 ~ 0.006
2002	断面	HH50 ~ HH35	HH34 ~ HH14	HH13 ~ 坝前
	距坝里程(km)	98.43 ~ 58.51	57.00 ~ 22.10	20.39 ~ 0
	d_{50}(mm)	0.122 ~ 0.049	0.040 ~ 0.011	0.010 ~ 0.006
2003	断面	HH56 ~ HH44	HH43 ~ HH12	HH11 ~ 坝前
	距坝里程(km)	123.41 ~ 80.23	77.28 ~ 18.75	16.39 ~ 0
	d_{50}(mm)	0.094 ~ 0.050	0.039 ~ 0.012	0.010 ~ 0.005
2004	断面	HH41 ~ HH33	HH32 ~ HH9	HH8 ~ 坝前
	距坝里程(km)	72.06 ~ 55.02	53.44 ~ 11.42	10.32 ~ 0
	d_{50}(mm)	0.078 ~ 0.044	0.037 ~ 0.011	0.009 ~ 0.005
2005	断面	HH53 ~ HH39	HH38 ~ HH10	HH9 ~ 坝前
	距坝里程(km)	110.27 ~ 67.99	64.83 ~ 13.99	11.42 ~ 0
	d_{50}(mm)	0.124 ~ 0.040	0.024 ~ 0.010	0.010 ~ 0.005
2006	断面	HH39 ~ HH25	HH24 ~ HH10	HH9 ~ 坝前
	距坝里程(km)	67.99 ~ 41.10	39.49 ~ 13.99	11.42 ~ 0
	d_{50}(mm)	—	0.037 ~ 0.012	0.009 ~ 0.007
2007	断面	HH32 ~ HH18	HH17 ~ HH10	HH9 ~ 坝前
	距坝里程(km)	53.44 ~ 29.35	27.19 ~ 13.99	11.42 ~ 0
	d_{50}(mm)	—	0.020 ~ 0.009	0.008 ~ 0.005
统计值	d_{50}(mm)	0.166 ~ 0.040	0.040 ~ 0.010	0.010 ~ 0.005

5.3.1.2　清浑水交界面沿程变化

采用垂线含沙量 $S = 5$ kg/m^3 对应水平面作为异重流清浑水交界面。由图 5-14 ~ 图 5-16 库区清浑水交界面沿程变化可以看出,浑水水库的范围基本在距坝约 30 km (HH18 断面以下库区)以内。在浑水水库形成和后期排沙过程中,属于同等厚度的抬高和沉降,说明浑水水库内浑液面沉降基本不受距坝里程的影响。而 HH18 断面以上库区属异重流沿程变化区,清浑水交界面变化主要受异重流厚度及河床控制。

对于清浑水交界面本身的变化规律而言,除受颗粒级配的影响外,也与产生浑水水库的异重流的含沙量有关。由图 5-17 可以看出,浑液面的变化速度随含沙量的增大而减小,这和静水沉降试验所得出的结论一致。图中显示,在夏季对于 $D_{50} = 0.006 ~ 0.007$ mm 的黄河细沙而言,当 $S < 30$ kg/m^3 时,浑液面变化较快,当 $S > 60$ kg/m^3 时,浑液面沉速非常缓慢。

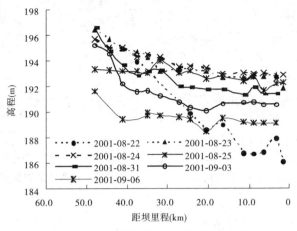

图 5-14　2001 年清浑水交界面沿程变化

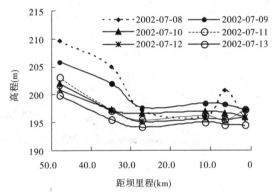

图 5-15　2002 年清浑水交界面沿程变化

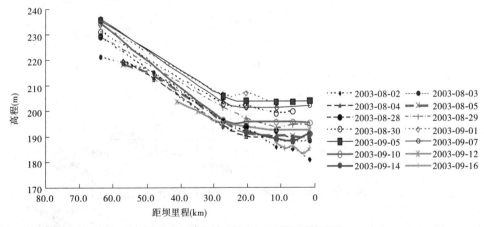

图 5-16　2003 年清浑水交界面沿程变化

5.3.1.3 入出库水沙条件变化

在水库运用过程中,浑水水库的变化受连续入流、出流的影响。研究浑水水库沉降规律必须考虑水库入出库水沙的变化,这也是浑水水库的特征之一。

2002年小浪底库区实测资料表明浑水水库对入出库水沙过程的响应。2002年6月下旬和7月上旬形成了两次较明显的异重流输沙过程。由图5-18可以看出,浑水水库变化过程大致分为以下三个阶段:

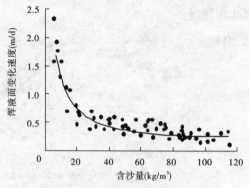

图5-17　清浑水交界面沉速与含沙量关系

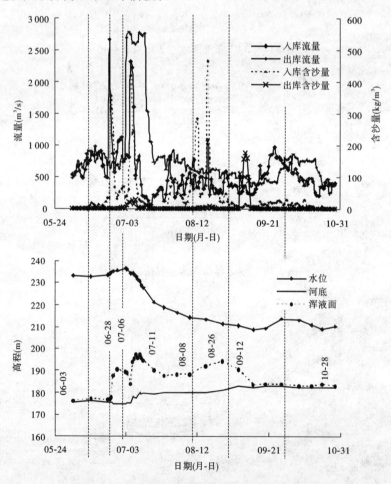

图5-18　2002年桐树岭浑液面与入出库水沙关系

第一阶段是6月25日至7月6日。6月下旬异重流运行到坝前后,排沙洞先关后开,浑水先蓄后排,浑水体积最大时达4.7亿m³(6月28日),7月3日坝前浑水深度达14 m,7月4日调水调沙试验开始至6日,出库泥沙主要是前期浑水水库补给,浑水体积及悬浮沙量迅速减少,浑水水库几乎消失。该时段计算出库沙量为 0.126 亿 t。

第二阶段是 7 月 6 日至 8 月 8 日。7 月上旬异重流运行到坝前后,大部分浑水被拦蓄在库内,浑水体积及沙量再一次增加。清浑水交界面最高达 197.58 m(7 月 9 日),相应浑水深度 19.46 m,浑水容积 6.69 亿 m³。7 月 9 日以后,由于上游没有足够后续浑水加入,浑水水库开始自然沉降,且随着浑水含沙量的逐渐增大,沉速有减小的趋势。

第三阶段是 8 月 8 日以后,伴随着浑水的进一步浓缩,由上游输送下来的较细泥沙逐步补充至浑水水库,使浑水体积及沙量总体上又经历了一个缓慢抬升的过程,浑液面最高至 194.29 m。9 月上旬的排沙过程使聚积在坝区的泥沙基本消失。

5.3.2 浑水水库沉降规律

5.3.2.1 水库不排沙情况下浑液面沉降规律

在水库不排沙的情况下,由于异重流的连续流入,异重流浑水层逐渐升高。这时,浑水水库中的浑水层、淤积压缩层都不断变化,而各层的交界面都以一定的速度上升。

设浑水含沙量为 S_0,进水流量负荷为 q_0,时间 dt 内,入库的泥沙增量为 $q_0 S_0 dt$;又设动水浑液面沉速为 u_G,动水浑液面沉淀的变量为 $u_G dt$,去除泥沙的量为 $u_G S_0 dt$;水库淤积压缩区增量为 dH_3,S_S 为该层平均浓度,淤积层泥沙量的变化为 $S_S dH_3$;不断补充的水沙使浑水层体积增加,变化高度为 dH_2,泥沙向上浮动值为 $S_0 dH_2$。

根据浑水水库泥沙运动平衡原理,建立微分方程组

$$q_0 S_0 dt = S_0 dH_2 + u_G S_0 dt \tag{5-7}$$

$$u_G S_0 dt = S_S dH_3 \tag{5-8}$$

浑液面变化速度

$$u_H = \frac{dH_3}{dt} + \frac{dH_2}{dt} = q_0 - u_G + \frac{u_G S_0}{S_S} \tag{5-9}$$

式中:u_H 为浑液面变化速度;u_G 为动水浑液面沉速;H_2 为浑水层在 t 时间的厚度;H_3 为淤积层在 t 时间的厚度。

对于一定的悬浮液,其静水浑液面沉速是一定的,假设与相应的动水浑液面沉速的比为 φ',则有 $u_G = \varphi' u_S$。根据试验结果一般取 $\varphi' = 0.78$。

由表 5-5 可以看出,在浑水水库不排沙期间,往往在入库输沙率较大时,浑液面表现为抬升。式(5-9)计算与实测值对比见图 5-19。

5.3.2.2 浑水水库排沙情况下浑液面沉降规律

在水库排沙的情况下,浑液面除考虑异重流的连续流入外,还要考虑出库浑水体积的影响。浑水水库中浑液面的变化是由进出库浑水体积不平衡引起的浑水层变化、动水浑液面沉降造成的浑水层变化以及淤积层变化等三方面共同影响的。

设入库浑水含沙量为 S_0,入库浑水水量为 V_0,出库浑水含沙量为 S_1,出库浑水水量为 V_1,则 $\Delta V = V_0 - V_1$,$\Delta h = \frac{\Delta V}{A}$。式中,$\Delta h$ 为由于进出库浑水不平衡引起的浑液面升降值;ΔV 为入出库浑水体积差值;A 为浑水体平面面积,则在水库排沙情况下

$$u_H = \frac{\Delta h}{\Delta t} - u_G + \frac{u_G S_0}{S_S} \tag{5-10}$$

表 5-5 不排沙期间浑液面变化情况

浑液面变化	日期(年-月-日)	浑液面高程(m)	含沙量(kg/m³)	入库流量(m³/s)	入库含沙量(kg/m³)	入库输沙率(t/s)	浑液面变化(m)	动水沉速(cm/s)
浑液面沉降	2001-10-10	183.12	92.595	706	30.028	21.2	4.95	0.001 32
	2001-10-18	178.17	228.115	544	1.324	0.7		
	2002-07-11	197.20	140.978	822	28.800	23.7	1.36	0.000 38
	2002-07-12	195.84	141.836	387	23.900	9.2	1.42	0.000 34
	2002-07-13	194.42	120.636	209	20.600	4.3	4.31	0.000 71
	2002-07-19	190.11	220.345	216	0	0	2.54	0.000 04
	2002-07-25	187.58	258.050	116	0	0		
浑液面抬升	2001-09-20	182.62	152.529	633	7.536	4.8		
	2001-09-28	184.68	76.103	974	22.382	21.8	−2.06	0.000 24
	2002-06-24	177.09	181.914	2 670	34.400	91.8		
	2002-06-25	177.84	179.731	1 580	359.000	567.2	−0.75	0.000 11
	2002-06-26	187.58	115.274	875	231.000	202.1	−9.74	0.000 12
	2002-06-28	190.32	201.053	895	30.800	27.6	−2.74	0.000 71
	2003-08-02	178.10	197.370	1 960	282.143	553.0		
	2003-08-03	178.10	130.340	518	99.614	51.6	0	0.000 07
	2003-08-04	178.40	334.960	1 100	58.636	64.5	−0.30	0.000 46
	2003-08-05	178.00	212.450	865	48.439	41.9	0.40	0
	2003-08-13	183.00	213.080	542	54.797	29.7	−5.00	0.000 05

在排沙情况下,由图 5-20 可以看出,通过式(5-10)计算的浑液面变化速度与实测值基本一致,图中变化速度正值代表浑液面沉降,负值代表浑液面抬升。

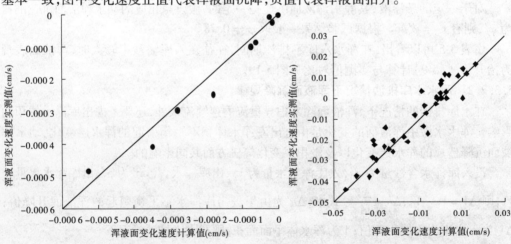

图 5-19 不排沙情况下变化速度
计算值与实测值对比

图 5-20 排沙情况下变化速度
计算值与实测值对比

参 考 文 献

[1] 焦恩泽.黄河水库泥沙[M].郑州:黄河水利出版社,2004.

[2] 韩其为.水库淤积[M].北京:科学出版社,2003.

[3] 范家骅.关于水库浑水潜入点判别数的确定方法[J].泥沙研究,2008(1):74-81.

[4] 方春明,韩其为,何明民.异重流潜入条件分析及立面二维数值模拟[J].泥沙研究,1997(4):68-75.

[5] B H, J I, I L, et al. Collie River underflow into the Willington Reservoir[J]. Journal of Hydraulics Division ASCE. 1979, 105(5): 533-545.

[6] J A, Hg S. Plunging Flow into a Reservoir: Theory[J]. Journal of Hydraulic Engineering,1984, 110 (4): 484-499.

[7] 曹如轩,任晓枫,卢文新.高含沙异重流的形成与持续条件分析[J].泥沙研究,1984(2):1-10.

[8] 焦恩泽.水库异重流问题研究与应用:水电站泥沙研习班讲义[Z].郑州,1986.

[9] 水利水电科学研究院.异重流的研究和应用[M].北京:水利电力出版社,1959.

[10] 赵文林.黄河泥沙[M].郑州:黄河水利出版社,1996.

[11] 谢鉴衡.河流泥沙工程学[M].北京:水利出版社,1981.

[12] 张红武,江恩惠,白咏梅.黄河高含沙洪水模型的相似律[M].郑州:河南科学技术出版社,1994.

[13] 郭振仁.明渠流能量耗散率沿程分布初探[J].泥沙研究,1990(3):79-86.

[14] 范家骅,等.异重流运动的实验研究[J].水利学报,1959(5):30-48.

[15] 范家骅,等.异重流的研究和应用[M].北京:水利电力出版社,1959.

[16] 张俊华,陈书奎,李书霞,等.小浪底水库拦沙初期水库泥沙研究[M].郑州:黄河水利出版社, 2007.

[17] 张俊华,陈书奎,李书霞,等.小浪底水库2001年异重流验证试验报告[R].郑州:黄河水利科学研究院,2001.

[18] 张俊华,陈书奎,王艳平,等.小浪底水库2000年运用方案库区动床模型试验研究报告[R].郑州: 黄河水利科学研究院,2000.

[19] 张俊华,王国栋,陈书奎,等.黄河小浪底水库模型试验研究三门峡库区模型验证试验报告[R].郑州:黄河水利科学研究院,1997.

[20] 张俊华,王国栋,陈书奎,等.小浪底水库运用初期库区水沙运动规律试验研究[J].人民黄河, 2000,22(9):14-19.

[21] 张俊华,王国栋,陈书奎,等.小浪底水库模型试验研究[R].郑州:黄河水利科学研究院,1999.

[22] 徐建华,李晓宇,李树森.小浪底库区异重流潜入点判别条件的讨论[J].泥沙研究,2007(6):71-74.

[23] 黄河水利委员会水文局.黄河小浪底水库异重流观测与初步分析[R].郑州:黄委会水文局,2001.

[24] 黄委河南水文水资源局.黄河小浪底水库异重流演进规律初步分析报告[R].郑州:黄委河南水文水资源局,2005.

[25] 张瑞瑾,谢鉴衡,王明甫,等.河流泥沙动力学[M].北京:水利电力出版社,1989.

[26] Keulegen G H. Laminar Flow at the Interface of Two Liquids[J]. Journal of Research,1944,32:303-327.

[27] Ippen, A. T, Harleman D R F. Steady-state Characteristics of Subsurface Flow[C]. proc. , Nat. Bur. standards semicentennia symp. on Gravity wave,1951,pp. 79-93.

[28] Bata G, Knezevich B. Some Observations on Density Currents in Laboratory and in the Field[J]. Proceedings,Minnesota International Hydraulics Covention. 1953.

[29] Raynauld J P. Study of Currents of Muddt Water Through Reservoirs[C].Trans. ,cong. on Large Dams, Vol 4,1951,pp. 137-161.

[30] Bonnefille R, Goddet J. Study of Density Currents in a canal[C]. proc. ,Intern. Assa. Hyd. Res. ,Vol. 2,1959,pp. 33.

[31] 曹如轩,陈诗基,卢文新,等.高含沙异重流阻力规律的研究[C].南京:1983.

[32] 范家骅,沈受百,吴德一.水库异重流的近似计算法[M].北京:中国工业出版社,1963.

[33] 赵乃熊,周孝德.高含沙异重流阻力特性探讨[J].泥沙研究,1987(1):27-34.

[34] 周孝德.高含沙非均质异重流流速分布和阻力特性的探讨[J].陕西机械学院学报,1986(1):47-92.

[35] Geza B B K. Some Observations on Density Currents in Laboratory and in the Field[J]. Proceedings of Minnesota International Hydraulics Covention. 1953:387-400.

[36] 钱宁,范家骅,曹俊.异重流[M].北京:水利出版社,1958.

[37] Michon X, Goddet J, Bonnefille R. Etude Theoriqueet Experimentale des Courants de densite[C]. France:1955.

[38] 陈惠泉.二元温差异重流交界面的计算[Z].1962.

[39] Prandtl L. 流体力学概论[M].北京:科学出版社,1984.

[40] 陈永宽.悬移质含沙量沿垂线分布[J].泥沙研究,1984(1):31-40.

[41] 张红武,吕昕.弯道水力学[M].北京:水利电力出版社,1993.

[42] 惠遇甲.长江黄河垂线流速和含沙量分布规律[J].水利学报,1996(2):13-16.

[43] 张俊华,王艳平,尚爱亲,等.挟沙水流指数流速分布规律[J].泥沙研究,1998(12):73-78.

[44] 解河海,张金良,刘九玉.小浪底水库异重流垂线流速和含沙量分布研究[J].人民黄河,2010(8):25-29.

[45] 姚鹏.异重流运动的试验研究[D].北京:清华大学,1994.

[46] G A, Wr E. Magnitude of Interfacial Shear in Exchange Flow[J]. Journal of Hydraulic Research,1971, 9(2):125-151.

[47] 侯素珍.小浪底水库异重流特性研究[D].西安:西安理工大学,2003.

[48] 陕西省水科所,清华大学.水库泥沙[M].北京:水利电力出版社,1978.

[49] 李记泽.水库洪水波模型识别研究[J].武汉水利电力学院学报,1991,24(5):525-532.

[50] 张瑞瑾,等.河流泥沙动力学[M].北京:水利电力出版社,1998.

[51] 詹义正,黄良文,赵云.异重流非饱和非均匀沙含沙量的沿程分布规律[J].武汉大学学报(工学版).2003,36(2):6-9.

［52］韩其为,何明民.泥沙数学模型中冲淤计算的几个问题[J].水利学报,1988(5):16-25.

［53］张俊华,张红武,李远发,等.水库泥沙模型异重流运动相似条件的研究[J].应用基础与工程科学学报,1997(3):309-316.

［54］钱宁,万兆惠.泥沙运动力学[M].北京:科学技术出版社,1983.

［55］钱宁,张仁,周志德.河床演变学[M].北京:科学出版社,1987.

［56］Jh F. An Overview of Preserving Reservoir Storage Capacity[Z]. 1995.

［57］黄委三门峡水库管理局,中国水科院河渠所,黄委水科所,等.三门峡水库1961年异重流资料初步分析报告[R].三门峡:黄河水利委员会三门峡水库管理局,1962.

［58］Hh C. Minumum Stream Power and River Channel Pattern[J]. Journal of Hydrology, 1979(41): 303-327.

［59］姚鹏,王兴奎.异重流潜入规律研究[J].水利学报,1996(8):77-83.

［60］朱鹏程.异重流的形成与衰减[J].水利学报,1983(5):52-59.

第 2 篇　水库异重流模拟

第 2 篇　水質污重点審核

第6章 水库泥沙模型相似律

　　河工模型的主要优点在于可重现历史状况、弥补和扩充测验资料、多方案比选、局部问题细化、未来问题预测等,是研究边界条件复杂、三维性较强的问题的重要手段。然而,河工模型的相似律又建立在对泥沙运动基本规律认识的基础之上,模型所得到的成果的可靠性取决于它所依据的水沙运动基本理论的可靠度。

　　目前所采用的异重流运动相似条件建立在二维恒定异重流运动方程之上,而该方程本身又是通过一些假定及简化处理得到的。此外,这个方程不适用于描述工程中真实出现的非恒定异重流运动规律。因此,基于该方程推导出的异重流运动相似条件由于先天不足而显示出明显的缺陷。

　　本章以第1章推导的非恒定异重流运动方程为基础,导出异重流潜入相似条件;基于非恒定二维非均匀条件下的扩散方程导出异重流挟沙相似及连续相似条件;将异重流潜入相似条件、异重流挟沙相似及连续相似条件与水流、河流运动及河床变形等相似条件相结合,构成完整的水库泥沙模型相似律。

6.1　水库泥沙模型相似律研究概述

　　利用库区动床模型进行水库水沙运动及排沙规律的研究由来已久。20世纪50年代初,在苏联列宁格勒开展了黄河三门峡水库淤积及排沙模型试验,这可以说是第一个黄河水库泥沙模型试验,尽管其给出的结果已被实践证明是错误的,但毕竟为我国水库实体模型试验方法积累了经验。

　　Einstein及钱宁提出的模型相似律是最早有系统理论基础的模型相似律[1]。1956年北京水利科学研究院河渠所按该相似律,开展了三门峡水库淤积模型的设计与试验,获得的研究结果与后来的工程运行状况相差较多,但为当时三门峡枢纽的排沙设置提供了参考依据。屈孟浩对从西方引入或改进的河工模型相似条件,特别是对郑兆珍的动床模型相似律进行了试验验证,认为其还不能适用于黄河。不过,屈孟浩[2]在20世纪70年代的模型相似条件研究中引入了郑兆珍提出的式(6-1),并成为早期黄河模型相似律最突出的特点之一,即

$$\lambda_{\omega} = \lambda_{u_*} = \lambda_u \sqrt{\frac{\lambda_h}{\lambda_L}} \tag{6-1}$$

式中:λ_{ω} 为沉速比尺;λ_{u_*} 为摩阻流速比尺;λ_u 为流速比尺;λ_h 为垂直比尺;λ_L 为水平比尺。

　　1958年冬至1960年底,黄委在陕西省武功县主持了三门峡水库淤积及渭河回水发展野外大模型试验工作[2],由黄河水利科学研究所、西北水利科学研究所、北京水利科学研究院河渠所等具体负责,分别开展了整体大、小模型及渭河局部变态模型试验。由于当

时河工模型相似律尚不完善,采用了浑水变态动床大比尺整体模型和系列延伸整体模型以及清水填土法渭河局部大比尺模型相结合的研究方法。整体大模型由钱宁设计,模型沙选自渭惠渠沉沙,粒径极细,黄河模型沙中值粒径为 0.005 3 mm,渭河模型沙中值粒径为 0.004 7 mm,显然泥沙起动相似难以满足。系列延伸整体模型按照沙玉清方法设计[3]。采用填土法开展渭河模型,是按照苏联专家 A. 哈尔杜林和 K. И. 罗辛斯基的建议进行的,亦即在渭河局部模型中施放清水测流速,根据原型实测资料建立的挟沙关系进行判断,若在来沙条件下可能出现淤积,即在模型中填土,再测流速,反复进行,最后求得淤积平衡时的地形和回水变化。采用填土法可从表面上回避当时动床模型选沙设计难以正确的困难,但也必须指出,自然河流的塑造过程、影响因素及其相互影响都极其复杂,且当时渭河下游的挟沙关系不易确切表示,因此依照填土法开展试验,很难给出正确的定量结果。

三门峡水库淤积与渭河回水发展野外模型试验是我国在国内最早开展的巨型水库泥沙模型试验。尽管在所给水沙条件下获得的试验结果在定性上还存在较大的争议,但对于在试验技术和方法等方面的探索,还是积累了宝贵的经验,在我国河工模型发展史上有着特定的位置。

清华大学的王桂仙、惠遇甲等[4]在开展长江葛洲坝枢纽回水变动区泥沙问题试验研究的过程中,采用的主要相似条件包括:

(1)输沙量连续相似

$$\lambda_{t_2} = \frac{\lambda_{\gamma_0}}{\lambda_S} \frac{\lambda_L}{\lambda_u} = \frac{\lambda_{\gamma_0}}{\lambda_S} \lambda_{t_1} \tag{6-2}$$

(2)泥沙沉降相似

$$\lambda_{\omega} = \lambda_u \frac{\lambda_h}{\lambda_L} \tag{6-3}$$

(3)泥沙悬浮相似

$$\lambda_{\omega} = \lambda_k \lambda_u \left(\frac{\lambda_h}{\lambda_L}\right)^{1/2} \tag{6-4}$$

(4)异重流发生相似

$$\lambda_S = \lambda_{\gamma_s} / \lambda_{\gamma_s - \gamma_c} \tag{6-5}$$

式中:λ_S 为水流含沙量比尺;λ_{t_1} 为水流运动相似时间比尺;λ_{t_2} 为河床变形时间比尺;λ_{γ_0} 为淤积物干容重比尺;λ_{γ_s} 为泥沙容重比尺;$\lambda_{\gamma_s - \gamma_c}$ 为泥沙与水的容重差比尺;λ_k 为系数比尺,其值一般为 1。

清华大学进行的三峡库区泥沙模型试验[5],也采用了类似的设计方法。此外,对于采用轻质沙引起的时间变态问题的研究也颇具开创性。

长江科学院为检验三峡工程库尾变动回水区泥沙模型试验成果的可靠性,利用丹江口水库油房沟河段模型,间接开展了验证试验[6]。该院在开展葛洲坝工程坝区泥沙模型试验时,取 $\lambda_L = \lambda_h = 150$,选株洲精煤为模型沙,经过验证试验,确定的含沙量比尺 $\lambda_S = 1$。在三峡泥沙模型也采用了与上述葛洲坝枢纽坝区模型相同的设计方法和模型沙,取 $\lambda_S = 1$,也取得了大量的试验结果。

1978 年,屈孟浩[2]提出的动床模型相似条件中,其主要内容除含有式(6-1)外,还包括如下两个相似条件:

(1)推移质运动相似条件

$$\lambda_D = \frac{\lambda_J \lambda_h}{\lambda_{\gamma_s - \gamma}} \tag{6-6}$$

(2)异重流运动相似条件

$$\lambda_{u_e} = (\lambda_{\gamma_s - \gamma} \lambda_S \lambda_h)^{0.5} \tag{6-7}$$

式中:λ_D 为推移质粒径比尺;λ_{u_e} 为异重流流速比尺;λ_J 为比降比尺。

屈孟浩的模型设计方法曾在一些黄河动床模型试验中使用。长期实践中积累的丰富经验,为多沙河流模型的设计与试验操作提供了参考依据。

屈孟浩、窦国仁[7,8]在开展小浪底水利枢纽的泥沙模型试验时,分别对高含沙水流模型相似律进行了探讨,前者通过预备试验确定出含沙量比尺,然后列出如下形式的河床冲淤变化量与来沙量(输沙)变化的关系式

$$\gamma_0 B \mathrm{d}z \mathrm{d}x = \mathrm{d}G_s \mathrm{d}t - \mathrm{d}G'_s \mathrm{d}t \tag{6-8}$$

式中:γ_0 为淤积物干容重;B 为河宽;G'_s、G_s 为输沙率。

式(6-8)左边项为河床冲淤变化值,右边第一项为河段进出口输沙量的差值,右边第二项为 $\mathrm{d}t$ 时段内该河段水体内沙量的增减量。采用如下假定,即

$$\mathrm{d}G'_s \propto \mathrm{d}G_s$$

引入比例系数 k,该式又表示为

$$\mathrm{d}G'_s = k \mathrm{d}G_s \tag{6-9}$$

将式(6-9)代入式(6-8),得

$$\gamma_0 B \mathrm{d}z \mathrm{d}x = (1 - k) \mathrm{d}G_s \mathrm{d}t \tag{6-10}$$

从而导出河床冲淤时间比尺为

$$\lambda_{t_2} = \frac{1}{\lambda_{1-k}} \frac{\lambda_{\gamma_0}}{\lambda_S} \lambda_{t_1} \tag{6-11}$$

该试验取 $1/\lambda_{1-k} = 4$。

上述探索具有独到之处,但关键性的处理显得较为粗糙,如果将式(6-8)两端同除以 $\mathrm{d}t$,得

$$\gamma_0 B \mathrm{d}x \frac{\mathrm{d}z}{\mathrm{d}t} = \mathrm{d}G_s - \mathrm{d}G'_s \tag{6-12}$$

运用相似转化原理,以足标"m"表示有关物理量的模型值,则式(6-12)可表示为

$$\lambda_{\gamma_0} \lambda_L^2 \frac{\lambda_h}{\lambda_{t_2}} \left(\gamma_0 B \mathrm{d}x \frac{\mathrm{d}z}{\mathrm{d}t} \right)_m = \lambda_{G_s} (\mathrm{d}G_s)_m - \lambda_{G'_s} (\mathrm{d}G'_s)_m \tag{6-13}$$

设式(6-13)等号右侧第一项抽出的系数 λ_{G_s} 分别和另两项的系数相等,即得

$$\lambda_{\gamma_0} \lambda_L^2 \frac{\lambda_h}{\lambda_{t_2}} = \lambda_{G_s} \tag{6-14}$$

$$\lambda_{G'_s} = \lambda_{G_s} \tag{6-15}$$

根据 $\mathrm{d}G_s$ 的定义,$\lambda_{G_s} = \lambda_Q \lambda_S = \lambda_u \lambda_L \lambda_h \lambda_S$,其中,$\lambda_Q$ 为流量比尺。代入式(6-14),又有

$\lambda_{t_1} = \lambda_L / \lambda_u$,整理不难得到

$$\lambda_{t_2} = \frac{\lambda_{\gamma_0}}{\lambda_S} \lambda_{t_1} \tag{6-16}$$

显然,式(6-16)即为常见的悬移质泥沙模型河床冲淤变形相似条件,同时可以看出,式(6-11)中的 $1/\lambda_{1-k}$ 应该等于 1。

窦国仁的试验,着重考虑宾汉切应力存在的影响,指出对于高含沙水流模型而言,关键是要取得宾汉切应力比尺一致。试验选电木粉为模型沙(容重 $\gamma_{sm} = 14.5 \text{ kN/m}^3$,干容重 $\gamma_0 = 0.4 \text{ kN/m}^3$),$\lambda_{\gamma_0} = 3.25$,$\lambda_L = 80$,$\lambda_u = 8.94$,$\lambda_{t_1} = \lambda_L / \lambda_u = 8.94$,$\lambda_S = 0.52 \sim 2.96$,由式(6-2)可得河床冲淤变形时间比尺 $\lambda_{t_2} = 9.82 \sim 55.88$,为了便于试验操作,通过验证试验后取 $\lambda_{t_2} = 60$。原作者在 1993 年进行报告汇编时,又对原来的模型设计进行了专门的修正,主要反映在确定模型的冲淤时间比尺时,给出如下形式的非恒定流河床冲淤方程式

$$\alpha \frac{\partial(BHS)}{\partial t} + \frac{\partial(vBHS)}{\partial x} + \frac{\partial(\gamma_0 Bz)}{\partial t} = 0 \tag{6-17}$$

式中:系数 α 是原作者专门引入的,认为对于原型 $\alpha = 1$,对于模型 $\alpha = 0$。

将式(6-17)改写为

$$\frac{\partial(vBHS)}{\partial x} + \frac{\partial}{\partial t}(\gamma_0 Bz + \alpha SBH) = 0 \tag{6-18}$$

由此可得出下述比尺关系

$$\lambda_{t_2} = \frac{\lambda_{\gamma_0} \lambda_L}{\lambda_u \lambda_S} \lambda_\beta \tag{6-19}$$

其中

$$\lambda_\beta = 1 + \frac{S_p H_p}{\gamma_{op} z_p} \tag{6-20}$$

式中:S_p 为原型含沙量;H_p 为原型水深;γ_{op} 为原型泥沙干容重;z_p 为一个未知特征值,认为是水深、含沙量和泥沙干容重的函数。

经假定处理和资料分析后,又可将式(6-20)表示为

$$\lambda_\beta = 1 + 20 \left(\frac{S_p}{\gamma_{op}} \right)^{0.7} \tag{6-21}$$

利用式(6-21),原作者由式(6-19)求出相应原型各级含沙量 S_p 的时间比尺值 λ_{t_2},其结果为:当 $S_p = 1 \sim 500 \text{ kg/m}^3$ 时(此时 λ_S 相应等于 $0.56 \sim 3.95$),$\lambda_\beta = 1.13 \sim 11.25$,冲淤时间比尺 $\lambda_{t_2} = 58.7 \sim 82.8$。这种做法是以 λ_β 的取值有很大变化来抵消 λ_S 值有很大变化的影响,尽量使河床冲淤时间比尺 λ_{t_2} 的取值有相对稳定的范围,显然便于模型试验操作。

上述处理较式(6-8)~式(6-11)做法更严谨一些,但两者有相近之处,后者的 λ_β 与前者的 $1/\lambda_{1-k}$ 类似。无论如何简化,在原型为非恒定流条件下,模型中实际出现的不可能是恒定流,因此在式(6-17)中取原型 $\alpha = 1$、模型 $\alpha = 0$ 的假定以及引入 λ_β 的做法,仍是值得进一步商榷的。

上述 λ_β 或 λ_{1-k} 是在试验中遇到种种困难且无原型高含沙洪水资料对模型比尺进行

验证率定的条件下引入的。就该河段的情况而言（原型河段系沙卵石河床），这类系数的比尺值有少量的变化范围是可能的，不过这种状况主要是由于原型有大量推移质参加造床而模型设计时未加考虑所致。由于泥沙连续方程并没考虑推移质沿程改变的影响，尚难以描述原型实际状况，而试验时，则往往通过模型进口加沙数量的调整，在一定程度上仅反映部分沙质推移质对河床冲淤变形的贡献。因此，遇到沙卵石河床的模型，最好还是在模型设计时考虑推移质泥沙的造床作用。

6.2 异重流运动相似条件推导

6.2.1 异重流运动相似条件的研究现状

在多沙河流上修建的水库，其库内泥沙输移状态在一定条件下会发生性质上的变化，亦即处于异重流输移状态。为此，开展水库泥沙模拟，必须正确把握异重流运动规律。

为模拟水库异重流运动，多采用如下形式的二维恒定异重流运动方程式推导比尺关系式，即

$$J_0 - \frac{\partial h_e}{\partial x} - \frac{f_e}{8} \frac{u_e^2}{\frac{\gamma_e - \gamma_c}{\gamma_e} g h_e} = \frac{1}{\frac{\gamma_e - \gamma_c}{\gamma_e}} u_e \frac{\partial u_e}{\partial x} \tag{6-22}$$

$$\gamma_e = \gamma_c + \frac{\gamma_s - \gamma_c}{\gamma_s} S \tag{6-23}$$

式中：J_0 为河底比降；h_e 为浑水水深；f_e 为综合阻力系数；γ_e 为浑水容重；γ_c 为清水容重；u_e 为浑水流速；γ_s 为泥沙容重。

引入各项比尺，并取 $\lambda_{u_e} = \lambda_u = \sqrt{\lambda_h}$，$\lambda_{h_e} = \lambda_h$（其中，$\lambda_{u_e}$ 为异重流流速比尺；λ_{h_e} 为异重流水深比尺），由式（6-22）可导出如下两个比尺关系式，即

$$\frac{\lambda_{\gamma_e - \gamma_c}}{\lambda_{\gamma_e}} = 1 \tag{6-24}$$

$$\lambda_{f_e} = \frac{\lambda_{\gamma_e - \gamma_c}}{\lambda_{\gamma_e}} \frac{\lambda_h}{\lambda_L} \tag{6-25}$$

根据式（6-23），可将式（6-24）（原型足标省略）表示为

$$\frac{(\gamma_s - \gamma_c) S}{\gamma_s \gamma_c + (\gamma_s - \gamma_c) S} = \frac{(\gamma_{sm} - \gamma_c) \frac{S}{\lambda_S}}{\gamma_{sm} \gamma_c + (\gamma_{sm} - \gamma_c) \frac{S}{\lambda_S}} \tag{6-26}$$

进一步整理后，可得

$$\lambda_S = \frac{\lambda_{\gamma_s}}{\lambda_{\frac{\gamma_s - \gamma_c}{\gamma_c}}} \tag{6-27}$$

这就是常见的异重流发生（或称潜入）相似条件[9]。以上式中，γ_{sm} 为模型沙容重；λ_u、λ_h、λ_{h_e} 分别为流速、水深及异重流水深比尺；λ_{f_e} 为异重流综合阻力系数比尺；λ_{γ_s}、λ_{γ_c}、λ_{γ_e}

分别为泥沙、水及含沙水流容重比尺;λ_S 为含沙量比尺。

众所周知,泥沙模型存在两个时间比尺:

(1)由水流连续相似导出的时间比尺

$$\lambda_{t_1} = \frac{\lambda_L}{\lambda_u} \tag{6-28}$$

(2)由河床变形相似导出的时间比尺

$$\lambda_{t_2} = \frac{\lambda_L}{\lambda_u}\frac{\lambda_{\gamma_0}}{\lambda_S} = \frac{\lambda_{\gamma_0}}{\lambda_S}\lambda_{t_1} \tag{6-29}$$

当模型几何比尺确定后,水流运动时间比尺 λ_{t_1} 即为定值,而河床冲淤变形时间比尺 λ_{t_2} 还与泥沙的干容重比尺 λ_{γ_0} 及含沙量比尺 λ_S 有关。模型沙往往采用轻质沙,显而易见,$\lambda_{\gamma_0} > 1$,而采用式(6-27)计算 $\lambda_S < 1$,则 $\lambda_{t_2} > \lambda_{t_1}$。也就是说,按照水流连续相似要求,模型放水历时应较长,而按照河床变形要求,模型放水历时应较短。由于泥沙模型主要用于研究河床变形问题,故总是按照 λ_{t_2} 来控制模型试验时间,这样就出现了时间变态问题。当水流为不恒定流时,会产生一些甚至是比较严重的问题。因为时间变态不仅影响水力要素的相似,而且影响河床冲淤变形的相似。由上述可以看出,异重流方程未考虑非恒定性,导致在水库模型异重流模拟方法上存在时间变态及异重流运动失真等问题,因而亟待在此领域开展系统深入的研究。

6.2.2 异重流潜入相似条件

由上述分析知,目前给出的异重流潜入相似条件式(6-27),存在着明显的缺陷,其原因是所依据的基本方程没考虑水流的非恒定性及泥沙沿垂线的非均匀性。为此,基于第1章推求的非恒定异重流运动方程,运用相似转化原理,导出异重流潜入相似条件。

将式(1-23)引入相似比尺(取 $\lambda_{h_e} = \lambda_h$)后,得

$$\frac{\lambda_h}{\lambda_L}\left(J_0 - \frac{\partial h_e}{\partial x}\right) - \frac{\lambda_{f_e}\lambda_{u_e}^2}{\lambda_h\lambda_{(k_e\gamma_e - \gamma_c)/(k_e\gamma_e)}}\left[\frac{f_e}{8}\frac{u_e^2}{\left(\frac{k_e\gamma_e - \gamma_c}{k_e\gamma_e}\right)gh_e}\right] - \frac{\lambda_{f_e}}{\lambda_L}\frac{\lambda_{u_e}^2}{\lambda_{(k_e\gamma_e - \gamma_c)/(k_e\gamma_e)}} \cdot$$

$$\left[\frac{f_c}{4b}\frac{u_e^2}{\left(\frac{k_e\gamma_e - \gamma_c}{k_e\gamma_e}\right)h_e}\right] - \frac{\lambda_{\tau'}}{\lambda_h\lambda_{(k_e\gamma_e - \gamma_c)}}\left[\frac{\tau'}{h_e(k_e\gamma_e - \gamma_c)}\right] =$$

$$\frac{\lambda_{u_e}}{\lambda_{t_e}\lambda_{(k_e\gamma_e - \gamma_c)/(k_e\gamma_e)}}\left(\frac{1}{\frac{k_e\gamma_e - \gamma_c}{k_e\gamma_e}g}\frac{\partial u_e}{\partial t}\right) + \frac{\lambda_{u_e}^2}{\lambda_L\lambda_{(k_e\gamma_e - \gamma_c)/(k_e\gamma_e)}}\left(\frac{1}{\frac{k_e\gamma_e - \gamma_c}{k_e\gamma_e}g}u_e\frac{\partial u_e}{\partial x}\right) \tag{6-30}$$

将式(6-30)的左右两边同时除以 $\frac{\lambda_h}{\lambda_L}$,可得出如下比尺关系式,即

$$\frac{\lambda_{f_e}\lambda_{u_e}^2\lambda_L}{\lambda_h^2\lambda_{(k_e\gamma_e - \gamma_c)/(k_e\gamma_e)}} = 1 \tag{6-31}$$

$$\frac{\lambda_{f_e}\lambda_{u_e}^2}{\lambda_h\lambda_{(k_e\gamma_e - \gamma_c)/(k_e\gamma_e)}} = 1 \tag{6-32}$$

$$\frac{\lambda_{\tau'}\lambda_L}{\lambda_h^2\lambda_{(k_e\gamma_e-\gamma_c)}} = 1 \tag{6-33}$$

$$\frac{\lambda_{u_e}\lambda_L}{\lambda_{t_e}\lambda_h\lambda_{(k_e\gamma_e-\gamma_c)/(k_e\gamma_e)}} = 1 \tag{6-34}$$

$$\frac{\lambda_{u_e}^2}{\lambda_h\lambda_{(k_e\gamma_e-\gamma_c)/(k_e\gamma_e)}} = 1 \tag{6-35}$$

由式(6-34),得

$$\lambda_{u_e} = \frac{\lambda_h\lambda_{(k_e\gamma_e-\gamma_c)}}{\lambda_u\lambda_{k_e}\lambda_{\gamma_e}} = \lambda_u\frac{\lambda_{(k_e\gamma_e-\gamma_c)}}{\lambda_{k_e}\lambda_{\gamma_e}} \tag{6-36}$$

再由式(6-35),得

$$\lambda_{u_e} = \sqrt{\lambda_h}\sqrt{\frac{\lambda_{(k_e\gamma_e-\gamma_c)}}{\lambda_{k_e}\lambda_{\gamma_e}}} = \lambda_u\sqrt{\frac{\lambda_{(k_e\gamma_e-\gamma_c)}}{\lambda_{k_e}\lambda_{\gamma_e}}} \tag{6-37}$$

式(6-36)与式(6-37)联解,得

$$\frac{\lambda_{(k_e\gamma_e-\gamma_c)}}{\lambda_{k_e}\lambda_{\gamma_e}} = \lambda_{(k_e\gamma_e-\gamma_c)/(k_e\gamma_e)} = 1 \tag{6-38}$$

$$\lambda_{u_e} = \lambda_u \tag{6-39}$$

式(6-38)表明,异重流速度比尺应与流速比尺相等,这一相似条件不像以往那样采用假定,而是直接由比尺关系导出。对于式(6-39),也可改成如下形式,即

$$\left[\frac{\gamma_c}{k_e\left(\gamma_c + \dfrac{\gamma_s - \gamma_c}{\gamma_s}S_e\right)}\right]_p = \left[\frac{\gamma_c}{k_e\left(\gamma_c + \dfrac{\gamma_s - \gamma_c}{\gamma_s}S_e\right)}\right]_m \tag{6-40}$$

式中:足标 p、m 分别表示原型及模型物理量。引入上面对应比尺并整理,得

$$\lambda_{S_e} = \left[\frac{\gamma_c(\lambda_{k_e} - 1)}{\dfrac{\gamma_{sm} - \gamma_c}{\gamma_{sm}}S_{ep}} + \lambda_{k_e}\frac{\lambda_{\gamma_s-\gamma_c}}{\lambda_{\gamma_s}}\right]^{-1} \tag{6-41}$$

若取 $\lambda_{k_e} = 1$,则 $\lambda_{S_e} = \dfrac{\lambda_{\gamma_s}}{\lambda_{(\gamma_s-\gamma_c)}}$,为目前常见的异重流发生相似条件,显然这只是式(6-41)在 $\lambda_{k_e} = 1$ 时的特殊形式。由式(6-41)可知,含沙量比尺 λ_S 在模型沙种类确定以后,取决于含沙量 S_e 及 λ_{k_e} 的大小。对于 λ_{k_e},可由下式得到,即

$$\lambda_{k_e} = \left[\frac{\int_0^{h_e}\left(\int_z^{h_e}\gamma_e'\mathrm{d}z\right)\mathrm{d}z}{\gamma_e\dfrac{h_e^2}{2}}\right]_p \bigg/ \left[\frac{\int_0^{h_e}\left(\int_z^{h_e}\gamma_e'\mathrm{d}z\right)\mathrm{d}z}{\gamma_e\dfrac{h_e^2}{2}}\right]_m \tag{6-42}$$

在运用式(6-42)时,尚需引入异重流含沙量分布公式。由于紊动扩散作用及重力作用仍是决定异重流挟沙运动的一对主要矛盾,其浓度沿水深的分布及挟沙规律与一般挟沙水流应当类似,因此在求 λ_{k_e} 的过程中,可引用张红武含沙量分布公式计算异重流含沙量沿垂线分布,即

$$S = S_a \exp\left[\frac{2\omega}{c_n u_*} \left(\arctan\sqrt{\frac{h}{z}-1} - \arctan\sqrt{\frac{h}{a}-1} \right) \right] \tag{6-43}$$

式中：S_a 为 $y=a$ 时的时均含沙量；ω 为泥沙沉速；c_n 为涡团参数；u_* 为摩阻流速；a 为积分常数。

式(6-43)能适用于近壁处含沙量的分布情况，只是在计算时将有关的水流泥沙因子采用异重流的相应值代入。把由此得出的 λ_{k_e} 的表达式与式(6-41)联解，通过试算即可得到异重流的含沙量比尺 λ_{S_e}。

6.2.3 异重流挟沙相似及连续相似条件

异重流流速分布形态虽然与明流不同，但仍属于紊流结构。异重流输沙规律与明流在本质上是一致的[10]。异重流本身就是一种挟沙水流，因而遵循如下非恒定二维非均匀流条件下的扩散方程(足标"e"代表与异重流有关的物理量)[11]，即

$$\frac{\partial S_e}{\partial t} + \frac{\partial (u_x S_e)}{\partial x} + \frac{\partial (u_z S_e)}{\partial z} = \frac{\partial}{\partial z}\left(\varepsilon_s \frac{\partial S_e}{\partial z} \right) - \frac{\partial (\omega S_e)}{\partial z} \tag{6-44}$$

式中：u_x、u_z 分别为纵向流速及垂向流速；ε_s 为垂向悬移质扩散系数。

将式(6-44)各项乘以 $\mathrm{d}z$ 后，由 $z=0$ 到 $z=h(x)$ 积分，并考虑到边界条件，则得

$$\frac{\partial (S_e h_e)}{\partial t} + \frac{\partial (u_e S_e h_e)}{\partial x} = \varepsilon_s \frac{\partial S_e}{\partial z} \bigg|_b - \omega S_{be} \tag{6-45}$$

式中：S_{be} 为河底异重流含沙量；S_e、u_e 分别为垂线平均含沙量、流速。

若视河底向上紊动扩散的泥沙数量等于河底泥沙的极限异重流挟沙力所对应的底部下沉泥沙的数量 ωS_{*be}，则将式(6-45)表示为

$$\frac{\partial (S_e h_e)}{\partial t} + \frac{\partial (u_e S_e h_e)}{\partial x} = \omega S_{*be} - \omega S_{be} \tag{6-46}$$

再令 $a_1 = S_{be}/S_e$，$a_* = S_{*be}/S_{*e}$，$f_1 = a_1/a_*$，则又可表示为

$$\frac{\partial (S_e h_e)}{\partial t} + \frac{\partial (u_e S_e h_e)}{\partial x} = a_* \omega (S_{*be} - f_1 S_{be}) \tag{6-47}$$

运用相似转化原理并以足标"m"表示有关物理量为模型值，则将式(6-47)表示为[12]

$$\lambda_{h_e} \frac{\lambda_{S_e}}{\lambda_{t_e}} \left[\frac{\partial (S_e h_e)}{\partial t} \right]_m + \lambda_{u_e} \frac{\lambda_{h_e} \lambda_{S_e}}{\lambda_L} \left[\frac{\partial (u_e S_e h_e)}{\partial x} \right]_m =$$
$$\lambda_{a_*} \lambda_\omega \lambda_{S_*} (a_* \omega S_*)_m - \lambda_{a_*} \lambda_{f_1} \lambda_\omega \lambda_{S_e} (a_* f_1 \omega S_e)_m \tag{6-48}$$

考虑到重力作用是决定悬移质泥沙沉降的主要矛盾方面，从式(6-48)等号右端第二项抽出的比尺关系 $\lambda_{a_*} \lambda_{f_1} \lambda_\omega \lambda_{S_e}$ 除以左端各项和右端第一项抽出的比尺关系，欲使所得方程式与用于模型的异重流扩散方程式(6-47)完全相同，要求

$$\frac{\lambda_{h_e}}{\lambda_{a_*} \lambda_{f_1} \lambda_\omega \lambda_{t_e}} = 1 \tag{6-49}$$

$$\frac{\lambda_{u_e} \lambda_{h_e}}{\lambda_{a_*} \lambda_{f_1} \lambda_\omega \lambda_L} = 1 \tag{6-50}$$

$$\frac{\lambda_{S*e}}{\lambda_{f_1}\lambda_{S_e}} = 1 \qquad (6\text{-}51)$$

首先,相似模型的挟沙水流非饱和状态应与原型保持相同,故

$$\lambda_{f_1} = 1 \ (\text{或} \ \lambda_{a*} = \lambda_{a_1}) \qquad (6\text{-}52)$$

将式(6-52)代入式(6-51)及式(6-50),分别得出

$$\lambda_{S_e} = \lambda_{S*e} \qquad (6\text{-}53)$$

及

$$\lambda_\omega = \lambda_{u_e}\frac{\lambda_{h_e}}{\lambda_L\lambda_{a*}} \qquad (6\text{-}54)$$

将式(6-52)、式(6-54)代入式(6-49),得

$$\lambda_{t_e} = \frac{\lambda_L}{\lambda_{u_e}} \qquad (6\text{-}55)$$

式中:λ_{u_e}为异重流运动流速比尺;λ_{t_e}为异重流运动时间比尺。

对于λ_{S*e},采用第4章给出的异重流挟沙力公式(4-42)计算得到。

式(6-53)为异重流挟沙相似条件,式(6-54)为异重流泥沙悬移相似条件,式(6-55)为异重流连续相似条件。为了计算式(6-54)中的λ_{a*},可引用张红武平衡含沙量分布系数公式计算,即

$$a_* = \frac{S_{b*}}{S_*} = \frac{1}{N_0}\exp\left(8.21\frac{\omega}{\kappa u_*}\right) \qquad (6\text{-}56)$$

其中

$$N_0 = \int_0^1 f\left(\frac{\sqrt{g}}{c_n C}, \eta\right)\exp\left(5.33\frac{\omega}{\kappa u_*}\arctan\sqrt{\frac{1}{\eta}-1}\right)d\eta \qquad (6\text{-}57)$$

$$f\left(\frac{\sqrt{g}}{c_n C}, \eta\right) = 1 - \frac{3\pi}{8c_n}\frac{\sqrt{g}}{C} + \frac{\sqrt{g}}{c_n C}\left(\sqrt{\eta-\eta^2} + \arcsin\sqrt{\eta}\right) \qquad (6\text{-}58)$$

式(6-56)~式(6-58)中,η为相对水深;c_n为涡团参数,可由下式计算,即

$$c_n = 0.15 - 0.63\sqrt{S_V}(0.365 - S_V) \qquad (6\text{-}59)$$

6.3 水库泥沙模型相似律

6.3.1 模型基本相似条件

张红武、江恩惠等在深入研究前人泥沙模型相似理论的基础上,提出了一套适用于黄河河道的泥沙动床模型相似律[13],并且在黄河干支流动床模型试验中得到广泛的应用。该相似律包括:

水流重力相似条件 $\qquad \lambda_u = \lambda_h^{0.5} \qquad (6\text{-}60)$

水流阻力相似条件 $\qquad \lambda_n = \lambda_h^{2/3}\lambda_L^{1/2} \qquad (6\text{-}61)$

泥沙悬移相似条件 $\qquad \lambda_w = \lambda_u\frac{\lambda_h}{\lambda_{a*}\lambda_L} \qquad (6\text{-}62)$

水流挟沙相似条件 $\qquad \lambda_S = \lambda_{S*} \qquad (6\text{-}63)$

河床冲淤变形相似条件 $\qquad$ $\lambda_{t_2} = \dfrac{\lambda_{\gamma_0} \lambda_L}{\lambda_S \lambda_u}$ $\qquad$ (6-64)

泥沙起动及扬动相似条件 $\qquad$ $\lambda_{u_c} = \lambda_u = \lambda_{u_f}$ $\qquad$ (6-65)

水库在明流输沙状态,其水流泥沙运动与河道相同,因此河道模型必须遵循的水流泥沙运动相似条件,在水库泥沙模型中也应该满足,同时为了满足异重流运动相似条件,水库模型还必须满足:

异重流发生相似条件 $\qquad$ $\lambda_{S_e} = \left[\dfrac{\gamma_c (\lambda_{k_e} - 1)}{\dfrac{\gamma_{sm} - \gamma_c}{\gamma_{sm}} S_{e_p}} + \lambda_{k_e} \dfrac{\lambda_{\gamma_s - \gamma_c}}{\lambda_{\gamma_s}} \right]^{-1}$ $\qquad$ (6-66)

异重流挟沙相似条件 $\qquad$ $\lambda_{S_e} = \lambda_{S*e}$ $\qquad$ (6-67)

异重流连续相似条件 $\qquad$ $\lambda_{t_e} = \dfrac{\lambda_L}{\lambda_{u_e}}$ $\qquad$ (6-68)

则式(6-60)~式(6-68)共同构成了水库泥沙模型相似律。

6.3.2 水库模型时间比尺的讨论

与河道泥沙动床模型一样,水库泥沙模型也存在着由水流运动相似条件导出的时间比尺 $\lambda_{t_1} = \lambda_L / \lambda_u$ 以及由河床冲淤变形相似条件导出的时间比尺 $\lambda_{t_2} = (\lambda_{\gamma_0} / \lambda_S)(\lambda_L / \lambda_u)$。若两者相差较大,则出现所谓的时间变态。若仅满足其一,必然引起另一方面难以与原型相似。显而易见,若从满足河床变形与原型相似的角度考虑,以 λ_{t_2} 控制模型运行时间,则必然会使 λ_{t_1} 偏离较多,从而引起库水位及相应的库容与实际相差甚多,由此可引起水流流态与原型之间产生较大的偏离,进而使库区排沙规律、冲淤形态等产生较大的偏离甚至面目全非。值得一提的是,在以往的研究中,为尽量降低时间变态所引起的种种偏离,曾采取了两条补救措施:一是在进口提前施放下一级流量,涨水阶段适当加大流量,落水阶段则适当减小流量,以便在短时间内以人为的流量变化率来完成槽蓄过程;二是按设计要求随时调整模型出口水位,即在短时间内以人为的水位变化率来完成回水上延过程。我们的研究认为,李保如指出的"模型进口或尾门的调节作用是有限的,对于长度较大的河道模型,如果两个时间比尺相差过多,不仅现行的校正措施难以奏效,而且这些校正措施本身还会引起新的偏差"的结论是正确的[14]。因此,水流运动相似条件是进行库区泥沙模型试验的必要条件。

对比 λ_{t_1} 及 λ_{t_2} 的关系式可以看出,若模型几何比尺及模型沙确定以后,只能通过对 λ_S 的调整而达到 $\lambda_{t_2} \approx \lambda_{t_1}$。初步试验观测结果表明,在原型含沙量不大并且处于蓄水淤积或相对平衡条件下,可通过对 λ_S 的适当调整而达到泥沙淤积近似相似的目的。亦即试验中若采用偏大的 λ_{t_2}(模型放水历时偏小),通过相应减小 λ_S(加大模型进口沙量),也可使库区淤积量与原型值接近。但是,若床面冲淤交替或出现异重流排沙,上述调整将导致模型与原型偏离过多,对试验结果带来不可挽回的影响。因此,对于含沙量比尺,亦应采用正确的方法加以确定。

6.3.3 模型沙特性研究

动床河工模型试验中,模型沙特性对于正确模拟原型泥沙运动规律具有重要作用。

特别是对于需要模拟冲淤调整幅度较大的原型情况来说,既要保证淤积相似,又要保证冲刷相似,因此对模型沙的物理、化学等基本特性有更高的要求。长期以来,李保如、屈孟浩、张隆荣、王国栋、姚文艺等[13,14]曾在大量生产试验中,对包括煤灰、塑料沙、电木粉等材料在内的模型沙的特性进行了总结,还进行了天然沙、煤屑及电厂煤灰等各种模型沙的土力学特性、重力特性等基本特性的试验,试验成果见表6-1。由于异重流总是处于超饱和输沙状态,输沙量是沿程衰减的过程。其泥沙特性直接影响到异重流沿程淤积分布,因此模型沙的特性研究也是对异重流运动模拟的主要问题。经验表明,有些种类的模型沙在潮湿的环境中固结严重,将使模型河床冲淤相似性产生明显偏差(特别是影响冲刷过程的相似性)。清华大学水利水电工程系曾于1990年开展了 $D_{50} \leq 0.038$ mm 的电木粉起动流速试验,结果为:当水深 $h = 10$ cm 时,初始条件下起动流速 $u_c = 10.8$ cm/s;水下沉积48 h 后,u_c 增加到12 cm/s;在水下沉积两个月后,u_c 达21 cm/s;脱水固结两星期后,即使流速增至28 cm/s 也不能起动。由我们开展的郑州热电厂粉煤灰($\gamma_s = 20.58$ kN/m³,$D_{50} = 0.035$ mm)及山西煤屑($\gamma_s = 14$ kN/m³,$D_{50} = 0.05$ mm)两种模型沙的起动流速试验结果(见图6-1)可以看出,在相近水深条件下,山西煤屑的起动流速随着沉积时间增加有大幅度的增加。例如,在水深同为4 cm 条件下,水下固结96 h 后,起动流速从初始的5.95 cm/s 达到8.4 cm/s,脱水固结96 h 后可达13.1 cm/s。而郑州热电厂粉煤灰的起动流速虽然随固结时间增加有所增大,但增大的幅度明显较小。

表6-1　模型沙土力学特性及水下休止角试验成果

材料	容重 γ_s（kN/m³）	干容重 γ_0（kN/m³）	凝聚力 c（kg/m²）	内摩擦角（°）	水下休止角（°）	D_{50}（mm）
郑州火电厂粉煤灰	21.56	1.16	0.187	30.35	31～32	0.019
郑州火电厂粉煤灰	21.56	1.13	0.082	33.39	30～31	0.035
郑州火电厂粉煤灰	21.56	1.00	0.090	30.75	30～31	0.035
郑州火电厂粉煤灰	21.56	1.15	0.105	31.49	30～31	0.035
煤屑	14.70	0.70	0.080	34.99	30～31	0.03～0.05
焦炭	15.09	0.88	0.260	27.50	30～31	0.03～0.05
黄河中粉质壤土	26.74	1.45	0.035	20.57	31～32	0.025
黄河中粉质壤土	26.56	1.45	0.104	22.15	31～32	0.020
黄河重粉质壤土	26.66	1.45	0.136	19.32	31～32	0.015
郑州热电厂粉煤灰	20.58	0.90	0.060	31.20	29.5～30.5	0.037

大量研究表明,郑州热电厂粉煤灰的物理化学性能较为稳定,同时还具备造价低、易选配加工等优点。综合各个方面,将几种可能作为黄河动床模型的模型沙的优缺点归纳于表6-2。此外,张红武、江恩惠等曾分析了不同电厂粉煤灰的化学组成,发现由于煤种和燃烧设备等多方面的原因,其化学组成及物理特性相差较大(见表6-3)[13]。

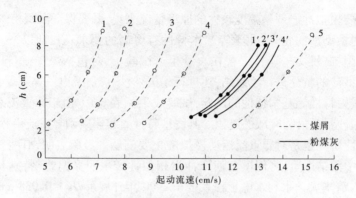

1、1′—初始状态;2、2′—水下固结 48 h;3、3′—水下固结 96 h;
4—煤屑脱水固结 48 h;5—煤屑脱水固结 96 h;4′—煤灰脱水固结 120 h

图 6-1　模型沙起动流速试验结果

表 6-2　不同模型沙优缺点对比

种类	优点	缺点
天然沙	物理化学性能稳定,造价低,固结、板结不严重,作为高含沙洪水模型的模型沙时,流态一般不失真	容重大,起动流速大,模型设计困难,凝聚力偏大
塑料沙	起动流速小,可动性很大	造价甚高,水下休止角很小,比重太小,稳定性太差,不能作为多沙河流模型的模型沙,且试验人员易受有毒物质伤害
煤屑	造价不太高,新铺煤屑起动流速小,易满足阻力、河型、悬移等相似条件,水下休止角适中	固结后起动流速很大,制模困难,悬沙沉降时易絮凝,试验环境污染较严重,当用作黄河高含沙洪水试验时,流态易失真
郑州火电厂粉煤灰	造价低,物理化学性能稳定,比重适中,高含沙洪水试验时流态不失真,水下休止角适中,选沙便易	活性物质含量高,试验时床面固结、板结严重,模型小河难以复演游荡特性
郑州热电厂粉煤灰	造价低,物理化学性能稳定,容重及干容重适中,选配加工方便,水下休止角适中,高含沙洪水试验时流态不失真,模型沙一般不板结,固结也不严重,能够满足游荡性模型小河的各项设计要求,并能保证模型长系列放水试验的需要	综合稳定性偏小,细颗粒含量少,选悬沙时比火电厂煤灰困难,且试验环境易受污染

表 6-3　电厂粉煤灰化学组成测定结果　　　　　　　　　　　（％）

项目	烧失量	SiO$_2$	Fe$_2$O$_3$	Al$_2$O$_3$	CaO	MgO
郑州热电厂	8.12	55.80	5.50	21.30	3.01	1.22
郑州火电厂	1.46	59.80	5.80	22.60	4.85	2.06
洛阳热电厂	3.34	51.58	7.39	21.24	1.72	0.71
新乡火电厂	14.91	40.76	5.54	23.37	3.67	0.69
平顶山电厂	6.24	60.67	2.52	24.60	0.47	1.22

　　粉煤灰中的酸性氧化物 SiO$_2$、Al$_2$O$_3$ 等是使粉煤灰具有活性的主要物质,其含量越多,粉煤灰的活性越高。即使是同一种粉煤灰,由于颗粒粗细的不同,质量上也会有很大差异,沉积过程中干容重也将有较大的差别,且细度越大,活性越高。采用活性高的物质作为模型沙材料时,由于处于潮湿的环境中极易发生化学变化,产生黏性,因而固结或板结严重。由表 6-3 可以看出,郑州热电厂粉煤灰中活性物质含量较少。因此,选用郑州热电厂粉煤灰作为多沙河流水库动床模型的模型沙,是较为理想的材料。该模型沙土力学特性试验成果见表 6-1。该模型沙的水下容重比尺 $\lambda_{\gamma_s - \gamma_c} = 1.5$。

　　附带指出,由我们初步点绘的郑州热电厂粉煤灰在水深为 5 cm 时,起动流速 u_c 与中值粒径 D_{50} 的点群关系来看(见图 6-2),在 $D_{50} = 0.018 \sim 0.035$ mm 的范围内,即使 D_{50} 变化了近 2 倍,u_c 的变化并没有超出目前水槽起动试验的观测误差。由此说明,模型沙粗度即使与理论值有一些偏差,也不至于对泥沙起动相似产生大的影响。

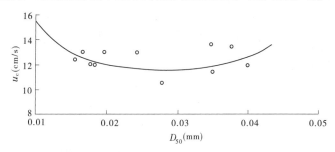

图 6-2　郑州热电厂粉煤灰起动流速 u_c 与中值粒径 D_{50} 的关系($h = 5$ cm)

第7章　水库模型设计及验证

运用第6章提出的水库模型相似条件,开展小浪底水库模型设计。小浪底水利枢纽工程位于黄河中游最后一个峡谷的出口,上距三门峡水库130 km,下游是黄淮平原,处在承上启下控制黄河水沙的关键部位。小浪底水库施工期,库区处于河道状态而不具备验证试验条件,暂且修建位于小浪底水库上游,且水沙条件与河床边界条件与之相近的三门峡水库模型进行验证试验。小浪底水库投入运用之后,利用小浪底水库实测资料对模型作进一步验证。本章包括模型设计、三门峡水库验证试验、小浪底水库验证试验等内容。

7.1　模型设计

7.1.1　几何比尺确定

从满足试验精度要求出发,根据原型河床条件、模型水深满足 $h_m > 1.5$ cm 的要求,以及对模型几何变率问题的前期研究结果,确定水平比尺 $\lambda_L = 300$,垂直比尺 $\lambda_h = 60$,几何变率 $D_t = \lambda_L / \lambda_h = 5$。对变率的合理性分别采用张红武提出的变态模型相对保证率的概念[15]、窦国仁提出的限制模型变率的关系式[16]、张瑞瑾等[17]提出的表达河道水流二度性的模型变态指标 D_R 等进行检验,结果表明,小浪底库区模型采用 $D_t = 5$ 在各家公式所限制的变率范围内,几何形态的影响有限,可以满足试验要求。

7.1.2　流速及糙率比尺

由水流重力相似条件求得 $\lambda_u = \sqrt{60} = 7.75$,由此求得流量比尺 $\lambda_Q = \lambda_u \lambda_h \lambda_L = 139\ 427$;取 $\lambda_R = \lambda_h$,由阻力相似条件求得糙率比尺 $\lambda_n = 0.88$,即要求模型糙率为原型糙率的1.14倍。对于黄河水库库区模型,在回水变动区河床糙率模拟得正确与否会直接影响到回水长度及淤积分布。根据三门峡水库北村断面实测资料,其糙率值一般为 $0.013 \sim 0.02$。为了分析模型糙率是否满足该设计值,作为初步模型设计,利用文献[13]中的公式及预备试验结果对模型糙率进行分析

$$n = \frac{\kappa h^{1/6}}{2.3\sqrt{g}\lg\left(\dfrac{12.27h\chi}{0.7h_s - 0.05h}\right)} \tag{7-1}$$

式中:κ 为卡门常数,为简便计算取 $\kappa = 0.4$,若取原型水深为5 m,则 $h_m = 5$ m$/60 = 0.083$ m;χ 为校正参数,对于床面较为粗糙的模型小河,取 $\chi = 1$;h_s 为模型的沙波高度,根据预备试验取 $h_s = 0.02 \sim 0.028$ m。

由式(7-1)可求得模型糙率值 $n_m = 0.015 \sim 0.023$,与设计值接近,这初步说明所选模型沙在模型上段可以满足河床阻力相似条件。至于库区近坝段,其水面线主要受水库运

用的影响,而河床糙率的影响相对不大。

7.1.3 悬沙沉速及粒径比尺

泥沙悬移相似条件式(6-56)中的 α_* 值,是随泥沙的悬浮指标 $\omega/(\kappa u_*)$ 的改变而变化的。由三门峡库区的北村站、茅津站(分别距大坝 42.3 km 及 15 km)水文泥沙实测资料,可求得悬浮指标 $\omega/(\kappa u_*) \leqslant 0.15$,其悬移相似条件可表示为[13]

$$\lambda_\omega = \lambda_u \left(\frac{\lambda_h}{\lambda_L}\right)^{0.97} \exp\left[4.4\left(\frac{\omega}{\kappa u_*}\right)_p \left(\frac{\lambda_u}{\lambda_\omega}\sqrt{\frac{\lambda_h}{\lambda_L}} - 1\right)\right] \tag{7-2}$$

将三门峡库区测验资料及有关比尺代入式(7-2),得出 λ_ω 的变化幅度为 1.20 ~ 1.44,平均约为 1.34。

由于原型及模型沙都很细,可根据 Stokes 沉速公式导出如下悬沙粒径比尺关系式,即

$$\lambda_d = \left(\frac{\lambda_\nu \lambda_\omega}{\lambda_{\gamma_s - \gamma_c}}\right)^{1/2} \tag{7-3}$$

式(7-3)中的 λ_ν 为水流运动黏滞系数比尺,与原型及模型水流温度及含沙量等因素有关,若原型及模型的水温差异较大,可使 λ_ν 有很大的变化幅度,进而使 λ_d 有较大的取值范围。显然,在模型设计时给 λ_d 一定值是不合适的,合理的方法是在试验过程中根据原型与模型温差等条件确定 λ_d。

7.1.4 模型床沙粒径比尺

张红武在开展黄河河道模型设计时,根据罗国芳等收集的资料,点绘与三门峡库区河床组成相近的泥沙不冲流速与床沙质含沙量的关系曲线,并视该曲线含沙量等于零的流速为起动流速,由此曲线得出当 $h = 1 \sim 2$ m 时,$u_c \approx 0.90$ m/s。

在水库淤积或冲刷过程中,床沙粒径变幅较大。根据实测资料统计,床沙中值粒径变幅一般为 0.018 ~ 0.08 mm。由土力学知识,泥沙中值粒径为 0.06 ~ 0.08 mm,可划分为中壤土或轻壤土;中值粒径为 0.025 ~ 0.08 mm,可划归为重壤土一类。由文献查得当水深为 1 m 时,两者起动流速 u_c 分别约为 0.7 m/s 及 0.9 m/s。当水深为 2.2 cm 时,起动流速为 0.10 ~ 0.13 m/s。通过模型沙起动流速试验,发现中值粒径 $D_{50} = 0.018 \sim 0.035$ mm 的郑州热电厂粉煤灰作为模型沙,相应的起动流速比尺与流速比尺相等。

当水深增加时,原型沙起动流速将有所增加,不冲流速可由式(7-4)计算,即

$$u_B = u_{c_1} R^{1/4} \tag{7-4}$$

根据我们及张红武、江恩惠等[13]给出的郑州热电厂粉煤灰起动试验资料,可得知在原型水深为 1 ~ 20 m 时,上述初选的模型沙可以满足起动相似条件。例如,当原型水深为 12 m 时,由此求得起动流速为 1.30 m/s。由模型沙的起动流速试验得出 $u_{c_m} = 17.5$ cm/s。则起动流速比尺 $\lambda_{u_c} = 7.43$,与上述流速比尺接近。

根据窦国仁[12]及张红武水槽试验结果[13],与原型情况接近的天然沙的扬动流速一般为起动流速的 1.54 ~ 1.75 倍。若取原型扬动流速 $u_f = 1.65 u_c$,可求得原型水深为 3 ~ 6 m 时,床沙扬动流速 $u_{f_p} = 1.65 \times (0.92 \sim 1.10) = 1.52 \sim 1.82$(m/s)。模型相应的床沙扬

动流速 u_{f_m} 为 $0.23 \sim 0.27$ m/s，则相应求出 $\lambda_{u_f} = 6.61 \sim 6.74$，与 λ_u 接近，表明模型所选床沙可以近似满足扬动相似条件。

7.1.5　含沙量比尺及时间比尺

含沙量比尺可通过计算水流挟沙力比尺确定。采用张红武提出的同时适用于原型沙及轻质沙的水流挟沙力公式[13]，将北村、茅津、小浪底水文站测验资料及相应的比尺值代入，可分别得到原型、模型水流挟沙力 S_{*p} 及 S_{*m}。大量数据表明，两者之比 S_{*p}/S_{*m} 的变化幅度为 $1.40 \sim 1.71$，取其平均值，λ_S 约为 1.50。

另外，为在模型中较好地复演异重流的运动，含沙量比尺应兼顾式(6-66)，将三门峡水库异重流观测资料代入式(6-67)，并把 λ_{k_e} 表达式(同时引入式(6-42)计算异重流含沙量分布)与式(6-41)联解，即可求出异重流含沙量比尺 $\lambda_{S_e} = 1.37 \sim 1.70$。

为了保证异重流沿程淤积分布及异重流排沙特性与原型相似，还应满足异重流挟沙相似条件式(6-67)。与上述挟沙机制同理，可将异重流观测资料代入式(4-42)，计算原型及模型的异重流挟沙力，进而确定 $\lambda_{S_{*e}} = 1.45 \sim 1.82$，与式(6-66)得出的结果基本一致，并且与上述水流挟沙相似条件确定的 λ_S 也较为接近，因此选用 $\lambda_S = \lambda_{S_*} = 1.50$ 可同时满足明流及异重流挟沙相似条件，又能满足异重流发生相似条件。

模型水流运动时间比尺 $\lambda_{t_1} = \lambda_L/\lambda_u = 38.7$。而河床冲淤变形时间比尺 $\lambda_{t_2} = \dfrac{\lambda_{\gamma_0}}{\lambda_S}\lambda_{t_1}$，还与泥沙干容重比尺 λ_{γ_0} 及含沙量比尺 λ_S 有关。根据郑州热电厂粉煤灰进行的沉积过程试验，测得模型沙初期干容重为 0.66 kN/m³($D_{50} = 0.016 \sim 0.017$ mm)。至于原型淤积物干容重，通过三门峡库区实测资料分析认为，水库下段初始淤积物干容重一般为 $1.0 \sim 1.22$ kN/m³，设计时可取 1.15 kN/m³。由原型及模型沙干容重求得 $\lambda_{\gamma_0} = 1.74$，进而可以根据河床冲淤变形相似条件计算出 $\lambda_{t_2} = 44.9$。可见，λ_{t_2} 与水流运动时间比尺接近，对于所要开展的非恒定流库区动床模型试验，可以避免常遇到的两个时间比尺相差甚远所带来的时间变态问题，也不至于对水库蓄水、排沙及异重流运动的模拟带来不利的影响。

7.1.6　模型高含沙洪水适应性预估及比尺汇总

在小浪底水库的调水调沙运用中，将会出现高含沙洪水输沙状况。因此，在设计水库模型时，应考虑对高含沙洪水模拟的适应性。上述模型设计在确定含沙量比尺的过程中，已经考虑了高含沙洪水泥沙及水力因子的变化。为了进一步预估模型中有关比尺在高含沙洪水期是否适应，下面以 $\lambda_S = 1.50$ 为条件开展初步分析。

对于黄河高含沙洪水，尽管随含沙量的增大黏性有所增加，同样水流强度下浑水有效雷诺数 Re_* 有所减小，但根据实测资料分别由费祥俊公式[18]及张红武公式[13]计算动水状态下的宾汉切应力和刚度系数，求得的有效雷诺数 Re_* 远大于 $8\,000$。张红武对于高含沙洪水流态临界条件的研究表明，水流属于充分紊动状态。根据实测资料，三门峡水库回水变动区出现高含沙洪水时浊浪翻滚，显然水流处于充分紊动状态。在小浪底枢纽坝区泥沙模型试验中也可发现，高含沙水流雷诺数 Re_{*m} 一般大于 $8\,000$。因此，在模型设计中可不考虑宾汉切应力的影响。

为了进一步预估本模型在高含沙洪水时泥沙沉降相似状况,采用式(4-43)及如下模型沙沉速公式,即

$$\omega_s = \omega_0 \left[\left(1 + \frac{\gamma_s - \gamma}{\gamma} S_V \right) \left(1 - \kappa_m \frac{S_V}{S_{Vm}} \right)^{2.5} \right]^n (1 - 2.25 S_V) \quad (7-5)$$

分别计算含沙量为 250 ~ 400 kg/m³ 时原型和模型的泥沙沉速,进而得出 $\lambda_\omega = 1.27 \sim 1.37$,与前文按泥沙悬移相似条件设计出的 $\lambda_\omega = 1.34$ 比较接近。表明在高含沙洪水条件下,亦能满足泥沙悬移相似条件。

根据上述设计,模型主要比尺汇总于表7-1。

表7-1 模型主要比尺汇总

比尺名称	比尺数值	依据
水平比尺 λ_L	300	根据试验要求及场地条件
垂直比尺 λ_h	60	变率限制条件
流速比尺 λ_u	7.75	水流重力相似条件
流量比尺 λ_Q	139 427	$\lambda_Q = \lambda_L \lambda_h \lambda_u$
糙率比尺 λ_n	0.88	水流阻力相似条件
沉速比尺 λ_ω	1.34	泥沙悬移相似条件
容重差比尺 $\lambda_{\gamma_s - \gamma_c}$	1.5	郑州热电厂粉煤灰
起动流速比尺 λ_{u_c}	≈7.75	泥沙起动相似条件
含沙量比尺 λ_S	1.5	挟沙相似及异重流相似条件
干容重比尺 $\lambda_{\gamma 0}$	1.74	$\lambda_{\gamma 0} = \gamma_{0p} / \gamma_{0m}$
水流运动时间比尺 λ_{t_1}	38.7	$\lambda_{t_1} = \lambda_L / \lambda_u$
河床变形时间比尺 λ_{t_2}	44.9	河床冲淤变形相似条件

7.2 模型验证

7.2.1 三门峡水库模型验证

模型始建于1998年,当时小浪底水库处于建设期,不具备验证试验的条件。为此,专门修建了位于小浪底上游、水沙条件和河床边界条件均与其相似的三门峡水库模型进行验证试验。

三门峡水利枢纽位于黄河中游的下段,是根据黄河流域规划兴建的第一座以防洪为主要目标的综合利用工程。自1960年9月投入运用至1964年10月(为蓄水运用及滞洪排沙运用阶段),水库出现了严重的淤积,库容迅速减小,库区淤积末端上延,淹没、浸没范围扩大等问题[19]。因此,水库被迫改变运用方式,降低水位滞洪排沙,并对工程进行改建。而后,根据黄河水沙特点,采用"蓄清排浑"运用方式,水库淤积基本得到控制。三门峡水库枢纽从建设以来,始终处于认识、实践、再认识、再实践的过程,经历了我国水利建

设史上从未遇到过的曲折。同时,水库的实践为我们提供了丰富的资料及宝贵的经验。前人曾专门开展过三门峡水库泥沙模型试验,但限于当时的研究水平,所取得的成果对工程未起到指导作用。

7.2.1.1 边界条件及水沙条件

选择1962年9~10月及1964年10月至1965年4月作为验证时段。前者由于水库滞洪排沙,库区壅水淤积,个别时段出现异重流排沙,而后者水库敞泄排沙,库区出现沿程及溯源冲刷。在上述选择的验证时段内,水库具有多种排沙方式,包括壅水排沙、敞泄排沙及异重流排沙。河床变形更为复杂,包括沿程淤积、沿程冲刷及溯源冲刷等。这些排沙方式及河床变形在坝前近30 km的库段内(HY18断面至大坝)得到充分的反映,因此选择HY18断面至大坝之间为验证库段。模型平面布置见图7-1。

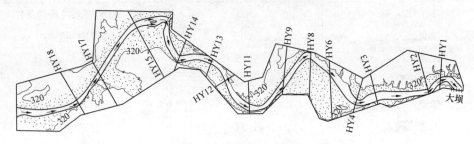

图7-1　模型平面布置

在验证时段内,虽然在模型进口断面的上下游分别有北村站及茅津站的实测资料,但由于随着水库运用方式的不同,库区水流含沙量沿程调整极大,故两站的流量、含沙量过程均不能作为进口水沙条件,需进行设计。进口断面水沙条件设计采用实测资料分析与泥沙数学模型计算相结合的方法。其途径是首先根据三门峡水文站的实测沙量资料,结合北村以下库区淤积量,对北村断面沙量资料进行修正,再通过黄河水利科学研究院曲少军研制的三门峡库区泥沙数学模型计算确定。

通过计算及合理性分析,得到模型进口断面水量、沙量及各级流量、含沙量出现天数,统计结果分别见表7-2~表7-4,逐日流量、含沙量过程线见图7-2及图7-3。

表7-2　模型进口断面水量、沙量统计结果

时段 (年-月-日)	水量 (亿 m³)	沙量(亿 t)及不同粒径组泥沙所占全沙的百分数(%)					
		全沙	d > 0.05 mm		d = 0.025 ~ 0.05 mm		d < 0.025 mm	
1962-09-17 ~ 1962-10-20	54.28	1.074	0.077	7	0.235	22	0.762	71
1964-10-13 ~ 1965-03-18	198.62	5.510	1.850	33	1.920	35	1.740	32
1965-03-19 ~ 1965-04-16	28.81	0.700	0.250	36	0.290	41	0.160	23
1964-10-13 ~ 1965-04-16	227.43	6.210	2.100	34	2.210	36	1.900	30

表 7-3　模型进口断面各级流量出现天数统计

时段	不同流量级（m^3/s）出现天数（d）						$\overline{Q}_{max}$	$\overline{Q}_{min}$
（年-月-日）	<1 000	<2 000	<3 000	<4 000	<5 000	>5 000	（m^3/s）	（m^3/s）
1962-09-17 ~ 1962-10-20	0	18	34	34	34	0	2 554	1 059
1964-10-13 ~ 1965-04-16	110	153	165	176	186	0	4 618	579

表 7-4　模型进口断面各级含沙量出现天数统计

时段	不同含沙量（kg/m^3）出现天数（d）					$\overline{S}_{max}$	$\overline{S}_{min}$
（年-月-日）	<15	<30	<50	<100	>100	（kg/m^3）	（kg/m^3）
1962-09-17 ~ 1962-10-20	7	30	34	34	0	34.1	10.0
1964-10-13 ~ 1965-04-16	6	123	185	186	0	50.4	7.4

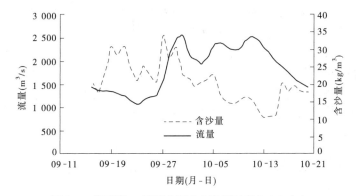

图 7-2　模型进口断面流量及含沙量过程（1962 年）

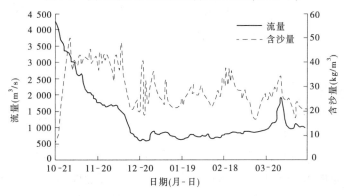

图 7-3　模型进口断面流量及含沙量过程（1964 ~ 1965 年）

7.2.1.2　验证试验结果

验证试验根据时段初实测的地形资料制作初始地形,试验运行时严格控制进口流量、含沙量、悬移质泥沙级配及坝前水位与原型一致。重点观测出库含沙量、沿程水位、流速分布等,最终以时段末实测地形来判断库区冲淤量及沿纵向、横向分布是否与原型相似。

1. 淤积时段

1962 年 9 月中旬至 10 月中旬,基本上包括了一场小洪水过程。9 月 16 日北村站流量接近 1 500 m³/s，至 23 日逐渐减小至验证时段内日平均最小值 1 070 m³/s。此后，流量逐渐增大，至 9 月底，达到验证时段内日平均最大值 2 680 m³/s；至 10 月 13 日，流量基本上维持在 2 000 ~ 2 500 m³/s。HY18 断面含沙量除与入库（潼关站）含沙量的大小有关外，亦与坝前水位有关。9 月 16 ~ 26 日，由于坝前水位较低，壅水范围小，水库上段产生少量的沿程冲刷，HY18 断面含沙量较潼关站含沙量略有增加。之后，随着入库流量增加，水库自然滞洪，坝前水位逐渐抬高，近坝库段形成壅水，北村以下库区沿程淤积，HY18 断面含沙量较北村断面有所减小。验证时段内，泄水建筑物 12 个深孔全部处于开启状态。从实测坝前水位过程线看，9 月 16 日水位接近 309 m，随着流量减小，水位逐渐降低至 307.27 m。之后，随着入库流量增加至大于当时水位的泄流能力，水位开始上升，日平均最高水位为 312.22 m，与日平均最大流量出现的时间相应。

出库含沙量过程与来水来沙条件、水库运用水位、悬沙组成及排沙方式等因素有关。9 月 16 ~ 22 日，HY18 断面流量减小，含沙量相对较大，水库为低壅水排沙，出库含沙量相对较大；9 月 27 ~ 30 日，来水流量较大，含沙量较高，在坝区出现了不十分明显的异重流排沙，出口含沙量较大；10 月以后，来水含沙量较小，加之水库坝前水位较高，水库为壅水排沙，出库含沙量较小。

三门峡水库 1962 年 9 月中旬，在 HY18 以下库段共测量了 11 个断面，基本上控制了地形变化情况。此外，沿库区各部位对淤积物进行了取样分析。因模拟时段为单向淤积过程，床沙基本不与悬沙交换，因此可仅考虑表层床沙级配与原型相似。实测断面资料及床沙级配资料为制作初始地形的重要依据。

模型悬移质泥沙级配取决于原型悬沙级配及粒径比尺。粒径比尺 $\lambda_d = \left(\dfrac{\lambda_\nu \lambda_\omega}{\lambda_{\gamma_s - \gamma_c}} \right)^{1/2}$，其中 λ_ω 及 $\lambda_{\gamma_s - \gamma_c}$ 分别为泥沙沉速比尺及水下容重差比尺，如前所述，两者取值分别为 1.34 及 1.5；λ_ν 为水流运动黏滞系数比尺，该值与水流含沙量大小，特别是原型与模型的水温差有关。由于在验证时段内，含沙量本身为一变值，加之原型沙与模型沙种类不同，以及含沙量比尺等因素，在确定 λ_ν 时，若严格考虑含沙量对 λ_ν 的影响是十分困难的。再者，对于一般挟沙水流，含沙量的影响相对较小，因而在试验过程中确定 λ_ν 时，仅考虑模型与原型水温差。由实测资料可知，1962 年 9 月下旬及 10 月上中旬，黄河北村、茅津及史家滩站水温基本相同，一般为 14 ~ 16 ℃，可取平均值 15 ℃。验证试验期间，模型水温亦接近 15 ℃。因此，λ_ν 可近似取 1，则粒径比尺 $\lambda_d = 0.95$。

HY18 断面原型悬沙中值粒径 d_{50} 一般为 0.016 ~ 0.019 mm，按粒径比尺可得到模型进口悬沙 d_{50} 应为 0.017 ~ 0.02 mm，选配后的模型悬沙级配曲线与原型资料的比较结果见图 7-4。由此可以看出，模型沙级配基本与原型平均情况接近。只是在 9 月 27 ~ 30 日期间，由于悬沙粒径较时段平均为细，因此模型悬移质泥沙粒径较原型略粗。

在原型资料中，茅津站（HY12）及史家滩站（HY1）均有较完整的水位观测资料。将原型资料及模型观测资料进行对比，绘制图 7-5 及图 7-6。从图中可以看出，模型与原型水位过程符合较好，说明模型满足阻力相似。图 7-7 给出了某时段沿程水面线，可以看出，随坝前水位升高库区水面线的变化过程。验证试验出库含沙量过程与原型对比结果见图 7-8。从图 7-8 中可以看出，除个别时段略有差别外（9 月底模型出口含沙量小于原

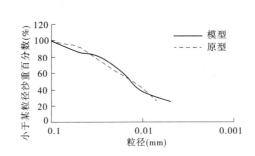

图7-4 HY18 断面悬移质泥沙级配曲线

型,似由模型悬沙较原型为粗所致),出库含沙量变化趋势与原型基本一致。

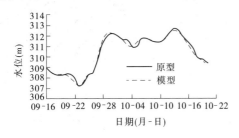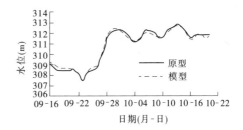

图7-5 茅津站水位过程验证结果(1962 年)　　　**图7-6 史家滩站水位过程验证结果(1962 年)**

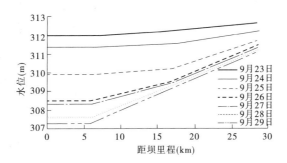

图7-7 验证时段沿程水面线(1962 年)

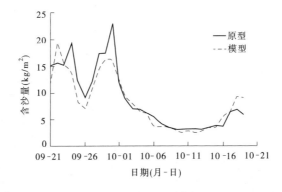

图7-8 出库含沙量过程验证结果(1962 年)

原型资料显示,9 月下旬坝区段形成异重流排沙。图 7-9 及图 7-10 点绘了某些断面

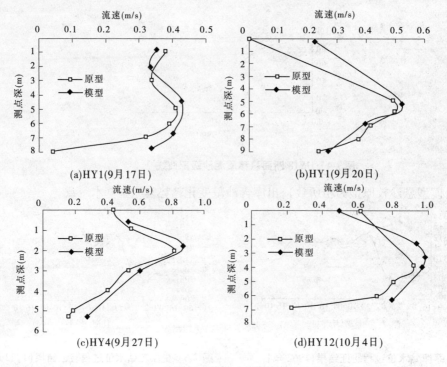

图 7-9　流速沿垂线分布验证结果（1962 年）

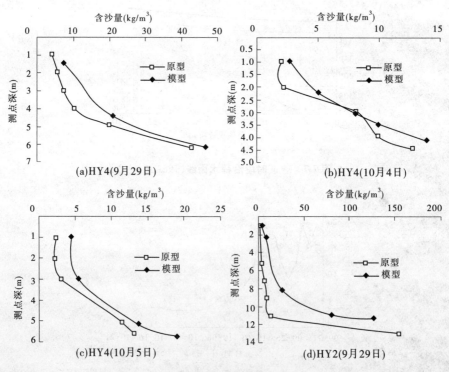

图 7-10　含沙量沿垂线分布验证结果（1962 年）

和时段原型及模型流速沿垂线分布及含沙量沿垂线分布,可以看出,二者符合较好。表明本模型可做到流速分布及含沙量分布相似,同时也说明试验对异重流运动进行的模拟也是成功的。

取代表时段的出库悬移质泥沙进行颗分,其结果与原型对比见图7-11。可以看出,二者符合较好。

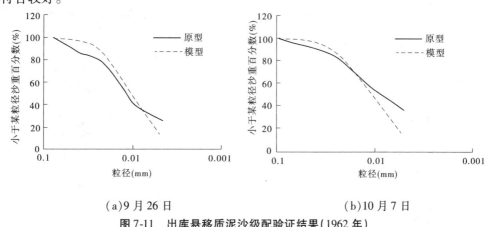

(a)9月26日　　　　　　　　　　　　(b)10月7日

图7-11　出库悬移质泥沙级配验证结果(1962年)

在验证时段内,原型进口沙量为1.08亿t,库区淤积0.527亿m³。模型淤积量为0.569亿m³,与原型相近。由断面测验资料看出,各库段淤积量与原型符合得较好,见表7-5,表明沿程淤积分布也颇为相似。

表7-5　各库段冲淤量验证结果(1962年9~10月)　　　　(单位:亿m³)

库段	HY1—HY2	HY2—HY4	HY4—HY8	HY8—HY12	HY12—HY15	HY15—HY17	HY1—HY17
原型	0.000 2	0.024	0.058	0.105	0.226	0.114	0.527
模型	0.000 8	0.043	0.057	0.106	0.237	0.125	0.569

实测资料表明,在验证时段内,库区基本上为平行抬升,断面平均淤积厚度为0.15~3.6 m,在坝区淤积极少。从时段末原型与模型断面资料对比(见图7-12)可以看出,HY4—HY17断面,无论是淤积分布还是淤积量,二者均符合较好,只是坝前段模型比原型淤积量略多。

由上述1962年9月17日至10月20日的验证试验可以看出,沿程水位及过程与原型符合较好,说明模型可以满足阻力相似;模型出口含沙量及其过程、悬沙级配与原型符合较好;库区淤积量及分布与原型基本一致,这说明该模型试验对异重流运行进行了较好的模拟。

2. 冲刷时段

1964年为大水大沙年,汛期库区滞洪淤积。10月下旬至次年4月中旬,来水总趋势为逐渐减小。潼关流量由10月21日的3 930 m³/s减小至11月16日的2 050 m³/s,至12月10日为1 020 m³/s,之后流量基本上维持在600~900 m³/s,只是在3月桃汛期流量有所增加,最大日平均流量为1 209 m³/s。本时段,泄水建筑物12个深孔全部打开,库水位与来水流量的大小成正比。在来水流量逐渐减小的情况下,库水位逐渐下降。1964年10月21日,史家滩日平均水位为322.39 m,至11月底降为310 m左右,至12月18日降至305.10 m,为该时段最低值,之后来水流量有所增加,大于该水位下的泄流能力,水位

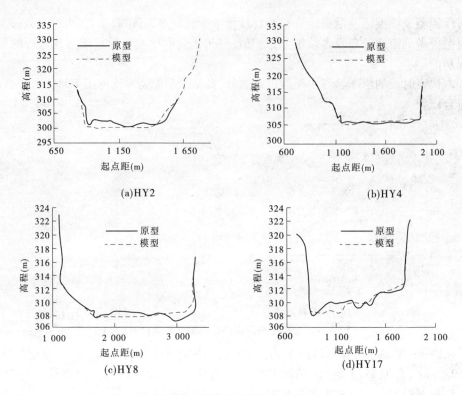

图 7-12　库区河床冲淤变形验证结果(1962 年)

有所回升。至 1965 年 3 月桃汛期,史家滩最大日平均水位达 308.14 m。来水含沙量一般为 20 ~ 40 kg/m³。本时段前期地形为 1964 年汛期滞洪淤积形成的高滩高槽形态。汛后,随着来流量的减小,坝前水位逐渐降低,水库敞泄排沙,库区产生了强烈的溯源冲刷及沿程冲刷,断面形态由 1964 年 10 月下旬的高滩高槽形态冲刷形成高滩深槽形态,滩槽高差一般为 8 ~ 10 m。由于水库冲刷,出口含沙量一般大于入口含沙量,最大日平均含沙量达 70 kg/m³。

如前所述,1964 年 10 月下旬,坝前水位骤然下降,库内发生溯源冲刷,在原较为平坦的河床上拉开一道深槽。由于大量床沙被冲起排出库外,所以床沙的铺放对试验结果的准确性有较大的影响。为了保证试验成果的可靠性,在初始河床床沙铺放上进行了级配和密实度(干容重)两方面的控制。经实测资料分析,溯源冲刷所冲起泥沙大部分为 1964 年 1 ~ 10 月库区淤积泥沙,其中 7 ~ 9 月淤积物最多,1 ~ 10 月库区淤积泥沙中值粒径变化见表 7-6。从表 7-6 中可以看出,在该时段初期淤积泥沙较粗,而末期淤积泥沙较细,亦说明淤积物沿垂向自下而上逐渐变细。根据原型实测资料将库区初始河床泥沙铺放大致分为三层:底层厚约 5 cm(相当于原型 2.25 m),模型沙中值粒径控制在 0.035 mm 左右;中层厚约 5 cm,中值粒径控制在 0.025 mm 左右;上层厚约 12 cm(相当于原型 5.4 m),中值粒径控制在 0.015 mm 左右。

采用粉煤灰作床沙时,淤积物干容重一般与床沙粒径有关。多次的试验观测表明,制作动床地形时,在严格控制床沙粒径与原型相似的前提下,应保证床沙充分密实,地形浸水后不会发生沉降变形,其干容重基本满足要求。

表 7-6　1964 年实测库区淤积物中值粒径统计　　　　　　　　（单位：mm）

取样位置	不同取样时间淤积物中值粒径							
	1 月 21 日	3 月 27 日	4 月 29 日	6 月 12 日	7 月 15 日	7 月 25 日	8 月 23 日	10 月 13 日
HY2	0.071	0.070	0.045	0.049	0.034	—	0.020	—
HY4	0.074	0.030	0.034	0.050	0.040	—	0.023	—
HY8	0.060	0.041	0.032	0.045	0.042	—	0.025	—
HY12	0.056	0.050	0.035	0.049	0.040	0.026	0.020	0.028
HY17	0.041	0.040	0.033	0.050	0.033	0.030	0.020	0.025

在 1964 年 10 月至 1965 年 4 月时段内,原型水温变化幅度为 0.3～15 ℃,按水温变化可概化为 3 个时段,即 1964 年 10 月下旬至 11 月及 1965 年 3 月、1964 年 12 月至 1965 年 2 月、1965 年 4 月。3 个时段水温分别按 8 ℃、1 ℃ 及 15 ℃ 考虑,相应的水流运动黏滞系数分别为 1.38×10^{-6} m²/s、1.7×10^{-6} m²/s 及 1.15×10^{-6} m²/s。验证试验期间模型水温约为 25 ℃,水流运动黏滞系数为 0.92×10^{-6} m²/s,则 λ_γ 分别为 1.5、1.85 及 1.25,相应 λ_d 分别为 1.12、1.29 及 1.06。在验证试验过程中进口悬沙级配则根据原型资料采用不同的 λ_d 进行配制。从实际测验结果看,模型进口悬沙级配与原型符合较好,如图 7-13 所示。

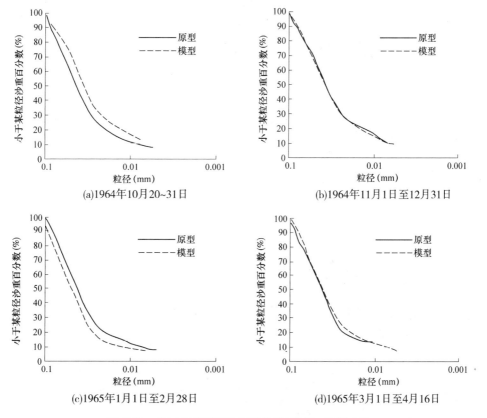

图 7-13　进口悬移质泥沙级配曲线(1964～1965 年)

图 7-14 及图 7-15 分别为茅津站(HY12)及史家滩站(HY1)水位过程线验证结果,可以看出模型与原型符合较好。图 7-16 为观测到的某时段沿程水面线,可反映出随坝前水位下降水面线变化过程。

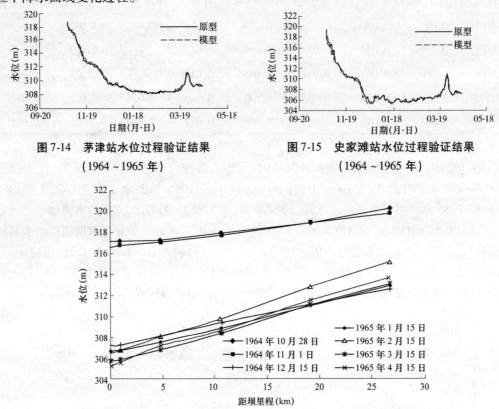

图 7-14　茅津站水位过程验证结果
(1964～1965 年)

图 7-15　史家滩站水位过程验证结果
(1964～1965 年)

图 7-16　模型水面线变化过程(1964～1965 年)

图 7-17 为出库含沙量验证结果,可以看出,原型与模型两者变化趋势一致,且数量上也基本接近,在精度上能满足验证要求。

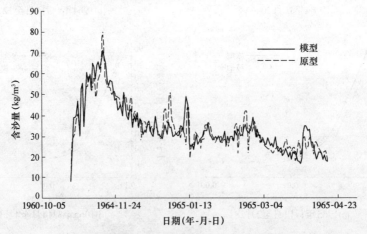

图 7-17　出库含沙量验证结果(1964～1965 年)

验证时段内,原型进口沙量为 6.21 亿 t,冲刷 0.740 亿 m³,模型冲刷 0.640 亿 m³,二者相差不大。模型及原型各库段冲淤量也很接近,见表 7-7。

表 7-7　各库段冲淤量验证结果(1964 年 10 月至 1965 年 4 月)　　(单位:亿 m³)

项目	HY1—HY4	HY4—HY8	HY8—HY11	HY11—HY14	HY14—HY15	HY15—HY17	HY1—HY17
原型	−0.071	−0.144	−0.112	−0.098	−0.161	−0.154	−0.740
模型	−0.075	−0.118	−0.129	−0.082	−0.131	−0.105	−0.640

图 7-18 为原型与模型时段末横断面套绘图。可以看出,两者不仅冲淤量相差不大,而且断面形态也基本一致,表明模型可满足冲刷相似。

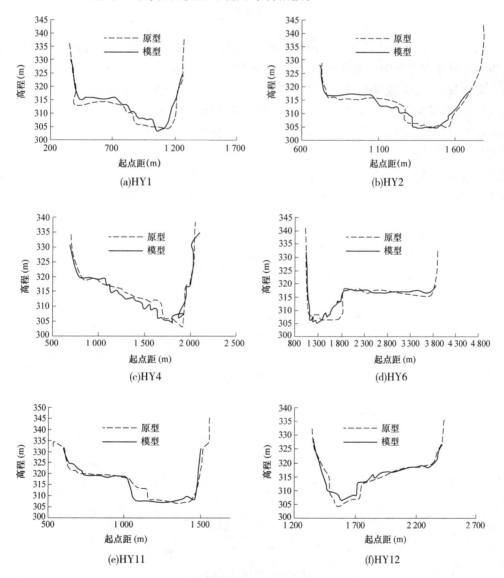

图 7-18　库区河床变形验证结果(1964 ~ 1965 年)

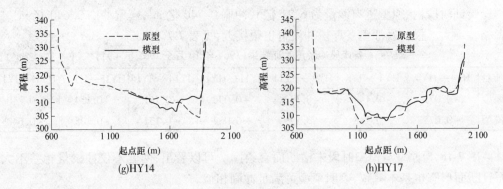

(g)HY14   (h)HY17

续图 7-18

图 7-19 ~ 图 7-20 为验证时段内河势图。验证时段初期,水库蓄水位较高,HY17 断面以下基本处于回水范围。汛期滞洪淤积后,个别断面几乎无滩槽之分,或为浅碟状。在水位下降过程中,逐渐显现出河槽。随着流量的变化及历时的增加,在个别河段主槽位置也发生了位移,特别是在弯道附近。图 7-21 为主流线套绘图,图 7-21 中显示,HY15 断面主槽不断左移,位于 HY15 与 HY14 断面之间的弯道顶冲点随之左移,受地形条件影响,入流与出流夹角逐渐减小至小于 90°,进而不断改变进入下游的水流方向,使主槽在 HY14 断面处逐渐右移。下游 HY4 断面亦出现右岸冲蚀、左岸淤积、主槽右移的现象。在坝前,水流顶冲泄水洞对岸山嘴,遂折 90°与大坝正交出流,在右岸保留高滩。

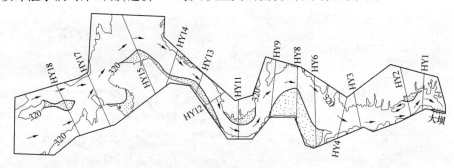

(a)1964 年 10 月 26 日

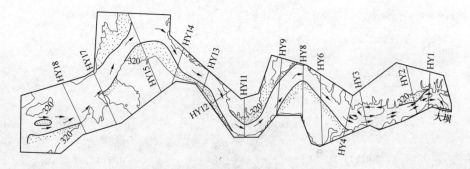

(b)1964 年 10 月 29 日

图 7-19　三门峡库区模型验证试验河势

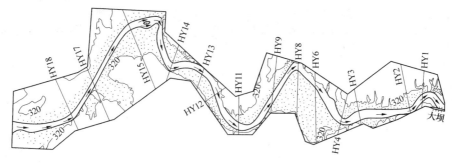

（a）1964 年 12 月 5 日

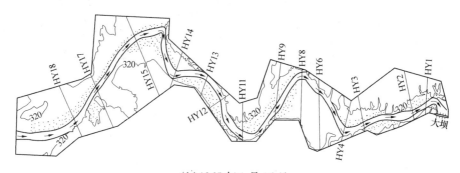

（b）1965 年 1 月 16 日

图 7-20　三门峡库区模型验证试验河势

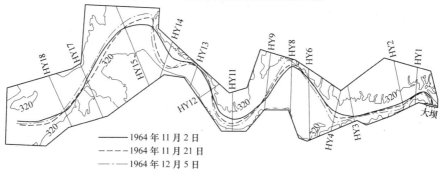

——— 1964 年 11 月 2 日
------- 1964 年 11 月 21 日
—-—- 1964 年 12 月 5 日

图 7-21　三门峡库区验证试验主流线套绘图

从整个河势看,最终相对稳定的平面形态基本上与目前三门峡库区相同。同时反映出原型库段降水冲刷过程中主槽位置受两岸山体的制约,平面变化并不十分显著。

图 7-22 及图 7-23 为 HY12 断面代表时段流速及含沙量沿垂线分布验证结果,可以看出两者均符合较好,基本满足了流速分布及含沙量分布的相似性。

表 7-8 为模型冲刷时段库区沿程表层床沙中值粒径变化过程。从表中可以看出,从冲刷初始至 1965 年 3 月 15 日,库区床沙中值粒径逐渐变粗,1965 年 3 月 15 日至 4 月 16 日,库区沿程床沙中值粒径有变细的趋势。实测资料表明,从初始至 1965 年 3 月 15 日,库区发生冲刷,1965 年 3 月 15 日至 4 月 16 日,库区略有淤积。因此,本次试验床沙变化符合冲刷时粗化、淤积时细化的河床演变一般规律。从1964 年 12 月 23 日及 1965 年

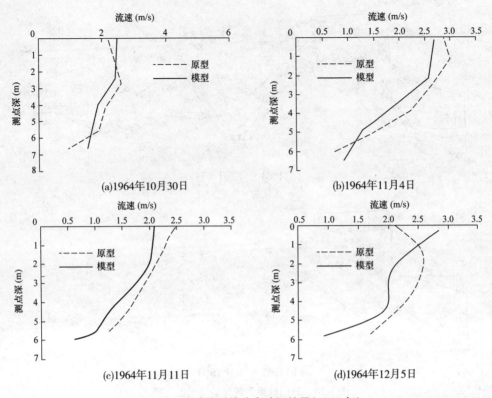

图 7-22　流速沿垂线分布验证结果 (1964 年)

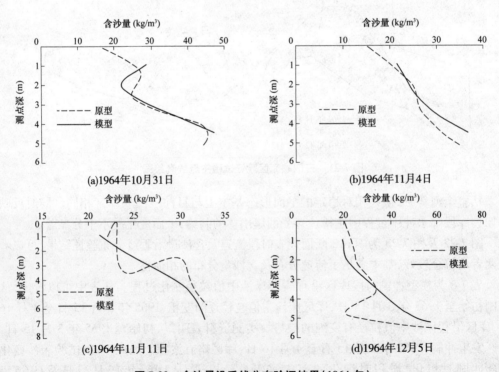

图 7-23　含沙量沿垂线分布验证结果 (1964 年)

1月20日观测结果来看,从HY18断面至坝前淤积物沿程渐粗,似反映出床沙粒径受溯源冲刷的影响。从时段末床沙中值粒径与实测资料对比来看,床沙粒径与原型也颇为接近。

表7-8　冲刷时段库区沿程表面床沙中值粒径变化　　　　　　　　　　　（单位:mm）

位置（断面）	模型					原型
	初始	1964年12月23日	1965年1月20日	1965年3月15日	1965年4月16日	1965年4月16日
HY18		0.045	0.048	0.075	0.073	0.079
HY15	0.025	0.042	0.055	0.072	0.065	0.079
HY12		0.060	0.070	0.082	0.080	0.073
HY8	0.020	0.062	0.065	0.070	0.068	0.080
HY4		0.060	0.063	0.080	0.078	0.066
HY2	0.020	0.060	0.073	0.079	0.079	0.078

上述验证结果表明,模型水位、出库含沙量过程、河势变化、流速及含沙量沿垂线分布、床沙级配及变化过程、库区冲刷量及形态均与原型相似。

高含沙水流概化试验结果表明,模型中高含沙水流流态、各种排沙条件下的输沙特性等方面与原型观测结果基本一致。

7.2.2　小浪底水库模型验证

小浪底水库于2000年投入运用,2001年8~9月和2004年6~8月均发生了较为显著的异重流排沙过程,在小浪底水库模型上两次复演原型发生的异重流排沙过程,达到对模型进行实测资料验证的目的。

7.2.2.1　异重流概况

1.2001年8~9月

2001年8月15~18日,黄河中游晋陕区间、北洛河、泾河有一次明显的降雨过程,受降雨影响,黄河中游干支流产生了一次中小洪水过程,小浪底水库入库站——黄河三门峡站8月22日8时洪峰流量2 890 m³/s。位于小浪底水库中部的河堤站自8月20日14时至25日8时,含沙量维持在100 kg/m³以上,其中在300 kg/m³以上维持了38 h,最大含沙量为534 kg/m³,8月29日2时以后落至30 kg/m³以下。

小浪底水库自8月21日15时开始下泄浑水,出库含沙量自8月22日2时至23日20时均在100 kg/m³以上,最大为8月23日8时的196 kg/m³。下泄流量除8月29日18~24时外均小于300 m³/s。

异重流测验时段为8月21日至9月7日,时段内入库站总水量为14.14亿m³,出库水量为2.97亿m³,蓄水量11.17亿m³;入库沙量为2.00亿t,出库沙量0.13亿t,拦沙量1.87亿t。

小浪底水库异重流期间以蓄水为主,2001年8月20日14时坝前水位约为203 m,之后库水位迅速上升,至9月8日8时升高至217.97 m。8月20日晚入库浑水在HH31断面附近潜入形成异重流,8月21日8时后在坝前观测到有异重流运行。水库蓄水作用使回水末端不断上移,加之入库流量减小,使异重流潜入点随之上移。8月24日以后,随着库区水位升高,潜入点上移至HH36断面附近。

2.2004年6~8月

该时段包括了黄河第三次调水调沙试验及"04·8"洪水水沙过程。在2004年6月19日至7月13日黄河第三次调水调沙试验期间,7月5日,调水调沙进入第二阶段,三门峡水库加大泄量,形成了2004年进入小浪底水库的第一场洪水。洪水期入库最大流量为5 130 m³/s(7月7日14时6分),最大含沙量为368 kg/m³(7月7日22时)。7月5日异重流潜入点在HH36断面,距小浪底大坝62.51 km;6日潜入点在HH35断面,距小浪底大坝62.11 km;7日潜入点在HH33断面,距小浪底大坝56.85 km,以后逐渐向下游推进,最远到HH25断面附近,距小浪底大坝42.51 km;之后开始后退,至8日潜入点回退到HH33断面和HH34断面之间;直到7月11日异重流过程结束,潜入点一直稳定在HH33断面和HH34断面附近。2004年8月,中游发生一场小洪水过程。8月22日起2004年小浪底水库第二场较大洪水入库("04·8"洪水),入库最大流量为2 960 m³/s(8月22日3时),最大含沙量为542 kg/m³(8月22日6时)。在调水调沙试验期间,对异重流输移过程进行了较为系统的观测,而8月下旬发生的异重流仅对进出库流量及含沙量进行了观测。

7.2.2.2　验证试验条件

小浪底水库入库干流水沙控制站为三门峡水文站,支流有3个水文站,分别是亳清河皋落站、西阳河桥头站和畛水石寺站。因验证时段内小浪底水库支流入汇水沙量极少,可忽略不计,以干流三门峡站水沙量和悬沙级配作为小浪底入库值,验证时段内三门峡站逐日流量、含沙量过程线见图7-24、图7-25。小浪底出库水沙控制站为下游的小浪底水文站。在试验过程中按照泄水建筑物实际运用情况,控制模型与原型一致启闭各泄水洞,并通过控制坝前水位与原型相似而满足模型总泄量及各泄水洞与原型相似。

两次验证试验分别选用当年汛前实测地形作为铺设初始地形的依据。从观测资料来看,库区纵剖面淤积形态为三角洲。

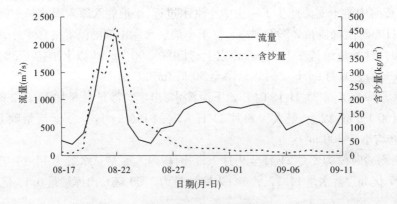

图7-24　三门峡站流量及含沙量过程(2001年)

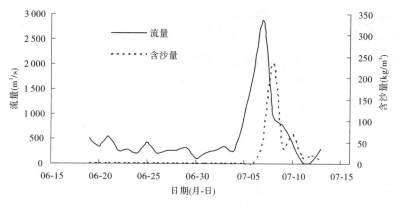

图 7-25　三门峡站流量及含沙量过程(2004 年)

7.2.2.3　验证试验结果

1.异重流形成条件

库区清水与进入库区的浑水之间的容重差是产生异重流的根本原因。其物理实质是:若虚拟一个清浑水垂直交界面,则交界面两侧的压力不同,浑水一侧的压力大于清水一侧的压力而产生压力差,且越接近河底压力差越大,就促使浑水侧向清水侧以下潜的形式流动。从实际的观测资料可以看出,挟沙水流进入水库的壅水段之后,由于沿程水深的不断增加,流速及含沙量分布从正常状态逐渐变化,水流最大流速由接近水面向库底转移,当水流流速减小到一定值时,浑水开始下潜并且沿库底向前运行。由于横轴环流的存在,在潜入点以下库区表面水体逆流而上,带动水面漂浮物聚集在潜入点附近,成为异重流潜入的标志。

在小浪底库区模型上复演异重流过程,可以清楚地观察到异重流潜入点的变化过程。异重流潜入点随水力条件的变化而移动,变化过程见图7-26。

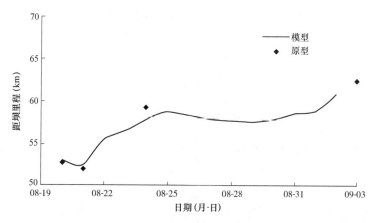

图 7-26　模型异重流潜入点位移过程(2001 年)

小浪底水库异重流潜入点水流泥沙条件基本符合式(1-30)和式(1-31),如图1-13和图1-14 所示。

2. 异重流运动规律

1）异重流流速及含沙量沿垂线分布

流速分布是水流阻力状况,或者说是水流能量消耗的反映。流速与含沙量分布是研究水流挟沙力的基础。对模型验证试验而言,模型与原型是否符合,是检验模型综合阻力、水流泥沙运动与原型是否相似的标志。

图7-27为验证时段内沿程各断面主流线流速沿垂线分布。可以看出,在异重流潜入点以下,流速沿垂线分布均呈异重流分布状态,在清水层,由于横轴环流的存在出现负流速,在浑水层,异重流分布基本符合对数分布。模型流速与实测流速分布趋势一致,呈现中间大、两头小,流速大小也比较接近,受观测时间及观测位置的影响,两值略有差别。

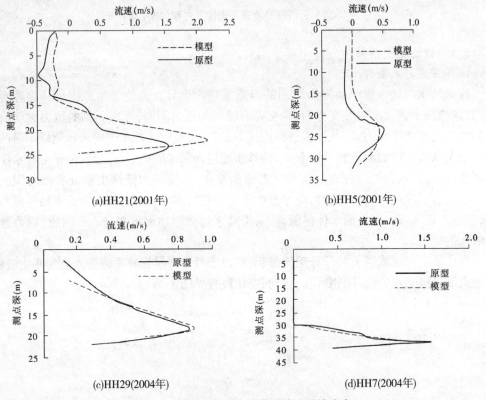

(a)HH21(2001年)　　　　　　　　　(b)HH5(2001年)

(c)HH29(2004年)　　　　　　　　　(d)HH7(2004年)

图7-27　沿程各断面主流线流速沿垂线分布

图7-28为验证时段内,典型断面含沙量沿垂线分布图,从图中可以清楚地看到,在水库上部含沙量几乎为0,在异重流范围内,含沙量突然增大,呈现上清下浑的分层流。这些变化情况与原型一致。

异重流在运行过程中会产生能量损失,包括沿程损失及局部损失,沿程损失即床面及清浑水交界面的阻力损失。而局部损失在小浪底库区较为显著,包括支流倒灌、局部地形的扩大或收缩、弯道等因素。

小浪底库区平面形态十分复杂,库区有几处弯道,例如 HH24 断面、HH23 断面、HH10 断面及 HH8 断面等。异重流流经弯道时,不仅产生横向比降,同时还发生环流。在凹岸

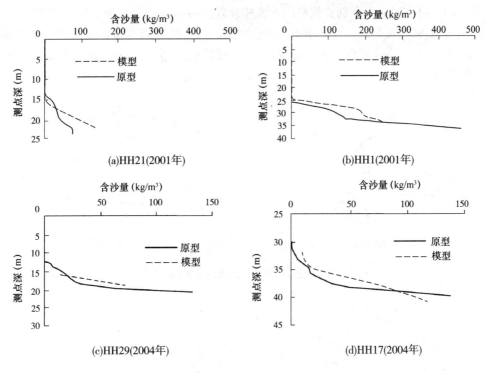

图 7-28　沿程各断面主流线含沙量沿垂线分布

厚度增加,而凸岸厚度减小。图 7-29 为验证试验过程中观测到的 HH23 断面左右岸垂线流速及含沙量分布图,可以看出,在 HH23 断面的右岸(凹岸)垂线流速明显大于左岸,且清浑水交界面高于左岸。例如左右岸垂线最大流速分别约为 1 m/s 和 1.7 m/s,交界面测点深分别约为 18 m 和 14 m。库区 HH31 断面以上及 HH15 断面以下较宽,HH16 断面至 HH19 断面之间最窄,在宽窄交界处,流线曲率较大或不连续,则产生局部损失。断面扩大后,异重流流速降低,厚度有所减小,因而挟沙力也会减小。当异重流通过收缩断面时,将引起交界面的壅高等。

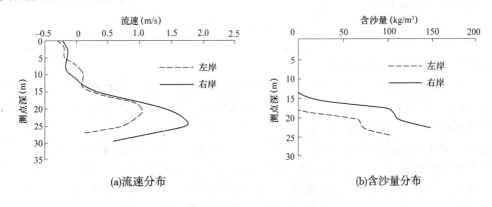

图 7-29　HH23 断面左右岸垂线流速、含沙量分布(2001 年)

图7-30 及图7-31 为个别支流口门处流速及含沙量沿垂线分布图。库区各支流与干流夹角或小于90°,或与之正交。异重流经过支流沟口,仍然以异重流的形式倒灌支流,流速较为缓慢。支流清浑水交界面与沟口处干流相当。异重流挟带的泥沙全部沉积在支流内,使支流不断淤积。

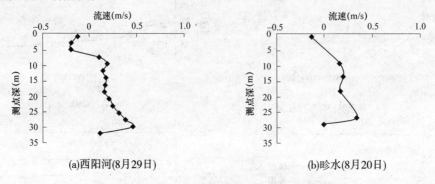

(a)西阳河(8月29日)　　　　　　　　(b)畛水(8月20日)

图 7-30　支流口门处流速沿垂线分布(2001 年)

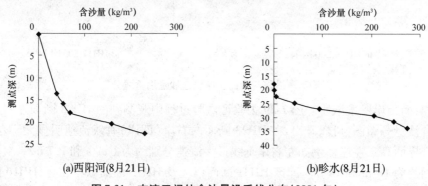

(a)西阳河(8月21日)　　　　　　　　(b)畛水(8月21日)

图 7-31　支流口门处含沙量沿垂线分布(2001 年)

此外,异重流在运行过程中,泥沙沿程淤积、交界面的掺混及清水的析出等,均可使异重流的流量逐渐减小,其动能相应减小。

2)清浑水交界面

含沙水流入库后,以异重流的形式运行至坝前,由于控制泄流,下泄流量很小,仅小部分浑水被排泄出库,其余部分被拦蓄在库内形成浑水水库。

入库洪水过程含沙量高且泥沙颗粒细,与低含沙水流相比,不仅在含沙量上存在数量的差别,更重要的是,反映在沉降机制上有本质的区别。聚集在水库坝前的浑水与清水之间存在浑液面,并以浑液面的形式整体下沉,其沉速与水流含沙量、泥沙级配及水温等因素有关。事实上,坝前清浑水交界面高程的变化,还受进出库水流的影响,这种影响表现在浑水体积的增减,以及由于水流运动引起的对泥沙形成的网状絮体的破坏,这些影响因素使浑液面沉降特性更具多变性和复杂性。从实测资料看,浑水高程从 2001 年 8 月 21 日的 172.23 m 上升至 8 月 29 日的 192.58 m,之后略有下降。

图7-32 为坝前浑液面验证结果,可以看出,模型清浑水交界面的初始高程较为接近,之后下降速度明显高于原型。分析其原因有二:其一是因泥沙粒径比尺小于1,这使得模

型沙较原型沙偏粗,因水流中细颗粒泥沙含量越少,其网状絮体结构形成的速度越慢;其二是由于模型含沙量比尺 $\lambda_s = 1.5$,即模型沙含沙量仅不足原型沙的 70%,相对而言,泥沙絮体颗粒不易互相接触,颗粒间分子力作用微弱,絮体网状结构不能很快出现。这些因素都促使泥沙沉速偏大。此外,原型沙与模型沙物理化学特性的差异亦会对浑液面的沉降产生一定的影响。

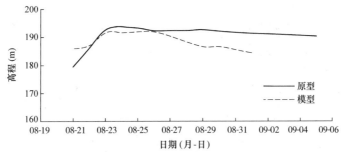

图 7-32　坝前浑液面验证结果(2001 年)

图 7-33 给出了利用模型沙在量筒中进行的静水沉降试验的结果。浑水含沙量分别为 200 kg/m³、100 kg/m³ 及 50 kg/m³。显然,随着含沙量的减少,浑液面的沉速大幅度地增加。

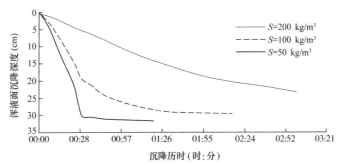

图 7-33　模型沙静水沉降试验结果

图 7-34 给出了不同时间库区沿程交界面的验证结果,总体看模型清浑水交界面均较原型低,但数值相差不大。

3)出库含沙量

小浪底水库的出库水沙控制站为小浪底水文站。事实上,小浪底坝前并非均质流,在清浑水交界面上、下分别为清水及含沙水流。在异重流排沙过程中,清浑水交界面最高高程不足 193 m,而发电洞最低高程为 195 m,当开启发电洞时,下泄水流基本上为上层清水,而开启排沙洞则下泄浑水。在验证试验中,若同时开启发电洞及排沙洞,则可看到清水、浑水并存的现象。由于在水库泄流过程中,除开启排沙洞泄流外,发电洞也部分开启参与泄流。因此,小浪底水文站观测到的水流含沙量,并非异重流所挟带的含沙量,其大小除取决于异重流到达坝前的水流含沙量外,还与排沙洞分流比有关。此外,还受小浪底大坝至水文站之间河道调整作用的影响(小浪底水文站位于大坝下游 3 km)。

根据实测的排沙洞分流比,计算异重流主要排沙时段出流含沙量过程(不考虑大坝

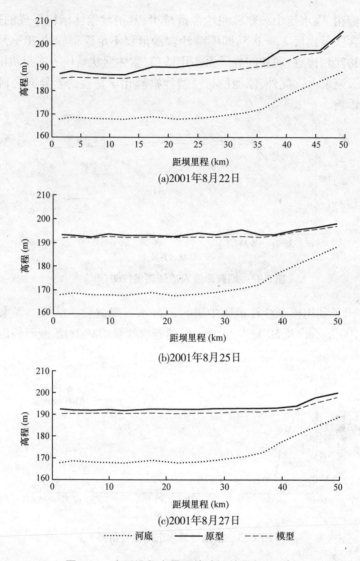

(a)2001年8月22日

(b)2001年8月25日

(c)2001年8月27日

········ 河底　　——— 原型　　- - - 模型

图 7-34　库区沿程交界面的验证结果(2001 年)

至水文站之间河道的调整作用)与模型观测的排沙洞出流含沙量过程,同时点绘于图 7-35,可以看出,二者变化趋势基本一致。造成量值的差别的影响因素较多,包括排沙洞分流比计算、大坝至水文站之间河床的调整、坝前浑水含沙量梯度、测验精度等。

3.异重流的淤积

挟沙水流在回水末端以上为明流,在水流的作用下,河床不断地冲刷下切,个别部位还出现少量的塌滩现象。

浑水进入水库回水末端,在适当的条件下会潜入清水下面形成异重流。在异重流潜入点库段,流速降低,水流挟沙力减小,较粗泥沙首先分选落淤。在异重流排沙过程中,潜入点的变化范围区间,自下而上逐渐由明流输沙转变为异重流输沙。

异重流在向下游运行的过程中总是处于超饱和状态,因而发生沿程淤积使床面不断

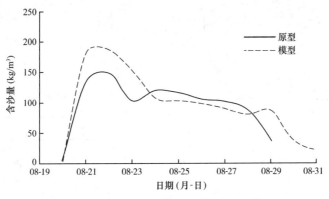

图 7-35　排沙洞出流含沙量过程(2001 年)

淤积抬升。在其向支流倒灌的同时大量泥沙进入支流并淤积,使支流淤积面随干流同步抬升。

图 7-36 给出了异重流过后库区原型与模型纵剖面对比图。模型与原型在横断面上变化规律是一致的。在异重流淤积段大多表现为水平抬升,见图 7-37。

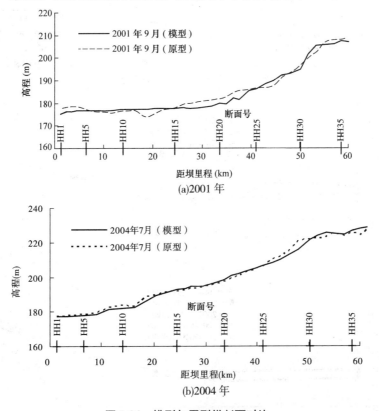

图 7-36　模型与原型纵剖面对比

支流河床抬升基本与干流同步进行,异重流的倒灌淤积,使得支流沟口库段较为平整,无明显的倒坡。图 7-38 给出了部分支流纵剖面形态,可以看出模型与原型基本一致。

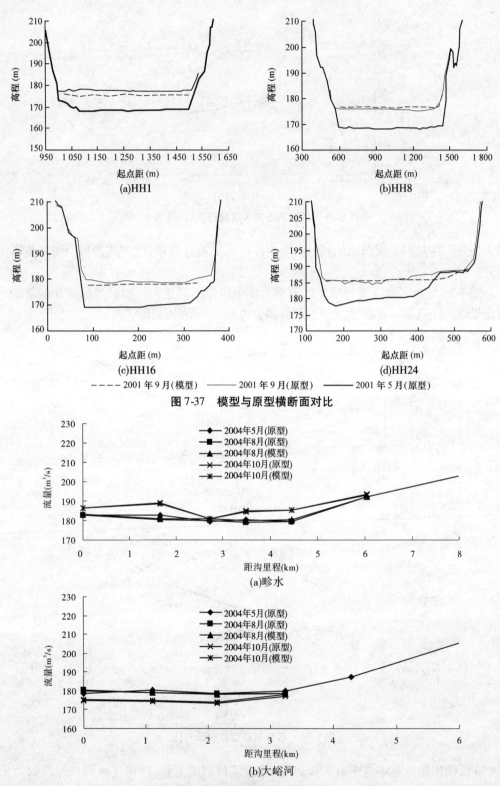

图 7-37　模型与原型横断面对比

(a)畛水

(b)大峪河

图 7-38　支流纵剖面形态验证

第8章 小浪底水库拦沙初期物理模型试验

利用小浪底水库实体模型,预测小浪底水库拦沙初期,在设计的水沙条件、河床边界条件、拟订的水库运用方案等条件下,库区水沙运动规律、河床纵横剖面形态变化及库容变化过程,为选择小浪底水库最优运用方式提供科学依据。

8.1 模型试验条件及方案

模型进出库水沙条件取决于入库水沙条件及水库的运用方式。小浪底水库的运用方式全面体现了以防洪(防凌)减淤为主的原则。黄河主汛期(7~9月)水库的调水调沙,把扭转下游河道尤其是主槽淤积严重的不利局面、有利于黄河下游下段窄河道的减淤、控制河势变化、控制滩地坍塌的幅度等作为目标制定水库调节方式。

8.1.1 水沙条件

试验采用设计的1978~1982年5年水沙系列(见表8-1),分别代表小浪底水库投入运用后的2001~2005年水沙情况。方案1起始运行水位210 m,为满足山东河道冲刷效果较好,选定调控流量上限为3 700 m³/s,与此相应所需调控库容为13亿m³。方案2起始运行水位220 m,从满足山东河道在清水冲刷期处于临界冲淤状态的角度考虑,水库运用第1~2年调控流量上限为2 600 m³/s,第3~5年为2 900 m³/s,相应的调控库容为5亿m³。两方案在运用初期的1~5年内,水库基本上处于拦沙期,只是方案2的第5年8月底在前期淤积的基础上实施了降水冲刷。模型进口的水沙条件是在已知入库水沙条件及水库调节方式的前提下,通过数学模型调节计算得到的。两方案模型进口水沙量及调整值统计分别见图8-1、图8-2及表8-2、表8-3。

表 8-1 小浪底库区模型试验入口水量、沙量统计

方案	年序	$W_入$(亿 m³)			$W_{s入}$(亿 t)		
		汛期	非汛期	全年	汛期	非汛期	全年
1	1	173.53	47.16	220.69	11.27	0.69	11.96
	2	153.17	53.58	206.75	8.00	0.65	8.65
	3	86.87	41.05	127.92	4.18	0.71	4.89
	4	199.29	57.45	256.74	9.40	1.16	10.56
	5	111.03	72.25	183.28	4.17	1.31	5.48
	1~5	723.89	271.49	995.38	37.02	4.52	41.54

方案	年序	$W_入$（亿 m³）			$W_{s入}$（亿 t）		
		汛期	非汛期	全年	汛期	非汛期	全年
2	1	174.17	47.71	221.88	10.67	0.72	11.39
	2	153.38	52.94	206.32	8.01	0.63	8.64
	3	86.95	40.78	127.73	4.19	0.67	4.86
	4	199.29	59.08	258.37	9.43	1.19	10.62
	5(1)	112.81	—	112.81	16.39	—	16.39
	5(2)	118.69	—	118.69	3.86	—	3.86
	1~5(2)	845.29	200.51	1 045.80	52.55	3.21	55.76

注:非汛期仅包括10月和6月;5(1)为第5年7月1日至8月27日,5(2)为第5年8月28日至9月30日,下同。

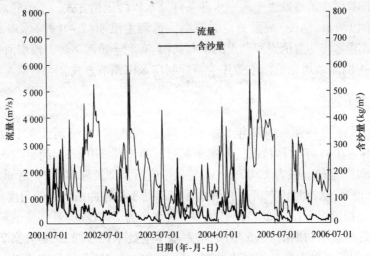

图 8-1　历年汛期进口流量及含沙量过程(方案1)

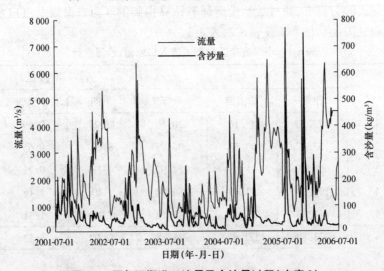

图 8-2　历年汛期进口流量及含沙量过程(方案2)

表 8-2　模型进口汛期各级流量出现天数统计 （单位:d）

方案	年序	<600 m³/s	600~2 600 m³/s	2 600~3 700 m³/s	3 700~5 000 m³/s	>5 000 m³/s
1	1	2	58	19	12	1
	2	2	72	16	0	2
	3	14	77	0	1	0
	4	10	35	29	14	4
	5	17	63	12	0	0
2	1	2	57	20	12	1
	2	2	72	16	0	2
	3	14	77	0	1	0
	4	10	35	29	14	4
	5(1)	0	45	7	2	4
	5(2)	0	5	2	24	3

表 8-3　模型进口汛期各级含沙量出现天数统计 （单位:d）

方案	年序	<20 kg/m³	20~50 kg/m³	50~100 kg/m³	100~200 kg/m³	200~300 kg/m³	300~400 kg/m³	>400 kg/m³
1	1	4	40	31	11	6	0	0
	2	19	49	18	3	3	0	0
	3	23	46	19	3	1	0	0
	4	6	54	31	0	1	0	0
	5	44	33	13	2	0	0	0
2	1	4	39	36	11	2	0	0
	2	19	49	18	3	3	0	0
	3	23	44	21	3	1	0	0
	4	6	54	31	0	1	0	0
	5(1)	7	33	8	3	3	2	2
	5(2)	2	28	4	0	0	0	0

小浪底水库来沙量主要集中在主汛期(7~9月),因此水库调水调沙、排沙及河床变形也主要发生在主汛期。10月至次年6月的来沙量主要集中在10月,以及三门峡水库汛前泄水期的6月,二者之间的11月至次年5月,由于三门峡水库的拦沙作用,几乎没有泥沙进入小浪底水库。由于小浪底水库10月提前蓄水,非汛期的来沙几乎全部淤积在小浪底库区。鉴于此,在试验中,仅对每年7~9月进行逐日试验,10月至次年6月在满足加沙量要求的前提下进行概化试验。

小浪底水库模型进口悬沙级配由原型悬沙级配与粒径比尺确定。由于试验的主体为 7~9 月,该时段原型水温一般为 20~27 ℃,可取 25 ℃,6 月的水温与之相近,10 月略低。方案 1 的试验时间为 1998 年 12 月,模型水温一般为 10 ℃左右,则 λ_v 可取 0.69,由此可得到 $\lambda_d = 0.79$。方案 2 的试验时间为 1999 年 4 月,模型水温一般为 15 ℃左右,λ_v 为 0.784,则 $\lambda_d = 0.84$。

小浪底库区支流平时入汇流量很小,甚至断流,只是在汛期会发生几场洪水且历时短暂,洪水期有少量砂卵石推移质顺流而下。支流的来水及来沙对干流水量、沙量而言可略而不计,不会对水库排沙产生影响。因此,模型试验中仅对畛水一条支流在入汇流量大于 50 m^3/s 时施放清水。

8.1.2 初始地形

试验初始地形为 2001 年 6 月 30 日地形。该地形是在小浪底库区原始地形基础上,估算出施工期的淤积量,再按一定的设计形态进行铺沙。设计的淤积形态接近三角洲,坝前淤积高程为 166.25 m,HH8 断面淤积高程为 168.38 m,二者之间为三角洲的坝前段,淤积面比降为 1.87‰;HH23 断面淤积高程为 201.77 m,HH8 断面—HH23 断面为三角洲的前坡段,淤积面比降为 12.1‰;HH34 断面淤积高程为 206.77 m,HH23 断面—HH34 断面为三角洲的顶坡段,淤积面比降为 2.5‰。HH35 断面及 HH36 断面淤积高程分别为 211.36 m 及 212.92 m。考虑泥沙的沿程分选,淤积物组成上段粗下段细,可概化为 HH24 断面以上及以下两段。级配组成见表 8-4。

表 8-4　小浪底库区淤积物级配组成(2001 年 6 月 30 日前)

库段	小于某粒径沙重百分数(%)						
	0.005 mm	0.01 mm	0.025 mm	0.05 mm	0.1 mm	0.25 mm	0.5 mm
HH24 断面以下	19.00	26.50	48.90	78.66	96.25	99.87	100
HH24 断面以上	2.06	5.00	21.58	51.58	86.90	99.86	100

8.1.3 坝前水位及泄水洞调度原则

坝前水位为模型出口的边界控制条件,由数学模型调节计算得到。两方案历年主汛期坝前水位过程见图 8-3。由图 8-3 中可以看出,虽然方案 1 较方案 2 起调水位低 10 m,但方案 1 调控库容为 13 亿 m^3,较后者的 5 亿 m^3 大,因此在蓄水过程中,二者水位相差不大。只是在水库补水期,方案 1 降落幅度较方案 2 大得多。

各泄水洞泄量根据发电、排沙及泄洪的要求实施调度。此外,发电流量还应根据机组投产进度和检修计划安排的开启台数确定。根据小浪底水库泄水洞的调度原则进行分流计算,以此指导模型中各泄水洞的启闭。

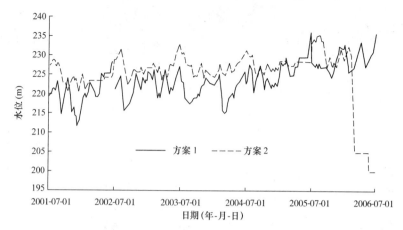

图 8-3　历年主汛期坝前水位过程

8.2　模型试验结果

8.2.1　泥沙运动规律及排沙特性

小浪底水库运用初期为蓄水拦沙运用,库区排沙形式基本上为异重流排沙。

在水库运行过程中,库区蓄水较清,挟沙水流入库后潜入清水下面沿库底向前运行,形成异重流。异重流的潜入点一般位于淤积三角洲顶点下游的前坡段,随着三角洲顶点向坝前推近,潜入位置不断下移,且随库水位的升降及入库水沙量的大小有所变化。从表 8-5 列出的部分时段异重流潜入位置可以看出潜入点的变化过程。当入库流量较小时,浑水潜入表现较为"平静",入库流量较大时,清水、浑水掺混十分剧烈,潜入点下游浑水泥团不断上升到水面,即所谓"翻花"现象。在异重流潜入点附近,因横轴环流的存在,库区水面倒流而使下游漂浮物聚集在潜入点处。

表 8-5　小浪底库区模型试验异重流潜入位置变化过程

年序	时间(月-日)	断面	距坝里程(km)
1	07-15	HH36	62.11
	08-17	HH26	44.43
	08-22	HH25	42.51
	08-24	HH24	40.87
	08-30	HH23	38.90
2	08-29	HH15	25.66
	09-05	HH14	23.22
	09-19	HH13	21.41

年序	时间(月-日)	断面	距坝里程(km)
3	08-29	HH11	17.33
	09-03	HH11	17.33
4	08-28	HH7	9.83
	09-04	HH6	8.36
5	07-01	HH4	4.90
	08-16	HH2	2.54

图 8-4 及图 8-5 为异重流潜入点附近水流运行状况。浑水潜入后向下游运行的过程中,由于形成异重流运动的能量来源是异重流的含沙量,而异重流的泥沙输移总是处于超饱和状态,因此在异重流泥沙淤积的同时含沙量随之降低,且随着沿程清水的析出及向支流的倒灌,异重流的流量逐渐减小,其运动能量也相应减小。所以,异重流潜入后,若有足够的能量,则可运行至坝前并排泄出库(见图 8-6),反之则会随着能量的减小而消失在库区。

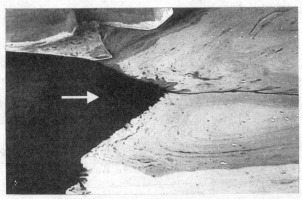

图 8-4　异重流潜入点位于 HH32 断面

图 8-5　异重流潜入点位于八里胡同库段

图 8-6　异重流排泄出库

　　图 8-7～图 8-16 为方案 1 及方案 2 历年某时段库区沿程主流区流速沿垂线分布图。可以看出，在同一时间，库区自上而下由明流转为异重流。随着水库运用时间的推移，水库上部的明流段逐渐向下游伸展。例如，小浪底水库运用后第 1 年 7 月 23 日观测到的主流区流速沿垂线分布资料显示（见图 8-12），在 HH34 断面以上为明流流态，HH24 断面以上及以下为异重流流态。至第 2 年 7 月 24 日（见图 8-13），明流段自上而下扩展至 HH24 断面以下。至第 5 年 7 月 9 日（见图 8-16），仅在近坝段个别断面的流速分布呈异重流的分布规律。图 8-17～图 8-25 为与主流区流速沿垂线分布图时间及位置相应的含沙量沿垂线分布图。

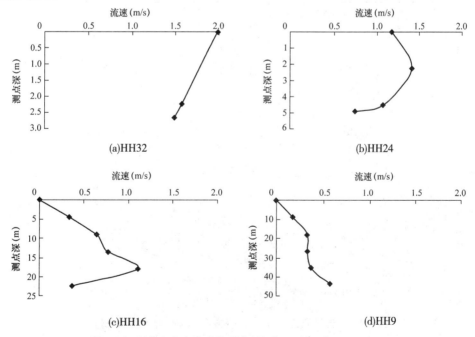

图 8-7　主流区流速沿垂线分布（方案 1，第 1 年 9 月 5 日）

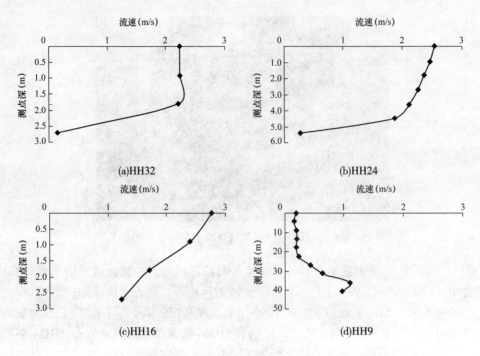

图 8-8　主流区流速沿垂线分布(方案 1,第 2 年 8 月 4 日)

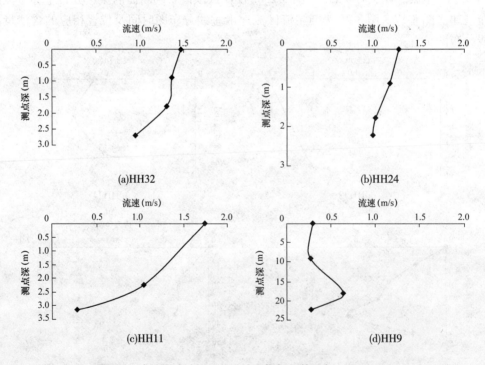

图 8-9　主流区流速沿垂线分布(方案 1,第 3 年 8 月 29 日)

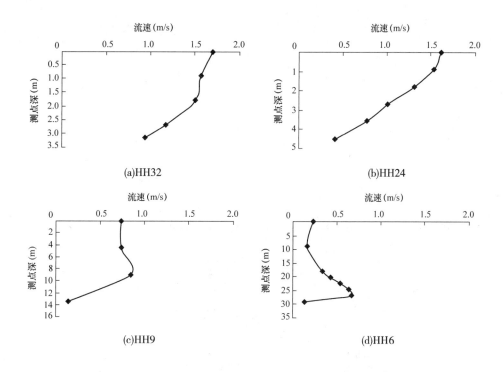

图 8-10　主流区流速沿垂线分布(方案 1,第 4 年 8 月 22 日)

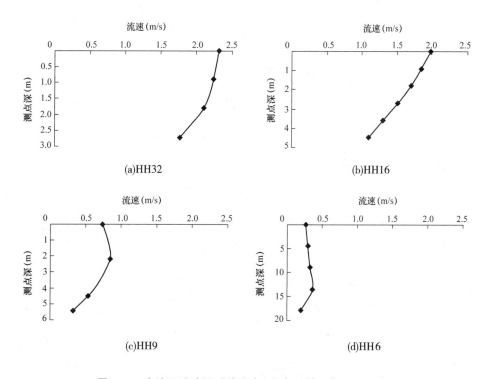

图 8-11　主流区流速沿垂线分布(方案 1,第 5 年 8 月 9 日)

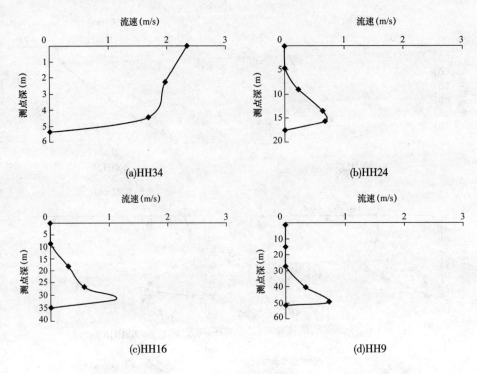

(a)HH34　　　　　　　　　　　　　(b)HH24

(c)HH16　　　　　　　　　　　　　(d)HH9

图 8-12　主流区流速沿垂线分布(方案 2,第 1 年 7 月 23 日)

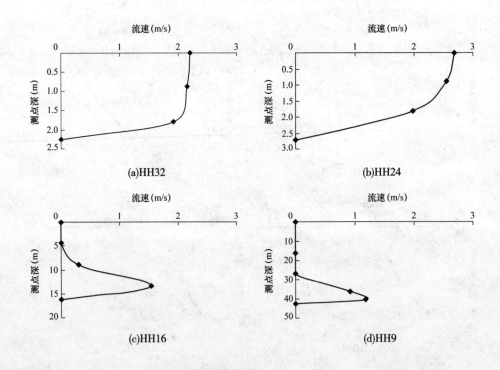

(a)HH32　　　　　　　　　　　　　(b)HH24

(c)HH16　　　　　　　　　　　　　(d)HH9

图 8-13　主流区流速沿垂线分布(方案 2,第 2 年 7 月 24 日)

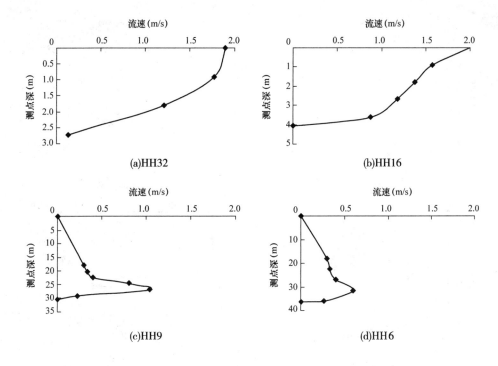

图 8-14　主流区流速沿垂线分布（方案 2，第 3 年 7 月 30 日）

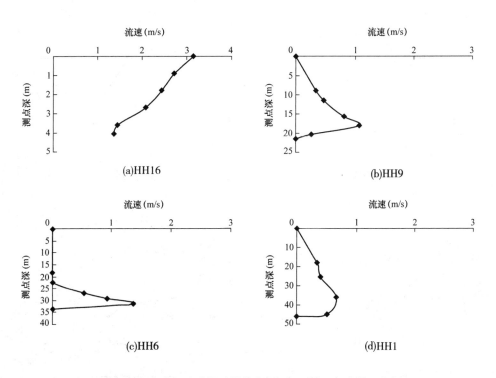

图 8-15　主流区流速沿垂线分布（方案 2，第 4 年 7 月 4 日）

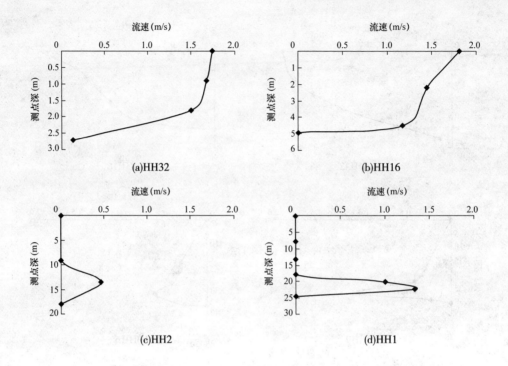

图 8-16　主流区流速沿垂线分布（方案 2，第 5 年 7 月 9 日）

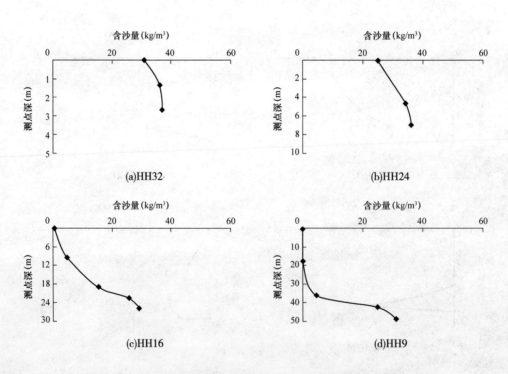

图 8-17　主流区含沙量沿垂线分布图（方案 1，第 1 年 9 月 5 日）

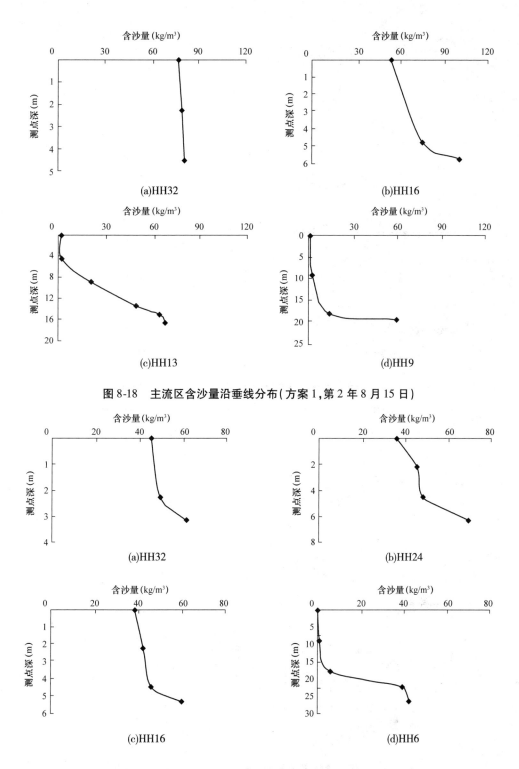

图 8-18　主流区含沙量沿垂线分布(方案 1,第 2 年 8 月 15 日)

图 8-19　主流区含沙量沿垂线分布(方案 1,第 4 年 8 月 22 日)

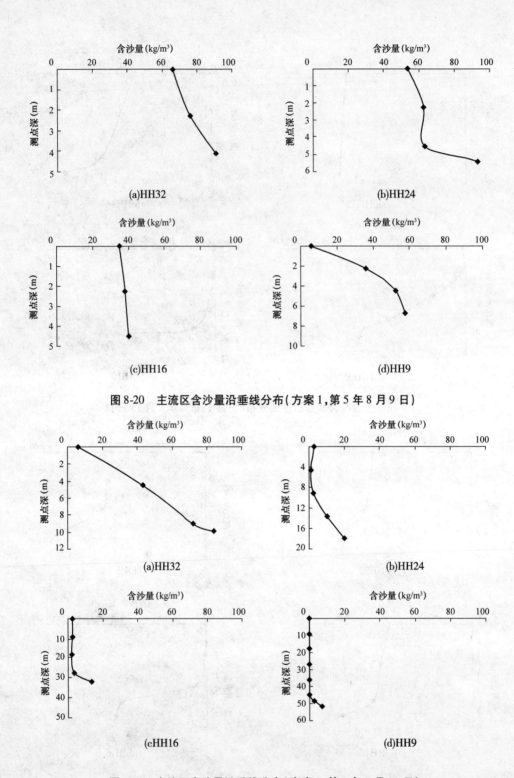

图 8-20 主流区含沙量沿垂线分布(方案1,第5年8月9日)

图 8-21 主流区含沙量沿垂线分布(方案2,第1年7月23日)

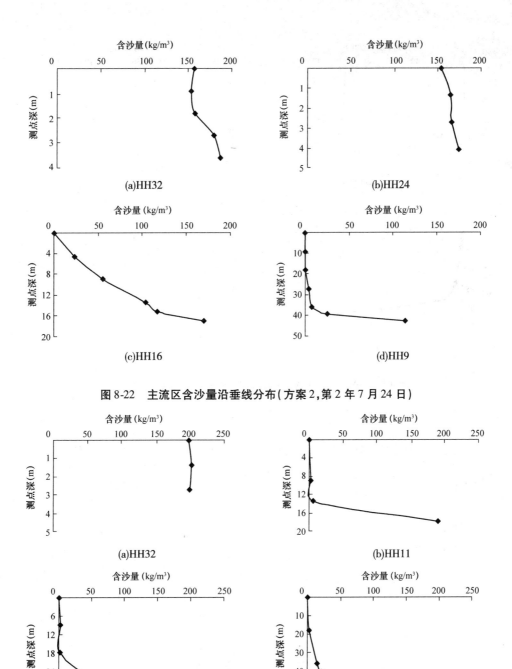

图 8-22　主流区含沙量沿垂线分布(方案 2, 第 2 年 7 月 24 日)

图 8-23　主流区含沙量沿垂线分布(方案 2, 第 3 年 7 月 30 日)

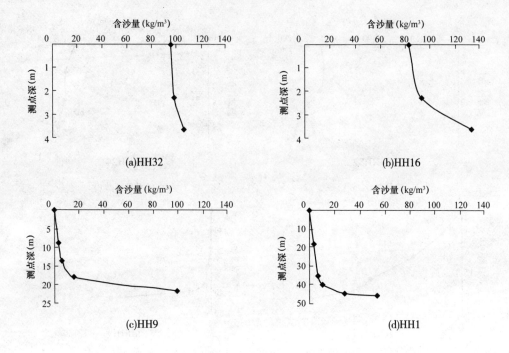

图 8-24　主流区含沙量沿垂线分布(方案 2,第 4 年 7 月 4 日)

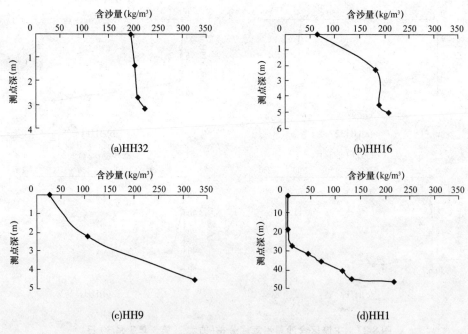

图 8-25　主流区含沙量沿垂线分布(方案 2,第 5 年 7 月 9 日)

　　试验过程中,还观测了潜入点断面平均流速、水深及含沙量等资料,基于这些观测资料分析了异重流潜入点的水力条件,见图 1-13,可以看出,模型试验中异重流潜入条件符合实测资料及水槽试验得出的异重流潜入的一般规律。

出库含沙量过程观测资料显示,其大小与入库流量、入库含沙量及异重流潜入点的位置等因素有关。若入库流量大且持续时间长、水流含沙量大且颗粒较细,并且异重流运行距离较短,则出库含沙量高,反之亦然。在水库运用初期,异重流潜入部位靠上,即使有较大的入库流量及含沙量,出库含沙量也不大。此后,在相同的水沙条件下,出库含沙量有逐年增大的趋势。因异重流的流速与含沙量成正比,则异重流的挟沙力亦随含沙量的增加而增加,具有多来多排的输沙规律。图 8-26(a)为小浪底水库运用后第 2 年 7 月 27 日至 8 月 8 日一场洪水过程水库排沙情况。7 月 29 日至 8 月 2 日,入库为一场较高含沙量洪水过程,最大日平均含沙量为 208 kg/m^3,与此对应,出库也出现了一小沙峰,最大日平均含沙量为 90.4 kg/m^3。8 月 4～7 日接踵而来的一场小洪水,虽然流量较前者为大,但由于水流含沙量不高,排沙效果较前者低,由此可反映多来多排的输沙规律。

方案 2 第 5 年来水来沙均较大,7 月 1 日至 8 月 27 日期间来水量为 112.8 亿 m^3,来沙量达 16.39 亿 t,虽然排沙比较大,但仍有大量泥沙在库区淤积,使三角洲迅速推进至坝前。7 月上旬,洪水过后,三角洲顶点接近坝前,坝区形成浑水水库。在泄水建筑物前可观察到浑水上翻的现象,进而改异重流排沙为低壅水排沙。至 8 月上旬,坝前水位为228 m 左右时,壅水范围仅至距坝 2.5 km 的 HH2 断面,几乎全库区均为明流排沙,沿程淤滩刷槽,出库含沙量与进口相当(见图 8-26(b))。

测验资料表明,悬沙粒径由于沿程分选而逐渐变细。图 8-27 显示出方案 1 某时段沿程悬沙级配变化过程。从图 8-27 中可以看出,在距坝 55.22 km 的 HH32 断面,悬沙中值粒径 d_{50} 为 0.022 mm;距坝 27.25 km 处的 HH16 断面,悬沙中值粒径 d_{50} 为 0.020 mm;出库泥沙中值粒径 d_{50} 为 0.012 mm。泥沙的分选亦反映悬沙沿垂线存在上细下粗的分布规律(见图 8-28)。

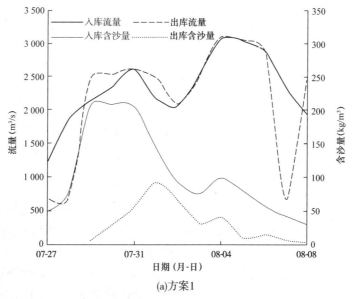

(a)方案1

图 8-26　小浪底库区模型试验流量、含沙量过程线

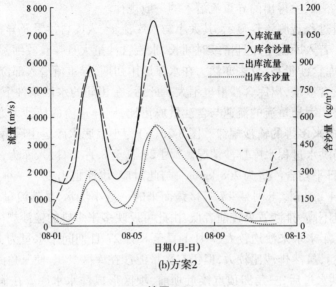

(b)方案2

续图 8-26

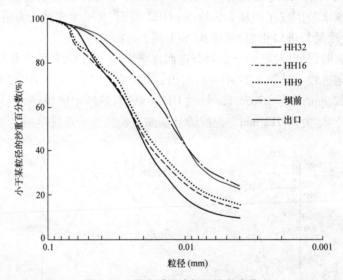

图 8-27　悬移质泥沙级配沿程变化

8.2.2　库区淤积形态及过程

　　小浪底水库运用初期方案 1 及方案 2 的起调水位分别为 210 m 及 220 m,模型试验段均处于回水范围之内。挟沙水流进入模型后处于超饱和状态,较粗沙很快淤积在模型进口,形成三角洲淤积体。随着三角洲淤积体的增大,淤积体的滩地部分逐渐出露水面,而主流区形成河槽。当入库流量较大时,挟沙水流会漫滩产生淤积。在河谷较宽处,滩唇往往高于两岸滩地,滩面出现横比降,在近岸滩地出现"死水区"。当干流涨水时,水流漫滩,浑水倒灌入"死水区"。当河槽水位下降时,"死水区"清水回归至河槽。这样反复进

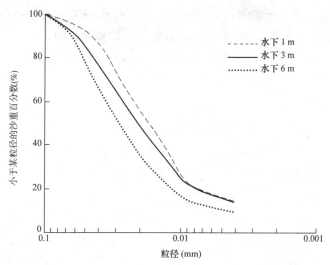

图 8-28　HH24 断面悬移质泥沙级配沿垂线变化

行的清水、浑水交换，可将滩面趋于淤平，使滩槽呈同步抬升的趋势。本试验段除八里胡同库段外，均可形成滩地。

　　三角洲洲面抬升的另一个主要原因是水库调节期（10 月至次年 6 月）的淤积。这一时期由于蓄水位较高，特别是 10 月提前蓄水，而来沙量相对较多，泥沙基本上淤积在模型上段。图 8-29 为方案 2 第 2 年汛前库区中段河势图，可以看出，经过第 1 年非汛期的淤积，已无明显的滩槽，河势散乱不定。

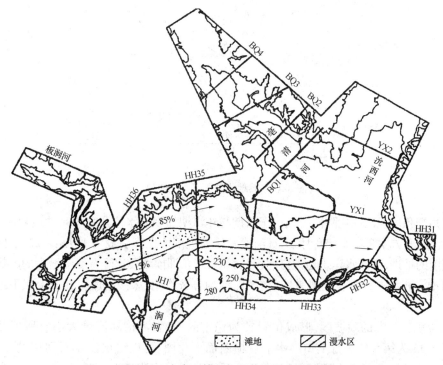

图 8-29　方案 2 第 2 年汛前库区中段河势

位于三角洲顶点以下的前坡段,水深陡增,流速骤减,水流挟沙力急剧下降,水流处于超饱和状态,大量泥沙在此落淤,使三角洲不断向下游推进。图 8-30 ~ 图 8-33 分别为方案 1 及方案 2 库区历年汛末平均滩面及河槽纵剖面图,可以看出三角洲的淤积过程。

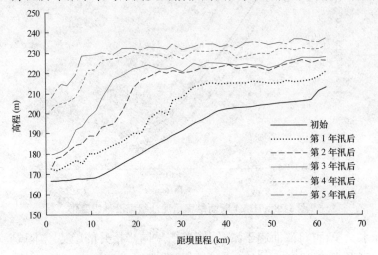

图 8-30 主槽纵剖面图(方案 1)

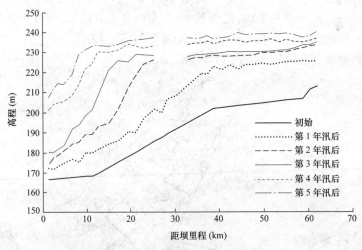

图 8-31 滩地纵剖面图(方案 1)

三角洲顶坡段河床比降同时取决于汛期与非汛期的坝前水位及来水来沙过程。方案 1 第 5 年汛后及方案 2 第 5 年 8 月 27 日河槽及滩地纵剖面比降一般为 1.7‰ ~ 2‰。随三角洲向坝前的推进,受泄水建筑物进口高程的影响,三角洲前坡段比降有逐渐增大的趋势。

河槽淤积物取样分析结果表明,由于泥沙的分选作用,床沙组成存在着上粗下细的分布规律(见图 8-34)。

在淤积三角洲的顶坡段,形成位置较为稳定的河槽,河槽随流量大小有所展宽或缩窄。图 8-35 为第 5 年 8 月上旬洪水前后横断面变化图,可以看出洪水对河床的作用。8 月上旬入库流量包括 2 个洪峰过程,其中 8 月 3 日日平均流量为 5 751 m³/s,相应含沙量

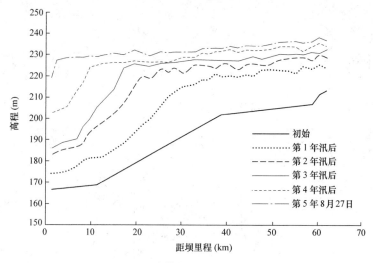

图 8-32 主槽纵剖面图(方案 2)

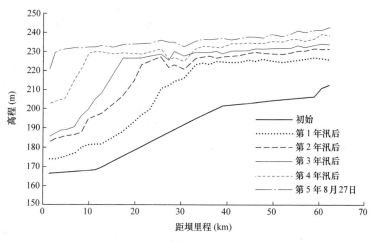

图 8-33 滩地纵剖面图(方案 2)

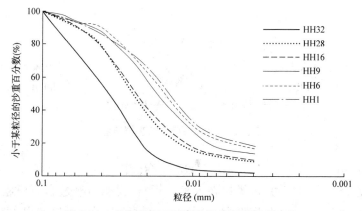

图 8-34 小浪底库区河槽淤积物级配沿程变化

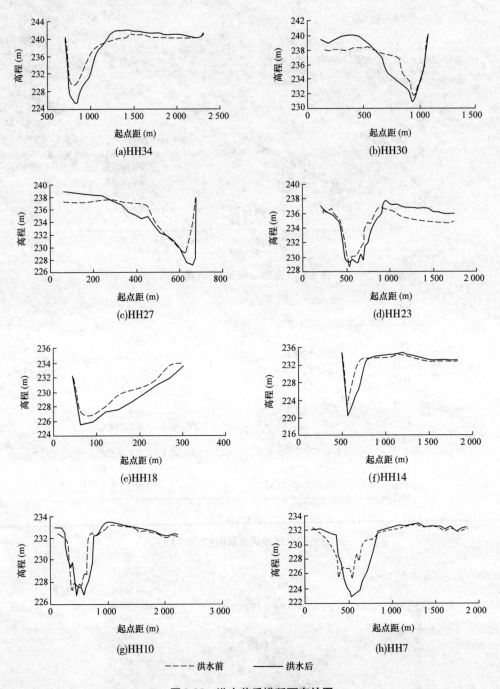

图 8-35 洪水前后横断面套绘图

为 255.5 kg/m³；8 月 6 日日平均流量为 7 492 m³/s，相应含沙量为 548 kg/m³。涨水时水流漫滩，之后水流逐渐归槽，并可维持在河槽中运行，说明河槽过水面积逐步冲刷扩大。对比洪水前（8 月 2 日）及洪水后（8 月 10 日）河道横断面形态可以看出，洪水过后，河槽冲刷下切，滩地淤积抬升，滩槽高差加大。若连续出现较小流量，河槽在河底淤高的同时产生贴边淤积而使过水面积减小。在三角洲前坡段及坝前淤积段,河床基本上为平淤。

图 8-36、图 8-37 为方案 1 及方案 2 历年汛后河床横断面套绘图,可以看出河槽变化过程。

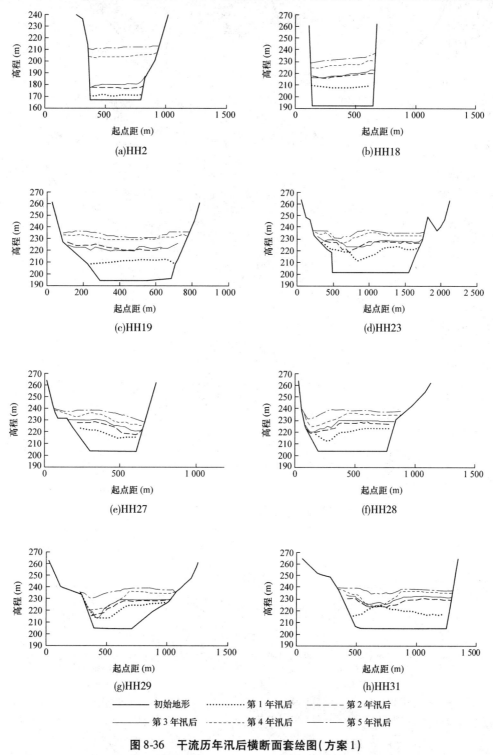

图 8-36 干流历年汛后横断面套绘图(方案 1)

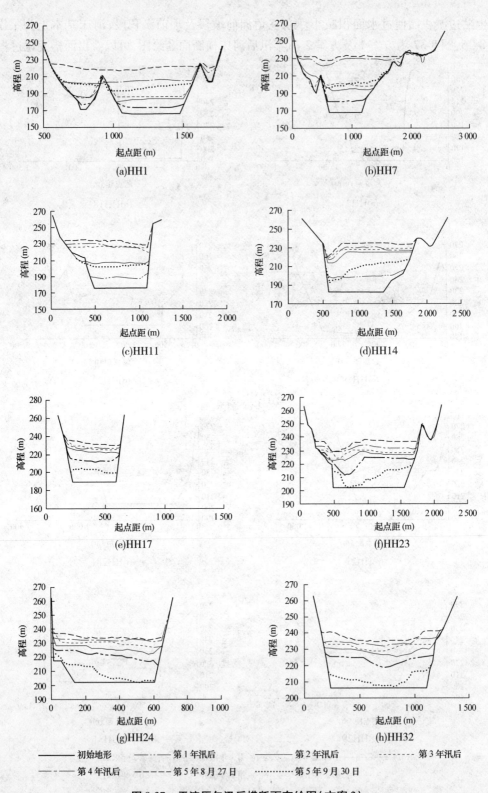

(a)HH1

(b)HH7

(c)HH11

(d)HH14

(e)HH17

(f)HH23

(g)HH24

(h)HH32

初始地形　　　　第1年汛后　　　　第2年汛后　　　　第3年汛后

第4年汛后　　　　第5年8月27日　　　　第5年9月30日

图8-37　干流历年汛后横断面套绘图(方案2)

支流主要为异重流淤积。若支流位于干流异重流潜入点下游,则干流异重流会沿河底倒灌支流,在支流表面可以看到表层水向沟口缓慢移动。图 8-38 显示出在西阳河口处,干流出现异重流并倒灌支流的状况。若支流位于三角洲顶坡段,则可看到暴露于水面以上的拦门沙坎。支流的拦门沙坎顶部与干流淤积面衔接,向内形成倒坡。拦门沙坎高程随干流淤积面的抬高而逐步抬升,见图 8-39、图 8-40。当干流水位下降时,支流蓄水在干、支流存在水位差作用下回归干流,可在支流口拦门沙坎上拉出小槽,其大小与支流内蓄水量有关。例如沇西河、畛水等蓄水量大的支流可在口门处形成较宽的河槽,而在某些蓄水量小的支流,其沟口则形成众多细小小沟。当干流水位抬升时,浑水会沿支流沟口的河槽倒灌支流,并潜入形成异重流(见图 8-41、图 8-42)。沟口的河槽又会因干流浑水的倒灌而淤积。

图 8-38 干流异重流倒灌支流西阳河

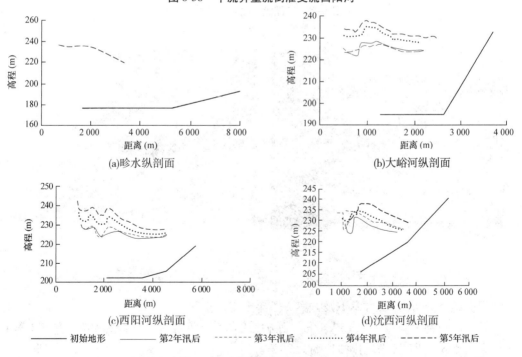

(a)畛水纵剖面

(b)大峪河纵剖面

(c)西阳河纵剖面

(d)沇西河纵剖面

―――― 初始地形 ―――― 第2年汛后 ‐‐‐‐‐‐ 第3年汛后 ·········· 第4年汛后 ‐‐‐‐‐ 第5年汛后

图 8-39 支流纵剖面图(方案 1)

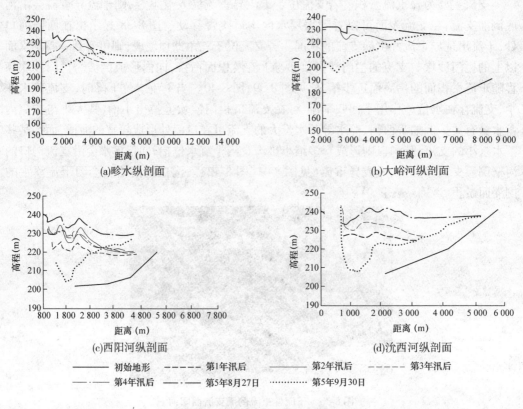

(a)畛水纵剖面

(b)大峪河纵剖面

(c)西阳河纵剖面

(d)沇西河纵剖面

| —— 初始地形 | ----- 第1年汛后 | —— 第2年汛后 | ---- 第3年汛后 |
| —·— 第4年汛后 | —··— 第5年8月27日 | ······ 第5年9月30日 | |

图 8-40　支流纵剖面图(方案2)

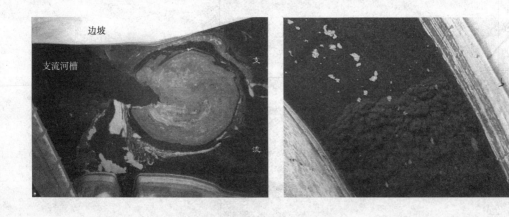

图 8-41　干流倒灌支流畛水　　　　　　图 8-42　支流异重流运行状况

根据统计分析结果,方案1及方案2历年干支流淤积量见表8-6。

若取淤积物干容重为1.15 kN/m³,则方案1前5年平均排沙比约为18%,方案2第1年至第5年8月27日平均排沙比约为30%。

表 8-6　小浪底库区模型试验淤积量测验成果　（单位:亿 m³）

方案	年序	汛期			非汛期			全年		
		干流	支流	干+支	干流	支流	干+支	干流	支流	干+支
1	1	7.16	1.33	8.49	0.61	0	0.61	7.77	1.33	9.10
	2	4.48	1.30	5.78	0.57	0.04	0.61	5.05	1.34	6.39
	3	2.15	1.06	3.21	0.61	0	0.61	2.76	1.06	3.82
	4	4.61	1.41	6.02	0.84	0.20	1.04	5.45	1.61	7.06
	5	1.72	0.22	1.94	0.94	0.19	1.13	2.66	0.41	3.07
	1~5	20.12	5.32	25.44	3.57	0.43	4.00	23.69	5.75	29.44
2	1	7.30	1.43	8.73	0.47	0.14	0.61	7.77	1.57	9.34
	2	4.70	1.57	6.27	0.45	0.07	0.52	5.15	1.64	6.79
	3	2.65	0.86	3.51	0.45	0.16	0.61	3.10	1.02	4.12
	4	3.95	1.44	5.39	0.93	0.11	1.04	4.88	1.55	6.43
	5(1)	4.16	1.47	5.63						
	5(2)	-13.98	-1.58	-15.56						
	1~5(1)	22.76	6.77	29.53	2.30	0.48	2.78	25.06	7.25	32.31

8.2.3　河势变化

随着三角洲不断向下游推进,三角洲顶坡段逐渐形成较为稳定的滩槽,但在滩槽形成与发展的过程中,河势变化不定。HH36 断面至 HH32 断面之间,因河谷较宽,水库运用初期河势极不稳定,特别在第 1 年非汛期后。由于非汛期水库蓄水位较高,泥沙大多在该库段落淤,汛初水位下降后,无明显的滩槽,水流流向不定,或居中、或位于左岸,或成两股河、或散乱,而一旦形成稳定的滩槽后,基本上不再发生大的变化。图 8-43 及图 8-44 分别为小浪底水库运用 5 年后方案 1 及方案 2 河势图。事实上,两图中显示的流路均在第 2 年汛期已经形成,以后基本上维持该流路。对比二者,从 HH36 断面至 HH31 断面之间的河势可以看出相差较大。初步分析,造成二者差异的原因是,方案 1 起始运行水位 210 m,方案 2 起始运行水位为 220 m,二者运行水位不同,使第 1 年汛后前者淤积面高程明显低于后者。方案 1 即使经过第 1 年非汛期的淤积,板涧河河口下游山嘴的挑流作用仍十分明显,使水流几乎折 90°后较平顺地流向下游。方案 2 第 1 年汛后该河段淤积面较高,在此基础上叠加第 1 年非汛期的淤积物之后,河势十分散乱,虽然板涧河河口以上河势与方案 1 相同,但较高的淤积面,使板涧河河口以下的山嘴对水流的作用减弱,水流滑过该山嘴后沿左岸流向下游,在 HH34 断面左岸山体作用下,水流从左岸斜向右岸,而 HH33 断面右岸山体又将水流挑向左岸。在以后的年份里出现大水漫滩时期,漫滩水流试图在 HH36 断面以下切割凸岸滩地而趋直,但最终因主槽过流量较大,滩地分流量有限,且洪水历时相对较短而未能造成河势的改变。在 HH32 断面以下,河势受两岸岸壁的制约均较为稳定,且两方案基本一致。

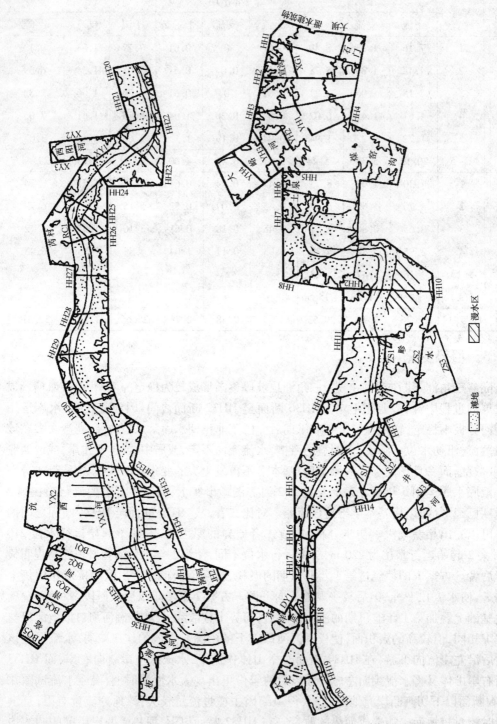

图 8-43 小浪底库区模型试验河势图(方案 1,2005 年 9 月 15 日)

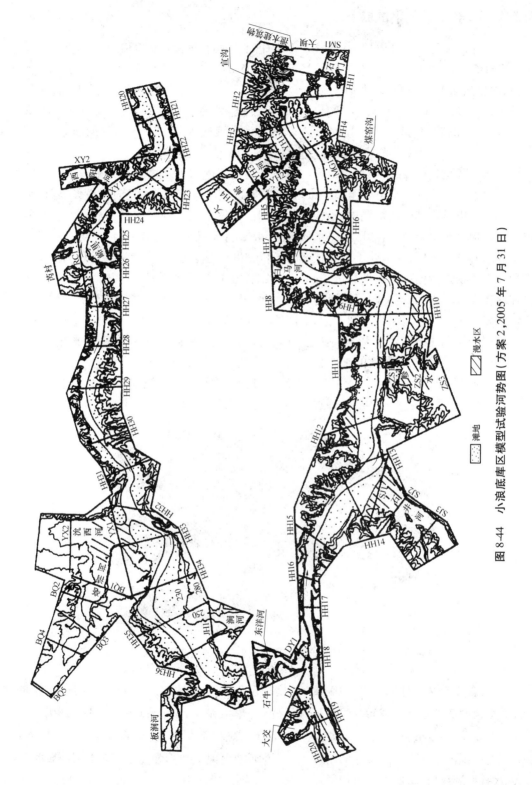

图 8-44 小浪底库区模型试验河势图（方案 2,2005 年 7 月 31 日）

8.2.4 降水冲刷概化试验

降水冲刷概化试验过程如下：从第 5 年 8 月 28 日起在坝前水位 230 m 的基础上日降水位 5 m，5 日后即 9 月 1 日水位下降 25 m，至 205 m。之后，除入库流量大于该水位泄量，水库自然滞洪外，直至 9 月 20 日水位均保持在 205 m。进口水沙条件采用设计水平 1977 年 8 月 28~31 日 +1981 年 9 月 1~20 日过程。9 月 21 日水位再下降 5 m，至 200 m，并保持该水位至 9 月 30 日，该时段入库流量为小浪底水库 200 m 高程的泄量 4 550 m³/s，入库沙量为 1981 年相应时段含沙量过程。

当水位降至 220 m 时，坝前至距坝约 10 km 的范围内出现河槽强烈冲刷、滩面滑塌、流动的现象。水位进一步下降至 205 m，除坝前段冲刷进一步发展，且向上游发展外，距坝 10 km 以上至 45 km 的范围内，沿横断面不同的部位冲刷表现形式各不相同。在河槽内主要表现为溯源冲刷，局部形成跌水（见图 8-45），并不断向上游发展，甚至可存在多级跌水。随着主槽下切，两岸处于饱和状态的淤积物失去稳定，在重力及渗透水压力的共同作用下向主槽内滑塌。特别是靠边壁部分的滩地，由于淤积物较细、沉积时间短，且表面往往存在少量的积水，更加剧了泥流的形成。而处于滩唇处的淤积物则具有抗冲性。由于该河段淤积物较以上河段为细，较以下河段沉积时间长，因此具有一定的抗冲性，自下而上发展较慢。冲刷发展至 45 km 以上，其表现形式仍为主槽溯源冲刷，滩地滑塌，只是由于河槽淤积物较粗、有黏性的细颗粒含量少，而使冲刷发展相对较快，滩地淤积物因沉积时间略长而使滑塌现象不十分强烈。支流沟口淤积物随着干流淤积面的降低出现滑塌（见图 8-46），进而引起支流内蓄水下泄，水沙俱下，加速了支流淤积物下排。

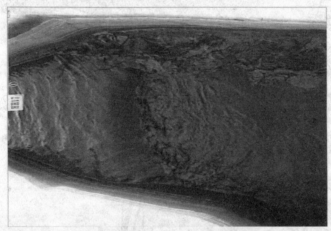

图 8-45　降水冲刷产生过程中八里胡同库段产生跌水

出口含沙量由 8 月 27 日的 110 kg/m³ 增加至 8 月 30 日的 349 kg/m³，至 9 月 10 日期间，平均含沙量基本上在 250~430 kg/m³ 变化，最大及最小日平均含沙量分别为 478 kg/m³ 及 238.8 kg/m³；9 月 12 日减小至 86 kg/m³，之后至 9 月 20 日基本保持在 40~60 kg/m³ 的范围内；9 月 21 日水位再下降 5 m 后，河槽出现了并不强烈的溯源冲刷，基本上无跌水且发展缓慢，滩地不再出现滑塌现象，在个别库段出现较陡的边坡。该时段出库日

图 8-46　降水冲刷过程中西阳河河口支流拦门沙坎滑塌

平均含沙量增加至 $100\ kg/m^3$ 左右,最大日平均含沙量为 $119\ kg/m^3$。降水冲刷期出库含沙量较为均匀且持续时间较长,似与冲刷至下而上发展有关。

降水冲刷后,河床纵、横剖面形态发生了很大变化。支流淤积物冲刷后,拦门沙坎已不存在,河口段纵剖面改淤积时段倒坡为顺坡(见图 8-40)。

第9章　小浪底水库拦沙初期数值模拟

目前,对研究解决重大工程的泥沙问题,往往采用实体模型、数学模型和实测资料分析相结合的方法。实体模型受时间及空间的限制,不可能进行长系列、大范围的模拟。以计算水动力学、泥沙运动力学与河床演变学等学科为基础的河流泥沙数学模型近年来得到了很大的发展。它是预测冲积河道及水库内水流泥沙运动及河床变形的重要工具之一,而且与实体模型相辅相成,是解决实际工程问题的重要手段,其发展前景十分广阔。

第1篇关于非恒定异重流运动方程、异重流潜入条件等研究成果,为水库异重流数值模拟奠定了基础。利用数学模型预测水库在拟定的调度方式下库区泥沙运动规律、排沙特性、河床纵横剖面形态变化及库容变化过程,是优化水库调度方式的重要途径。同时,可与实体模型结果相互印证、相互补充。鉴于此,本章建立了库区准二维泥沙数学模型,并针对小浪底水库拦沙初期运用方式问题,与第8章实体模型试验平行开展分析研究。

9.1　基本方程

9.1.1　水流运动方程

（1）水流连续方程

$$\frac{\partial A}{\partial t} + \frac{\partial Q}{\partial x} - q_l = 0 \tag{9-1}$$

式中:Q 为断面流量;A 为过水断面面积;q_l 为侧向流量,$q_l > 0$ 为入流,$q_l < 0$ 为分流;t 为时间。

（2）水流运动方程

$$\frac{\partial}{\partial x}\left(\frac{Q^2}{A}\right) + gA\left(\frac{\partial Z}{\partial x} + J\right) - u_l q_l = 0 \tag{9-2}$$

式中:Z 为水位;u_l 为侧向流动的流速在主流方向的分量;J 为能坡。

9.1.2　悬移质不平衡输移方程

$$\frac{\mathrm{d}(QS_k)}{\mathrm{d}x} + \alpha_k \omega_{sk} B(f_{sk}S_k - S_{*k}) = q_{sl(k)} \tag{9-3}$$

式中:Q 为断面流量,m^3/s;B 为水面宽度,m;α_k 为动量修正系数;$q_{sl(k)}$ 为单位流程的第 k 粒径组悬移质泥沙的侧向输沙率,以输入为正,$\mathrm{kg}/(\mathrm{m} \cdot \mathrm{s})$;$S_k$、$S_{*k}$ 分别为第 i 大断面第 k 粒径组悬移质泥沙的含沙量、水流挟沙力,kg/m^3;ω_{sk} 为第 i 大断面第 k 粒径组泥沙的浑水沉速,m/s;α_k、f_{sk} 分别为第 i 大断面第 k 粒径组泥沙的恢复饱和系数、泥沙非饱和系数。

9.1.3 河床变形方程

$$\frac{\partial A_d}{\partial t} = \frac{K_1 \alpha_* \omega_k B}{\gamma_0}(f_1 S_k - S_{*k}) \tag{9-4}$$

式中：K_1 为附加系数；ω_k 为沉速；f_1 为非饱和系数；γ_0 为淤积物干容重；A_d 为冲淤面积；α_* 为平衡含沙量分布系数；其他符号意义同前。

河床变形方程中主要参数的确定如下。

9.1.3.1 附加系数 K_1

在上述河床变形方程及泥沙连续方程中出现的附加系数 K_1，目前还只能当作一个综合修正系数来处理，由于引入该系数的主要目的是来反映紊流脉动在水平方向产生的扩散作用及泥沙存在产生的附加影响，因此它应与泥沙粗度（以泥沙沉速 ω 表示）、水流流速 v 及水力摩阻特性（以摩阻流速 u_* 表示）有关。进一步讲，K_1 应是由 ω、v、u_* 组成的无量纲综合变量的函数，由黄河动床模型相似律的研究结果可知，引入附加系数并没有增加新的相似指示数，且附加系数比尺 $\lambda_{K_1} = 1$，因此这个无量纲综合数的比尺等于1，由此给出的比尺关系也应与悬移质泥沙悬移相似条件相一致。于是，首先令无量纲综合数的形式为 $u_*^{n'}/(\omega u^{n''})$，当其比尺等于1时，可列出公式为

$$\lambda_{u*}^{n'} = \lambda_\omega \lambda_u^{n''} \tag{9-5}$$

式中：λ_{u*} 为摩阻流速比尺；λ_ω 为沉速比尺；λ_u 为流速比尺；n'、n'' 为指数。

一般情况下，悬移相似条件为

$$\lambda_\omega = \lambda_u \left(\frac{\lambda_h}{\lambda_L}\right)^{3/4} \tag{9-6}$$

式中：λ_h 为垂直比尺；λ_L 为水平比尺。

将式(9-6)及 $\lambda_{u*} = \lambda_u \sqrt{\lambda_h/\lambda_L}$ 代入式(9-5)，整理得

$$\lambda_u^{n'} \left(\frac{\lambda_h}{\lambda_L}\right)^{\frac{n'}{2}} = \lambda_u^{1+n''} \left(\frac{\lambda_h}{\lambda_L}\right)^{3/4} \tag{9-7}$$

式(9-7)左右端若要相等，相应比尺的指数必须相同，故可列出方程为

$$\left.\begin{array}{l} n' = 1 + n'' \\ \dfrac{n'}{2} = \dfrac{3}{4} \end{array}\right\} \tag{9-8}$$

解得 $n' = 1.5$，$n'' = 0.5$，所以有

$$K_1 = f\left(\frac{u_*^{1.5}}{v^{0.5}\omega}\right) \tag{9-9}$$

再由实体模型试验结果及初步的数值计算看，这个无因次综合数 $u_*^{1.5}/(v^{0.5}\omega)$ 对 K_1 的影响很敏感，故先将 K_1 的形式表示为

$$K_1 = K'''\kappa^{n_2}\left(\frac{u_*^{1.5}}{v^{0.5}\omega}\right)^{n_3} \tag{9-10}$$

式中:K'''、n_2、n_3分别为待定常系数和常指数;κ为深水卡门常数。

为了确定这些系数和指数,先将式(9-4)表示为

$$K_1 = \frac{\gamma_0}{\alpha_* \omega} \frac{\Delta Z_b}{\Delta t} \frac{1}{f_1 S - S_*}$$ (9-11)

式中:ΔZ_b为河床调和变化;S为含沙量;S_*为挟沙力。

河床冲淤变幅较小时,$f_1 \approx 1$,根据实体模型中河床冲淤变幅较小的资料,由式(9-10)求出K_1,并分析它与无因次综合数$u_*^{1.5}/(v^{0.5}\omega)$的关系,求得式(9-10)中的$K''' = 1/2.65$,$n_2 = 4.65$,$n_3 = 1.14$,亦即

$$K_1 = \frac{1}{2.65}\kappa^{4.5}\left(\frac{u_*^{1.5}}{v^{0.5}\omega}\right)^{1.14}$$

(9-12)

图9-1为采用另外一些模型资料对式(9-12)的验证结果,表明在目前情况下,所确定的K_1与实际资料较为接近。

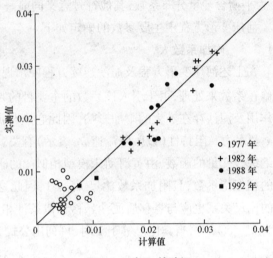

图9-1　对K_1的验证

9.1.3.2　平衡含沙量分布系数 α_*

α_*为河底处于冲淤平衡状态下,底部含沙量与垂线平均含沙量的比值,可采用张红武平衡状态下含沙量沿垂线分布公式计算。该式突出的优点之一就是克服了河底附近含沙量值计算不合理的现象。在进行河底含沙量计算时,取临底的相对比深$\eta_b = 0.001$(相当于水深为$1 \sim 4$ m时,临底水深取$1 \sim 4$ mm),得出α_*的计算公式如下

$$\alpha_* = \frac{1}{N_0}\exp\left(8.21\frac{\omega}{\kappa u_*}\right)$$ (9-13)

式中:N_0采用文献相关公式计算。

9.1.3.3　非饱和系数 f_1

f_1代表了在非平衡条件下,含沙量沿垂线分布梯度与在平衡条件下含沙量沿垂线分布梯度的比值。当河道含沙量S等于水流挟沙力S_*时,f_1等于1,当河道处于淤积状态,即$S > S_*$时,因河道的冲淤是通过临底区域泥沙交换实现的。河床淤积时,临底区域下落到床面的泥沙量大于从床面冲起的泥沙量,此时的临底含沙量也应大于相同垂线平均含沙量平衡状态下的临底含沙量,因此f_1应大于1;反之,当河床冲刷时,f_1应小于1。

f_1变化的实际物理图形非常复杂,且影响因素很多,从河流泥沙动力学目前的研究水平很难得出f_1的具体表达式,因此我们从实际应用角度出发,结合f_1数值变化理论分析,找出如下f_1的表达式,即

$$f_1 = \left(\frac{S}{S_*}\right)^{n_4}$$ (9-14)

式中: n_4 为大于 0 的指数。

进一步研究发现,指数 n_4 并非常数,也随 S/S_* 的变化而变化。采用实体模型试验资料初步率定得出 n_4 的表达式,即

$$n_4 = \frac{0.1}{\arctan \dfrac{S}{S_*}} \qquad (9\text{-}15)$$

将式(9-15)代入式(9-14)可得出 f_1 的计算表达式为

$$f_1 = \left(\frac{S}{S_*}\right)^{\frac{0.1}{\arctan \frac{S}{S_*}}} \qquad (9\text{-}16)$$

根据后来采用黄河洪水与长系列年资料的验证结果看,通过这种方式建立的 f_1 表达式具有通用性,克服了许多数学模型系数不能运用的缺陷,从而提高了泥沙数学模型的理论水平和可预测性,大大增加了实用价值。

9.2 关键问题研究及处理

9.2.1 水流挟沙力

水流挟沙是反映河床处于冲淤平衡状态下,水流挟带泥沙能力的综合性指标,是设想中的河床冲淤平衡时的含沙量。含沙量与水流挟沙力是两种概念,前者是客观条件,后者是虚拟指标。由于黄河水流含沙量高,来水来沙变幅大,实际水流的挟沙力变幅也很大,不同公式计算的结果可能相差较大。模型中采用张红武全沙挟沙力公式[13]

$$S_* = 2.5 \times \left[\frac{(0.002\,2 + S_V)u^3}{\kappa \dfrac{\gamma_s - \gamma_e}{\gamma_e} gh\omega} \ln\left(\frac{h}{6D_{50}}\right)\right]^{0.62} \qquad (9\text{-}17)$$

式中: D_{50} 为床沙中值粒径, mm; κ 为浑水卡门常数, $\kappa = 0.4 \times [1 - 4.2\sqrt{S_V}(0.365 - S_V)]$; ω_s 为浑水沉速, $\omega_s = \omega_0\left(1 - \dfrac{S_V}{2.25\sqrt{d_{50}}}\right)^{3.5}(1 - 1.25S_V)$。

9.2.2 挟沙力公式检验与分析

9.2.2.1 挟沙力公式检验

图 9-2 为采用黄河、长江、渭河、辽河及等国内外河流资料对式(9-17)进行的验证结果。可以看出,该公式不仅适用于一般挟沙水流,而且适用于高含沙紊流。再者,式(9-17)计算的为全悬移质挟沙力,不需人为地对床沙质及冲泻质加以区划,在工程上有更重要的实际意义。

另外,舒安平及江恩惠的验证结果表明,依式(9-17)的计算值与实测值的符合程度明显优于现有其他各家公式,其相关系数都大于 0.90。图 9-3 为舒安平对各家公式验证及比较的结果。由此可以看出,除张红武及张清公式与实际情况非常接近外,其余 6 家公式都存在

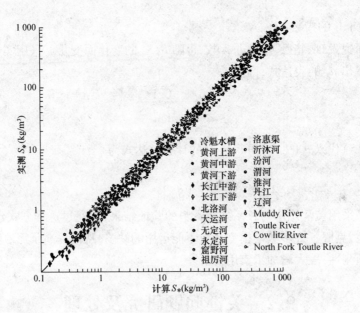

图 9-2　水流挟沙力公式的验证

着共同的缺点,即两端偏离较远,而且除杨志达公式外,剩下的 5 种公式变化趋势也相近,低含沙水流挟沙力计算值偏大,而高含沙水流时正好相反。究其原因,舒安平指出,主要是这些公式未能反映高含沙水流的特点,或者是公式推导过程中假定 S_v 为较小量所致。

　　江恩惠采用与图 9-3 相同的原型资料对式(9-17)的验证结果见图 9-4。由此可直观地看出式(9-17)明显优于其他各家。

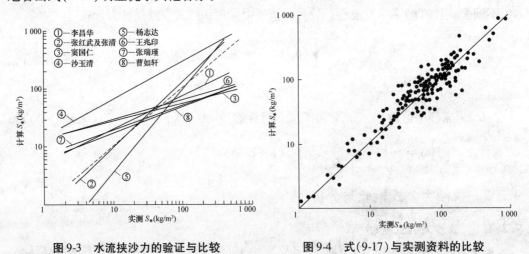

图 9-3　水流挟沙力的验证与比较　　　　**图 9-4　式(9-17)与实测资料的比较**

9.2.2.2　分析与讨论

　　赵业安在开展"八五"国家重点科技攻关项目"黄河下游河道演变基本规律"研究中,选用了 30 组天然实测资料对陈立－周宜林公式、刘兴年公式及式(9-17)进行了检验,现将这 30 组资料列于表 9-1。朱太顺、王艳平[13]对上述 30 组实测资料分析认为,这 30 组资料并不都是冲淤平衡时的资料,并对这些资料的河道冲淤特性进行了分析。此外,朱太

顺、王艳平还采用过 30 组资料对曹如轩公式、刘峰公式进行了检验,结果绘于图 9-5 ~
图 9-9。

表 9-1　30 组挟沙水流资料

序号	流量 （m³/s）	河宽 （m）	水深 （m）	含沙量 （kg/m³）	床沙中值 粒径（mm）	悬沙中值 粒径（mm）	冲淤状况
1	3 130	923	1.60	129.0	0.049 0	0.018 8	冲
2	241	58	3.17	776.0	0.048 7	0.033 2	冲
3	96	52	1.39	766.0	0.059 1	0.046 2	冲
4	1 173	573	1.45	11.2	0.054 0	0.012 9	接近平衡
5	3 570	1 440	1.04	56.6	0.051 2	0.004 1	接近平衡
6	3 880	794	1.74	82.2	0.058 4	0.015 0	接近平衡
7	5 070	505	4.22	77.9	0.052 2	0.019 1	接近平衡
8	5 100	305	6.10	117.0	0.025 7	0.007 5	接近平衡
9	1 120	271	1.73	299.0	0.089 2	0.022 7	微冲
10	2 040	281	2.33	114.0	0.109 2	0.019 1	接近平衡
11	742	270	1.28	536.0	0.111 7	0.038 1	微冲
12	1 420	271	1.99	119.0	0.091 8	0.024 4	接近平衡
13	571	259	2.09	9.3	0.092 8	0.026 0	接近平衡
14	420	265	0.97	438.0	0.083 7	0.022 9	微冲
15	89	333	0.59	0.70	0.061 8	0.023 1	接近平衡
16	252	431	1.03	6.6	0.057 8	0.003 6	淤
17	2 290	271	2.46	213.0	0.116 7	0.019 8	接近平衡
18	1 910	431	1.90	61.3	0.073 9	0.017 4	接近平衡
19	3 980	807	1.82	50.3	0.059 1	0.009 2	接近平衡
20	2 760	270	3.00	370.0	0.088 6	0.034 3	微冲
21	218	212	2.33	0.7	0.047 0	0.025 7	接近平衡
22	3	18	0.74	0.4	0.054 7	0.006 6	接近平衡
23	30	73	1.06	0.7	0.064 5	0.007 4	接近平衡
24	1 180	545	1.45	10.3	0.058 9	0.022 6	接近平衡
25	1 090	271	1.85	9.3	0.101 5	0.039 0	接近平衡
26	480	298	1.75	5.9	0.052 4	0.024 2	淤
27	432	292	1.74	4.0	0.005 3	0.019 6	接近平衡
28	723	273	1.47	5.0	0.091 1	0.032 9	接近平衡
29	18	45	0.86	0.9	0.055 6	0.046 5	接近平衡
30	247	264	1.50	1.2	0.091 0	0.048 7	接近平衡

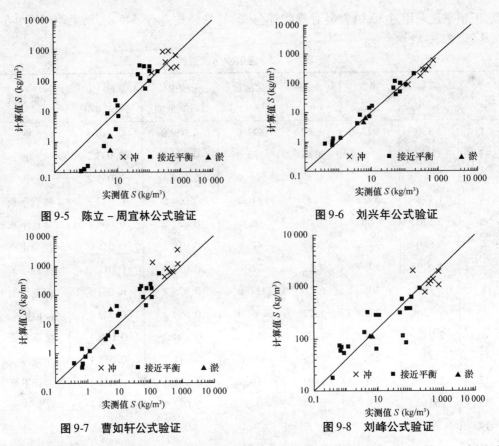

图 9-5　陈立－周宜林公式验证　　　　　图 9-6　刘兴年公式验证

图 9-7　曹如轩公式验证　　　　　　　　图 9-8　刘峰公式验证

由图 9-5 ~ 图 9-9 对比分析发现,曹如轩公式计算较实测值有些偏大;陈立－周宜林公式在计算低含沙水流时计算值偏小很多,计算高含沙水流时的点群分布不合理;刘兴年公式对于一般挟沙力水流符合很好,只是在计算高含沙水流时计算值明显偏小;刘峰公式计算的点群较为分散,而且计算高含沙水流时计算值偏小;张红武公式(式(9-17))验证结果较为理想,特别是高含沙洪水显著冲刷的点据,都位于 45°线以上,因而是合理的。

此外,从上面介绍的几家公式来看,其基本结构形式大致相同,尤以张红武－张清公式最具代表性。自式(9-17)1992 年正式发表后,清华大学舒安平(1994)、武汉水利电力大学陈立和周宜林(1995)、四川联合大学刘兴年(1995)、西安理工大学曹如轩(1995)等采用类似研究路线和处理手法,相继给出了结构形式相近的、试图适用于高含沙水流的挟沙力公式。从已有的对各家挟沙力公式的验证结果及本书验证情况来看,大部分学者的公式都有很大的局限性,开展黄河泥沙研究应尽量使用张红武

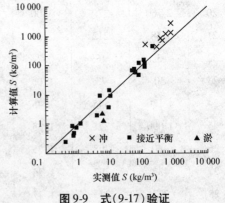

图 9-9　式(9-17)验证

公式,该公式不仅适用于一般挟沙水流,而且适用于高含沙紊流,再者式(9-17)计算的为

全悬移质挟沙力,不需人为地对床沙质及冲泻质加以区分,这不仅便于使用,而且还自动反映了各种粗细泥沙对水流挟沙力的影响。

进一步对式(9-17)结构分析后发现,其之所以与实测资料符合较好,主要是因为该公式通过考虑含沙量的存在对于水流摩阻特性、挟沙效率系数以及泥沙沉降特性等因素的影响,进而把握了水流挟沙力(此时不仅是清水水流挟沙,还可能是浑水水流挟沙)的大小。

9.2.3 动床阻力及床沙级配冲淤调整模式

$$n = \frac{c_n \delta_*}{\sqrt{g} h^{5/6}} \left\{ 0.49 \times \left(\frac{\delta_*}{h} \right)^{0.77} + \frac{3\pi}{8} \times \left(1 - \frac{\delta_*}{h} \right) \left[\sin\left(\frac{\delta_*}{h} \right)^{0.2} \right]^5 \right\}^{-1} \tag{9-18}$$

其中

$$\delta_* = D_{50} 10^{10[1 - \sqrt{\sin(\pi Fr)}]} \tag{9-19}$$

$$p_{bi} = \left[\Delta Z_i + (E_m - \Delta Z_i) p_{obi} \right] / E_m \tag{9-20}$$

式中:p_{obi}、p_{bi} 分别为时段初、末的床沙级配;ΔZ_i 为冲淤厚度;E_m 为床沙可动层厚度,其大小与河床冲淤状态、强度及历时有关,当处于单向淤积时,$E_m = \Delta Z_i$,当处于单向冲刷时,E_m 的限制条件是保证床面有足够的泥沙补偿。

9.2.4 悬沙级配计算方法

库区沿程各断面悬移质泥沙级配采用如下理论公式计算,即

$$p_i = 0.798 \int_0^{T_i} e^{-t^2/2} dt \tag{9-21}$$

式中:p_i 为悬移质级配中较第 i 组为细的颗粒的沙重百分比;T_i 可采用下式计算,即

$$T_i = 2.53 \sqrt{\frac{\gamma_s - \gamma}{\gamma} g d_i} \frac{1}{u_*} \tag{9-22}$$

其中:d_i 为第 i 组颗粒粒径。

9.2.5 异重流模拟方法

异重流在底坡较陡的库底运行时,其潜入条件采用下式判别[14],即

$$\frac{\gamma_e}{\gamma_e - \gamma_c} \frac{u_p^2}{g h_p} = 0.6 \tag{9-23}$$

式中:u_p、h_p 分别为异重流潜入断面的平均流速、水深。

当库底坡很缓时,根据韩其为等的研究,异重流潜入条件为 $h \geq \max[h_p, h_e]$,h_e 为异重流均匀运动时的水深。异重流的阻力系数取平均值 $f_e = 0.025$。异重流运动的数值模拟采用张俊华研究成果,由此可求出异重流均匀运动水深计算公式,即

$$h_e = \left[\frac{f_e}{8g J_0} \frac{k_e \gamma_e}{k_e \gamma_e - \gamma} \left(\frac{Q_e}{B_e} \right)^2 \right]^{1/3} \tag{9-24}$$

式中:J_0 为河底底坡;Q_e 为异重流流量;B_e 为异重流宽度;k_e 为考虑浑水容重沿水深分布不均匀而引入的修正系数

$$k_e = \frac{\int_0^{h_e} \left(\int_e^{h_e} \gamma_e \mathrm{d}z \right) \mathrm{d}z}{\gamma_e \dfrac{h_e^2}{2}} \tag{9-25}$$

9.2.6　支流倒灌计算

基于动床泥沙模型试验显示出的物理图形,概化出干、支流分流比计算方法如下[15-17](式中足标 1、2 分别代表干流、支流)。

(1)支流位于三角洲顶坡段,干、支流均为明流,有

$$Q_1 = b_1 h_1 \frac{1}{n_1} h_1^{2/3} J_1^{1/2} \tag{9-26}$$

$$Q_2 = b_2 h_2 \frac{1}{n_2} h_2^{2/3} J_2^{1/2} \tag{9-27}$$

式中:Q_1、Q_2 分别为干、支流流量;b_1、b_2 分别为为干、支流河宽;h_1、h_2 分别为干、支流水深。

设干、支流糙率 n 值相等,则支流分流比 α 为

$$\alpha = K \frac{b_2 h_2^{5/3} J_2^{1/2}}{b_1 h_1^{5/3} J_1^{1/2}} \tag{9-28}$$

(2)支流位于干流异重流潜入点下游,干、支流均为异重流,则有

$$Q_{e1} = b_{e1} h_{e1} \sqrt{\frac{8}{f_{e1}} g h_{e1} J_1 \frac{\Delta \gamma_1}{\gamma_{e1}}} \tag{9-29}$$

$$Q_{e2} = b_{e2} h_{e2} \sqrt{\frac{8}{f_{e2}} g h_{e2} J_2 \frac{\Delta \gamma_1}{\gamma_{e2}}} \tag{9-30}$$

式中:Q_{e1}、Q_{e2} 分别为干、支流异重流流量;b_{e1}、b_{e2} 分别为干、支流异重流宽度;h_{e1}、h_{e2} 分别为干、支流异重流水深;f_{e1}、f_{e2} 分别为干、支流清水和浑水交汇处阻力系数;J_1、J_2 分别为干、支流水力能坡;$\Delta \gamma_1$、$\Delta \gamma_2$ 分别为干、支流清水和浑水的容重差;γ_e 为浑水容重。

设干、支流交汇处阻力系数 f_e 及水流含沙量相等,即 $f_{e1} = f_{e2}$、$\Delta \gamma_1 = \Delta \gamma_2$、$\gamma_{e1} = \gamma_{e2}$,则支流分流比 α 为

$$\alpha = K \frac{b_{e2} h_{e2}^{3/2} J_2^{1/2}}{b_{e1} h_{e1}^{3/2} J_1^{1/2}} \tag{9-31}$$

式(9-28)及式(9-31)中 K 为考虑干支流的夹角 θ 及干流主流方位而引入的修正系数。

由此可计算出支流分流量,假定支流水流含沙量与干流相同,则可计算出进入支流的沙量。通过支流输沙量计算可得到沿程淤积量及淤积形态。

9.3 数值方法

9.3.1 水流连续方程离散

$$Q_{i+1} = Q_i + \Delta x_i q_{L(i)} \tag{9-32}$$

式中：Q_i 为第 i 断面的流量；Δx_i 为第 $i \sim i+1$ 断面之间的距离；$q_{L(i)}$ 为第 $i \sim i+1$ 断面之间的单位河长的侧向流量，以入流为正，出流为负，$\mathrm{m^3/(s \cdot m)}$。

9.3.2 水流运动方程离散

$$\frac{\left[\alpha_f \dfrac{Q^2}{A}\right]_{i+1} - \left[\alpha_f \dfrac{Q^2}{A}\right]_i}{\Delta x_i} + g \times \bar{A} \times \frac{Z_{i+1} - Z_i}{\Delta x_i} + g \times \bar{A} \times (\bar{J}_f + J_l) = 0 \tag{9-33a}$$

对式(9-33a)整理，可得

$$Z_i = Z_{i+1} + \frac{\left[\alpha_f \dfrac{Q^2}{A}\right]_{i+1} - \left[\alpha_f \dfrac{Q^2}{A}\right]_i}{g \times \bar{A}} + \Delta x_i \times (\bar{J}_f + J_l) \tag{9-33b}$$

式中：Δx 为步长；J_f 为水力能坡降；J_l 为坡降；$\bar{A} = A_i \times (1-\theta) + A_{i+1} \times \theta$，$\bar{J}_f = J_{f(i)} \times (1-\theta) + J_{f(i+1)} \times \theta$，$J_{f(i)} = Q_i^2/K_i^2$，$J_{f(i+1)} = Q_{i+1}^2/K_{i+1}^2$。

假设各子断面能坡相同，均为 $J_{f(i)}$，则有 $K_i = \sum\limits_{j=1}^{j_{\max}} K_{i,j}$，$K_{i,j} = h_{i,j}^{2/3} \times A_{i,j}/n_{i,j}$；$\alpha_{f(i)} = \left[\sum\limits_{j}^{j_{\max}} (K_{i,j}^3/A_{i,j}^2)\right] / (K_i^3/A_i^2)$；$\theta$ 为数值离散权重因子，$0 < \theta < 1$。

9.3.3 悬移质不平衡输移方程离散

求解悬移质含沙量的沿程变化，采用下面的差分形式

$$S_{(i+1,k)} = \frac{Q_i S_{(i,k)} - \Delta x_i (1-\theta) \alpha_{i,k} \omega_{s(i,k)} B_i \left[f_{s(i,k)} S_{(i,k)} - S_{*(i,k)}\right]}{\Delta x_i \theta \alpha_{i+1,k} \omega_{s(i+1,k)} B_{i+1} f_{s(i+1,k)} S_{i+1,k} + Q_{i+1}} +$$

$$\frac{\Delta x_i \theta \alpha_{(i+1,k)} \omega_{s(i+1,k)} B_{i+1} S_{*(i+1,k)} + \Delta x_i q_{SL(i,k)}}{\Delta x_i \theta \alpha_{(i+1,k)} \omega_{s(i+1,k)} B_{i+1} f_{s(i+1,k)} S_{(i+1,k)} + Q_{i+1}} \tag{9-34}$$

9.3.4 河床变形方程离散

$$\Delta Z_{b(i,k)} = \frac{\Delta t}{\rho'} \alpha_{(i,k)} \omega_{s(i,k)} \left[f_{s(i,k)} S_{(i,k)} - S_{*(i,k)}\right] \tag{9-35a}$$

$$\Delta Z_{b(i)} = \sum_{k=1}^{N} \Delta Z_{b(i,k)} \tag{9-35b}$$

式中：$\Delta Z_{b(i,k)}$ 为第 i 断面第 k 粒径组泥沙的冲淤厚度；$\Delta Z_b(i)$ 为第 i 断面总的冲淤厚度。

9.4 模型验证

9.4.1 三门峡水库验证

三门峡水库 1960 年 9 月基本建成并投入运用,先后经历了 1960 年 9 月至 1962 年 3 月的蓄水拦沙运用期、1962 年 3 月至 1973 年 11 月的滞洪排沙运用期和 1973 年 11 月以后的蓄清排浑控制运用期。其中,1962 年 3 月至 1965 年 6 月虽然水库已改为滞洪运用,但由于泄流能力不足,来水较丰,所以库区拦沙较多。本次模型验证选取 1961 ~ 1964 年为验证时段,可以充分体现模型对复杂运用方式的适应性和反映库区泥沙冲淤量分步的合理性等。模型进口条件为潼关站流量、含沙量、级配过程,坝前水位由运用调度方式、库容曲线等综合确定。表 9-2 给出了三门峡水库拦沙期库区冲淤量验证结果,从表 9-2 中可以看出,在水库拦沙期,潼关以下库区淤积量计算值与实测值接近,且二者淤积量分布基本吻合。

表 9-2 三门峡水库数学模型验证结果 （单位:亿 m³)

时段 (年-月)	潼关—史家滩		潼关—太安		太安—史家滩	
	实测	计算	实测	计算	实测	计算
1961-06 ~ 1965-10	28.08	27.81	7.91	8.44	20.18	19.36

9.4.2 白沙水库验证

白沙水库是修建于多沙河流颍河干流上游的一座大型水库,水库位于登封、禹州两县(市)交界处的白沙镇以北约 300 m 处。水库控制流域面积 985 km²,占颍河流域面积 7 230 km² 的 13.6%,占山丘区流域面积 1 900 km² 的 51.8%。水库总库容 3.07 亿 m³,是一座以防洪、灌溉为主的 Ⅱ 等 2 级大型水库。由于白沙水库以上流域内植被条件较差,洪水期入库含沙量较大。

白沙水库干流入库控制站告成站至大坝长约 13.9 km(沿主流线计)。水库中部被一山嘴插入,把库区分成上、下两部分(或称上、下库)。1953 年水库建成后开始设立水库水文站,观测库水位及出库流量,至今共有 40 余年连续观测资料。

告成站多年平均含沙量 3.56 kg/m³,历年最大含沙量 67 kg/m³,历年平均含沙量最大值为 1958 年的 7.69 kg/m³,最小值为 1989 年的 0.17 kg/m³,沙量主要集中在几场洪水中。验证所选水文系列年为 1979 ~ 1987 年连续 9 年,汛期 6 月 1 日至 9 月 30 日,时段取日,非汛期时段取旬。进口水沙条件为告成站 1979 ~ 1987 年入库流量和含沙量过程,并考虑区间来水来沙量。下边界条件为 1979 ~ 1987 年坝前水位及出库流量过程。时段同进口条件。初始地形采用 1979 年实测大断面,共 22 个。验证地形采用 1987 年大断面资料。应用所研制的模型计算了 1979 ~ 1987 年的库区淤积量及其分布,计算结果与实测值比较情况见表 9-3。由表 9-3 可知,白沙水库淤积量沿程及分段验证结果较好,计算值与实测值接近,淤积总量也符合较好,相对误差仅为 11.76%。

表 9-3　白沙水库 1979 ~ 1987 年验证结果

河段	CS22—CS19	CS19—CS10	CS10—CS1	CS22—CS1
实测淤积量(万 m³)	−52.41	87.38	182.20	217.17
计算淤积量(万 m³)	−50.60	103.10	190.20	242.70
相对误差(%)	3.50	18.00	4.40	11.76

9.5　数值模拟结果

9.5.1　水库运用方案

水库运用初期 1 ~ 5 年,为了充分发挥水库对下游河道的改善作用并最大限度地减少负面影响,主要靠调控下泄流量来实现。水库投入运用后,主汛期控制的最低运用水位,即起始运用水位,是在统筹考虑库区的淤积形态、水库的减淤效果及电站初始发电的条件下,选择 210 m;为了提高水库对下游河道的减淤效益,在主汛期,对下泄流量的调节实现"两极分化",其上限流量满足艾山以下河道不淤或冲刷的要求,选取 3 700 m³/s,下限流量满足下游供水并兼顾电站运行,其流量应不小于 600 m³/s;为了满足水库进行调控流量,需要一定的调节库容,即库区起始运行水位或淤积面以上最大的蓄水库容。据分析,当满足调控流量 3 700 m³/s 时,其所相应的调控库容为 13 亿 m³。

9.5.2　边界条件

计算水沙条件采用设计的 1978 ~ 1982 年 5 年系列。水文年年均入库水量 342.2 亿 m³,年均入库沙量 9.0 亿 t。初始地形为小浪底库区 2001 年汛前设计形态。

9.5.3　计算结果

利用建立的准二维数学模型以及设计的水沙条件与河床、边界条件进行调节计算。结果显示,小浪底水库运用初期库区为三角洲淤积,其淤积机制是挟沙水流运行至水库回水末端以下处于超饱和状态,较粗泥沙很快落淤而形成三角洲淤积体。水库调控流量时的蓄水作用及每年 10 月至次年 6 月的调节期使三角洲洲面不断淤积抬升。位于三角洲顶点以下的前坡段水深陡增、流速骤减、水流挟沙力急剧下降、大量泥沙落淤,使三角洲不断向下游推进。图 9-10 为历年汛后库区河槽纵剖面图,可以看出上述变化过程。水库运用初期大多时段为异重流排沙,异重流潜入位置一般位于库区淤积三角洲前坡段。图 9-11 显示了异重流潜入点随水库运用时间变化而变化的过程。可以看出,随着水库运用时间的延长,异重流潜入点的变化趋势是不断下移,同时亦会随坝前水位的升降及入库流量的大小而发生变化。在水库投入运用初期,异重流潜入位置一般位于距坝 60 ~ 70 km 处,第 1 年 7 月中旬以后,异重流潜入位置下移至距坝 60 km 以下,至第 5 年下移至距坝 10 ~ 20 km 处。在每年的 6 ~ 10 月,出现异重流排沙的天数为 611 d,占该时段天数的 80%。

其中,7月1日至9月30日异重流排沙概率为95%。

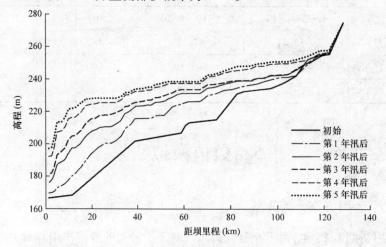

图 9-10 河槽纵剖面

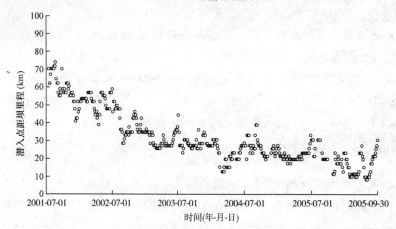

图 9-11 异重流潜入点变化过程

表 9-4 为小浪底水库数学模型计算出的水库运用初期 1~5 年内库区不同粒径组泥沙及全沙淤积量,结果显示,前 5 年库区总淤积量为 37.00 亿 t,平均排沙比约 15.72%,其中距坝 70 km 以上及以下分别淤积 4.54 亿 t 及 32.46 亿 t,即淤积泥沙绝大部分分布在库区下段。库区粒径 $D < 0.025$ mm、$D = 0.025 \sim 0.05$ mm 及 $D > 0.05$ mm 的泥沙淤积量占总淤积量的比值分别为 46.5%、27.3%、26.2%。总的看来,$D < 0.025$ mm 的细颗粒泥沙的排沙比均大于较粗泥沙的排沙比。

位于干流三角洲洲面处支流沟口,由于干流淤积抬升的速度大于支流而向支流内形成倒坡;在干流异重流潜入点下游的各支流沟口均为异重流倒灌淤积,沟口处淤积面较为平整,无明显的倒坡。这与小浪底库区模型试验的结果是一致的。

在相同的水沙条件及边界条件下进行的小浪底库区实体模型试验结果表明,距坝 63 km 以下库段总淤积量为 29.44 亿 m³,若淤积物干容重 $\gamma_0 = 1.15$ t/m³,则淤积量为

33.86 亿 t,二者较为接近,图 9-12 为二者第 5 年汛后河床纵剖面图。可以看出,水库淤积形态也较为接近。

表 9-4　小浪底水库运用初期 1～5 年库区输沙计算结果

粒径级(mm)	入库沙量(亿 t)	出库沙量(亿 t)	淤积量(亿 t)	排沙比(%)
<0.025	22.20	5.00	17.20	22.52
0.025～0.05	11.50	1.40	10.10	12.17
>0.05	10.20	0.50	9.70	4.90
全沙	43.90	6.90	37.00	15.72

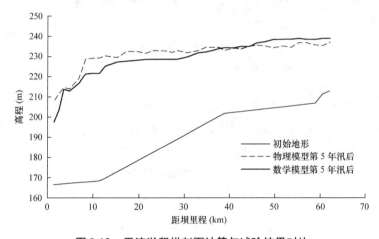

图 9-12　干流淤积纵剖面计算与试验结果对比

小浪底水库运用初期 1～5 年两种调节方案计算结果表明,水库运用初期库区为三角洲淤积,随着水库运用时间的增长,三角洲不断向下游推进;库区主要为异重流排沙,潜入点一般位于三角洲前坡段;库区平均排沙比约为 18%。

第 10 章　小浪底水库拦沙初期实况及其对预测成果验证

2004 年 9 月水利部批复《小浪底水利枢纽拦沙初期运用调度规程》中,明确小浪底水库运用分为拦沙初期、拦沙后期和正常运用期 3 个时期,其中拦沙初期与后期的界定为水库淤积量达 21 亿~22 亿 m^3。小浪底水库于 1999 年 10 月 25 日开始下闸蓄水,至 2006 年汛后,已经运用 7 年,库区淤积总量为 21.583 亿 m^3,已达到拦沙初期与拦沙后期的界定值。本章将分析小浪底水库拦沙初期库区泥沙输移特性、淤积形态、库容变化等过程,同时与第 8 章、第 9 章研究成果进行对比,以此验证后者的可靠性。

10.1　水库排沙特性

10.1.1　水库排沙概况

水库排沙情况主要取决于来水来沙、库区边界和水库调度运用等条件。水库运用以来,历年入库、出库不同粒径组的沙量、库区淤积量及淤积物组成、排沙情况见表 10-1。

表 10-1　小浪底水库历年排沙情况

年份	分组泥沙	入库沙量(亿 t)		出库沙量(亿 t)		淤积量(亿 t)		分组淤沙含量(%)	排沙比(%)		出库细沙含量(%)
		汛期	全年	汛期	全年	汛期	全年		汛期	全年	
2000	细沙	1.153	1.232	0.037	0.037	1.116	1.195	33.9	3.2	3.0	88.1
	中沙	1.099	1.210	0.004	0.004	1.095	1.170	33.2	0.4	0.3	
	粗沙	1.089	1.161	0.001	0.001	1.088	1.160	32.9	0.1	0.1	
	全沙	3.341	3.603	0.042	0.042	3.299	3.525	100	1.3	1.2	
2001	细沙	1.319	1.319	0.194	0.194	1.125	1.125	43.1	14.7	14.7	87.8
	中沙	0.704	0.704	0.019	0.019	0.685	0.685	26.2	2.7	2.7	
	粗沙	0.808	0.808	0.008	0.008	0.800	0.800	30.7	1.0	1.0	
	全沙	2.831	2.831	0.221	0.221	2.610	2.610	100	7.8	7.8	
2002	细沙	1.529	1.905	0.610	0.610	0.919	1.295	35.2	39.9	32.0	87.0
	中沙	0.982	1.359	0.058	0.058	0.924	1.301	35.4	5.9	4.3	
	粗沙	0.894	1.111	0.033	0.033	0.861	1.078	29.4	3.7	3.0	
	全沙	3.405	4.375	0.701	0.701	2.704	3.674	100	20.6	16.0	

| 年份 | 分组泥沙 | 入库沙量(亿t) | | 出库沙量(亿t) | | 淤积量(亿t) | | 分组淤沙含量(%) | 排沙比(%) | | 出库细沙含量(%) |
		汛期	全年	汛期	全年	汛期	全年		汛期	全年	
2003	细沙	3.471	3.475	1.049	1.074	2.422	2.401	37.8	30.2	30.9	
	中沙	2.334	2.334	0.069	0.072	2.265	2.262	35.6	3.0	3.1	89.1
	粗沙	1.754	1.755	0.058	0.060	1.696	1.695	26.6	3.3	3.4	
	全沙	7.559	7.564	1.176	1.206	6.383	6.358	100	15.6	15.9	
2004	细沙	1.199	1.199	1.149	1.149	0.050	0.050	4.3	95.8	95.8	
	中沙	0.799	0.799	0.239	0.239	0.560	0.560	48.7	29.9	29.9	77.3
	粗沙	0.640	0.640	0.099	0.099	0.541	0.541	47.0	15.5	15.5	
	全沙	2.638	2.638	1.487	1.487	1.151	1.151	100	56.4	56.4	
2005	细沙	1.639	1.815	0.368	0.381	1.271	1.434	39.5	22.5	21.0	
	中沙	0.876	1.007	0.041	0.042	0.835	0.965	26.6	4.7	4.2	84.9
	粗沙	1.104	1.254	0.025	0.026	1.079	1.228	33.9	2.3	2.1	
	全沙	3.619	4.076	0.434	0.449	3.185	3.627	100	12.0	11.0	
2006	全沙	2.075	2.324	0.329	0.398	1.746	1.926	100	15.9	17.1	—
平均	全沙	3.638	3.911	0.627	0.643	3.011	3.268	100	17.2	16.5	—

注:1. 细沙粒径 $d < 0.025$ mm,中沙粒径 0.025 mm $< d < 0.05$ mm,粗沙粒径 $d > 0.05$ mm。

2. 缺少 2006 年级配资料。

小浪底水库运用以来,年均来沙量为 3.911 亿 t,入库沙量主要集中在汛期,占全年沙量的 93.0%;年均出库沙量为 0.643 亿 t,汛期排沙量占全年排沙量的 97.5%,汛期平均排沙比为 17.2%。

水库运用以来,均为拦沙初期运用阶段。在水库回水区以上库段基本为明流输沙流态(均匀明流或壅水明流),在水库回水区库段均为异重流输沙流态,水库主要以异重流形式排细颗粒泥沙出库。历年出库细颗粒泥沙占总出库沙量的比例为 77.3% ~ 89.1%,库区淤积物中粗颗粒泥沙含量为 31.4%(不包括 2006 年)。

水库运用前两年(2000 年和 2001 年)排沙比较小,不到 10%。2000 年异重流运行到了坝前,但坝前淤积面高程低于 150 m,浑水面离水库最低泄流高程 175 m 相差太远,虽然开启了排沙洞,但大部分泥沙也不能排泄出库。2001 年,主要是为了在坝前形成铺盖,减少坝体渗漏,对运行到坝前的异重流进行了控制。之后,2002 ~ 2005 年排沙比明显增加,尤其是"04 · 8"洪水期间,水库投入运用以来第一次对到达坝前的天然异重流实行敞泄排沙,加之前期浑水水库已存蓄的异重流泥沙,使得出库最大含沙量达到 346 kg/m³,水库排沙量达 1.42 亿 t。

2000 ~ 2006 年全年排沙比分别为 1.2%、7.8%、16.0%、15.9%、56.4%、11.0%、17.1%,总体上呈逐步增大的趋势。

自1999年10月25日下闸蓄水至2006年10月,已经蓄水运用7年,期间库区多次发生异重流排沙,小浪底水库历次异重流期间出、入库水量、沙量,库区淤积量,排沙情况见表10-2。

表10-2　小浪底水库各时段异重流排沙情况统计

年份	时段（月-日）	历时（d）	水量(亿 m³)		沙量(亿 t)		排沙比（%）
			三门峡	小浪底	三门峡	小浪底	
2001	08-20 ~ 09-07	19	14.14	2.97	2.000	0.130	6.5
2002	06-28 ~ 07-03	6	4.90	3.80	0.240	0.010	4.2
	07-04 ~ 07-15	12	9.40	27.00	1.810	0.320	17.7
2003	08-02 ~ 08-14	13	9.74	2.76	0.832	0.003	0.4
	08-27 ~ 09-20	25	49.84	21.25	3.399	0.840	24.7
2004	07-07 ~ 07-14	8	4.77	15.32	0.385	0.055	14.3
	08-22 ~ 08-31	10	10.27	13.83	1.711	1.423	83.2
2005	06-27 ~ 07-02	6	4.03	11.09	0.450	0.020	4.4
	07-05 ~ 07-10	6	4.16	7.86	0.700	0.310	44.3
2006	06-25 ~ 06-29	5	5.40	12.28	0.230	0.071	30.9
	07-22 ~ 07-29	8	7.99	8.10	0.127	0.048	37.9
	08-01 ~ 08-06	6	4.67	7.70	0.379	0.153	40.4
	08-31 ~ 09-07	8	10.79	7.61	0.554	0.121	21.8
2007	06-28 ~ 07-02	5	6.79	11.06	0.636	0.261	41.0

10.1.2　异重流运动特性

10.1.2.1　流速及含沙量垂线分布

异重流潜入点附近下游断面,由于横轴环流的存在,表层水流往往逆流而上,带动水面漂浮物缓缓向潜入点聚集,这种现象是判断是否形成异重流并确定其潜入位置的鲜明标志。由于受异重流潜入后带动上层清水向下游流动的作用,潜入点及其下游断面表层清水会表现为回流(负流速)或零流速现象,负流速大小与异重流的强弱及距离潜入点的距离有关,潜入点及其下游附近断面流速较大。在异重流和清水的交界面上异重流运动的过程中,将挟带一部分交界面上的清水相随而行,所以认为流速为零的位置往往会稍高于清浑水交界面的位置,见图10-1。

含沙量垂线分布表现为,上表层含沙量为0,清浑水交界面以下含沙量逐渐增加,其极大值位于库底附近。异重流潜入点的下游附近库段,含沙量沿垂线梯度变化较小,交界面不明显,这种现象形成的主要原因是异重流形成之初流速较大,水流紊动和泥沙的扩散作用使清、浑水掺混。潜入之后,随着异重流的推移和稳定,两种水流交界处含沙量梯度

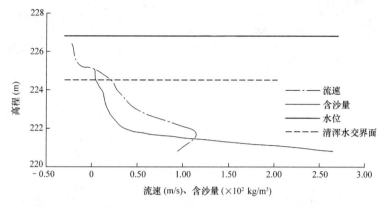

图 10-1　2006 年 6 月 27 日 8 时 15 分 HH25 断面流速、含沙量分布

增大,清浑水交界面清晰,异重流含沙量垂直分布较为均匀(见图 10-2),这是异重流稳定时含沙量沿垂线分布的基本形状。

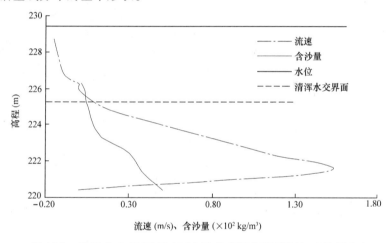

图 10-2　2006 年 6 月 25 日 10 时 25 分 HH26 断面流速、含沙量分布

在同一断面上横向各垂线异重的流速变化较大,表现为主流区异重流流速较大,边流流速较小,这与自然河道流速分布形态有相似之处(见图 10-3)。在微弯河段如 HH9 断面(见图 10-4),异重流主流往往位于凹岸,主流区浑水交界面略高,在同一高程上流速及含沙量均较大。

10.1.2.2　异重流流速及含沙量沿程变化

异重流从潜入点向坝前运行的过程中会发生能量损失,包括沿程损失及局部损失。沿程损失即床面及清浑水交界面的阻力损失;而局部损失在小浪底库区较为显著,包括支流倒灌、局部地形的扩大或收缩、弯道等因素。一般表现为潜入点附近流速较大,随着纵向距离的增加,由于受阻力影响,流速逐渐变小,泥沙沿程发生淤积,清浑水交界面的掺混及清水的析出等,均可使异重流的流量逐渐减小,其动能相应减小。到坝前区后,如果异重流下泄流量小于到达坝前的流量,则部分异重流的动能转为势能,产生壅高现象,形成

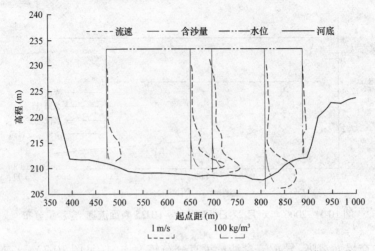

图 10-3　2004 年 7 月 6 日 HH29 断面异重流流速、含沙量横向分布

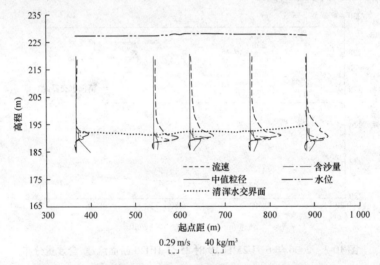

图 10-4　2006 年 6 月 27 日 HH9 断面流速、含沙量横向分布

坝前浑水水库。在演进过程中,异重流层的流速受地形影响也很明显,当断面宽度较小或在缩窄段时,其流速会增大;在断面较宽或扩大段,其流速就会减小。

从潜入点至坝前,各断面的最大流速(除 HH17 断面出现递增外)均表现为递减趋势,其中 HH5 断面(距坝 6.54 km)至 HH1 断面(距坝 1.32 km)递减幅度较大(见图 10-5),其原因是断面的增宽和河床比降减小,HH17 断面(距坝 27.19 km)流速偏大的原因是该断面位于八里胡同河段的中间,断面相对较窄,造成异重流层流速的增大。而坝前附近断面的最大流速受水库运用方式的影响而有所不同。

10.1.2.3　异重流随时间变化

在固定断面,异重流的变化随入库水沙过程而变化。异重流期间各断面依次呈现发生、增强、维持、消失等阶段。从图 10-6 中可以看出,异重流厚度、位置、流速、含沙量等因

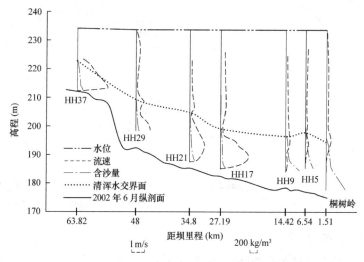

图 10-5　2002 年 7 月 8 日主流线流速、含沙量沿程分布

子基本表现出与各阶段相适应的特性。

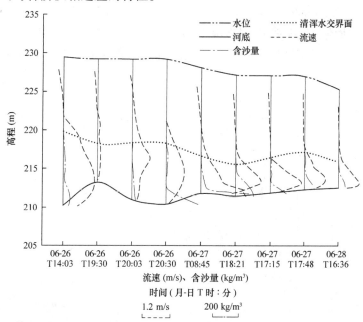

图 10-6　2006 年调水调沙期间 HH22 断面主流线流速、含沙量随时间变化

10.1.2.4　异重流泥沙粒径变化

　　图 10-7 为异重流泥沙中值粒径沿垂线分布,呈现出上细下粗的变化规律。在运动过程中,泥沙颗粒发生分选,较粗颗粒沉降,而细颗粒泥沙悬浮于水中继续向坝前输移。图 10-8 给出了 2006 年 6 月 26～28 日异重流泥沙中值粒径沿程变化状况,测验结果表明,在距坝约 10 km 以上库段悬沙逐步细化,分选明显,以下库段悬沙中值粒径沿程几乎无变化。

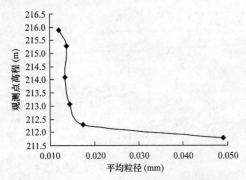

图 10-7　2006 年 6 月 27 日 HH22 断面主流
垂线粒径变化

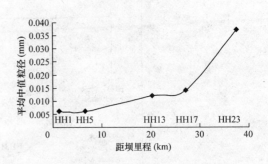

图 10-8　2006 年 6 月 26～28 日垂线平均
中值粒径沿程变化

10.1.2.5　异重流倒灌

处在异重流潜入点以下库区的干、支流交汇处,干流产生的异重流往往仍以异重流的形式向支流倒灌。例如,2003 年异重流期间支流沇西河发生异重流倒灌,图 10-9 为支流沇西河口(距坝约 54 km)断面 2003 年 8 月 2～8 日异重流主流线流速及含沙量的变化过程,最大点流速为 0.46 m/s,发生在 8 月 2 日洪水期,8 月 8 日随着干流入库流量的减小,向支流倒灌的异重流遂逐渐消退。图 10-10 为沇西河上游 3 km 处 HH34 断面异重流主流线流速及含沙量的变化过程。支流异重流的运动与消退基本与干流异重流发展过程同步。

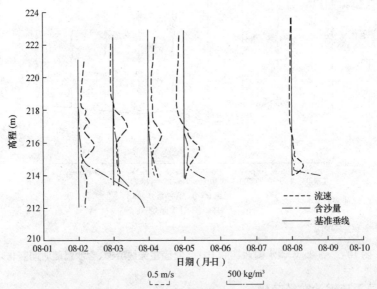

图 10-9　沇西河口断面异重流主流线流速及含沙量变化过程(2003 年)

10.1.3　异重流排沙潜力分析

在异重流排沙期间,由于水库调度目标不同,含沙水流以异重流的形式运行至坝前后,水库控制泄流,水库下泄的浑水流量小于异重流达到坝前的流量,部分浑水被拦蓄在

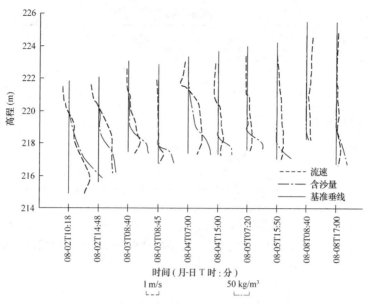

图 10-10　HH34 断面异重流主流线流速及含沙量变化过程

库内形成浑水水库。由异重流挟带到坝前所形成的浑水水库的泥沙非常细,中值粒径 d_{50} 一般介于 0.005 ~ 0.012 mm,聚集在坝前的浑水以浑液面的形式整体下沉。悬浮于水中的泥沙沉速与浑水含沙量、悬沙级配及水温等因素有关。由于坝前流速很小,扰动掺混作用弱,因此沉降极其缓慢,浑水水库维持时间很长。最终或淤积在坝前段形成铺盖层,或随下次洪水排出水库。因此,历年水库实测的场次洪水异重流排沙比,并不真实反映异重流本身的排沙能力。

若以异重流能运行至坝前作为异重流的排沙能力,通过估算场次洪水过程异重流排沙量及聚积在坝前的浑水水库中悬沙量的变化过程,可初步分析历次洪水异重流的排沙能力,分析结果见表 10-3。

表 10-3　异重流排沙潜力估算

洪水时段(年-月-日)	2001-08-19 ~ 09-05	2002-06-23 ~ 07-04	2002-07-05 ~ 07-09	2003-08-01 ~ 09-05
入库水量(亿 m³)	13.6	11.0	6.5	36.8
入库沙量(亿 t)	2	1.06	1.71	3.77
最大入库流量(m³/s)	2 200	2 670	2 320	2 880
平均入库流量(m³/s)	875	1 058	1 496	931
最大入库含沙量(kg/m³)	449	359	419	338
平均入库含沙量(kg/m³)	147	96.5	264.7	102.5
库水位(m)	202.4 ~ 217.1	233.4 ~ 236.2	232.8 ~ 235	221.2 ~ 244.5
<0.025 mm 泥沙含量(%)	42.7	54.1	34	46.4

洪水时段(年-月-日)	2001-08-19 ~ 09-05	2002-06-23 ~ 07-04	2002-07-05 ~ 07-09	2003-08-01 ~ 09-05
出库沙量(亿 t)	0.13	0.01	0.19	0.04
水库实际排沙比(%)	6.5	0.9	11.1	1.1
浑水水库悬沙量(亿 t)	0.41	0.34	0.24	0.99
异重流排沙潜力(亿 t)	0.54	0.35	0.43	1.03
异重流可能排沙比(%)	27.1	32.8	24.8	27.5

从表 10-3 中可以看出,异重流的排沙比随着入库细泥沙含量增大而增大,同时与来水来沙过程、水库边界条件等因素有关。分析得出 2001~2003 年期间历次洪水异重流排沙比能力为 24.8%~32.8%。

10.2　库区淤积形态及库容变化

10.2.1　库区淤积量及过程

小浪底水库自 1999 年 10 月下闸蓄水运用,自截流至 2006 年 10 月,小浪底全库区断面法淤积量为 21.583 亿 m³。其中,干流淤积量为 18.316 亿 m³,支流淤积量为 3.267 亿 m³,不同时期库区淤积量见表 10-4。从淤积部位来看,泥沙主要淤积在汛限水位 225 m 高程以下,225 m 高程以下的淤积量达到了 20.084 亿 m³,占总量的 91.4%。不同高程下的累计淤积量见表 10-5 及图 10-11。

表 10-4　断面法计算不同时期库区淤积量

时段(年-月)	干流淤积量(亿 m³)	支流淤积量(亿 m³)	总淤积量(亿 m³)
1999-09 ~ 2000-11	3.842	0.241	4.083
2000-11 ~ 2001-12	2.550	0.422	2.972
2001-12 ~ 2002-10	1.938	0.170	2.108
2002-10 ~ 2003-10	4.623	0.262	4.885
2003-10 ~ 2004-10	0.297	0.877	1.174
2004-10 ~ 2005-11	2.603	0.308	2.911
2005-11 ~ 2006-10	2.463	0.987	3.450
1999-09 ~ 2006-10	18.316	3.267	21.583

表 10-5　1999 年 10 月至 2006 年 10 月小浪底库区不同高程淤积量

高程 （m）	干流淤积量 （亿 m³）	支流淤积量 （亿 m³）	总淤积量 （亿 m³）	高程 （m）	干流淤积量 （亿 m³）	支流淤积量 （亿 m³）	总淤积量 （亿 m³）
150	0.346	0	0.346	215	13.769	2.651	16.420
155	0.774	0.012	0.786	220	15.142	2.795	17.937
160	1.203	0.023	1.226	225	16.803	3.281	20.084
165	2.026	0.101	2.127	230	17.862	3.325	21.187
170	2.849	0.178	3.027	235	18.349	3.574	21.923
175	4.013	0.387	4.400	240	18.294	3.360	21.654
180	5.176	0.595	5.771	245	18.419	3.615	22.034
185	6.658	0.988	7.646	250	18.301	3.346	21.647
190	7.878	1.255	9.133	255	18.460	3.553	22.013
195	9.073	1.726	10.799	260	18.338	3.329	21.667
200	10.003	1.881	11.884	265	18.471	3.555	22.026
205	11.239	2.165	13.404	270	18.322	3.277	21.599
210	12.270	2.296	14.566	275	18.315	3.267	21.582

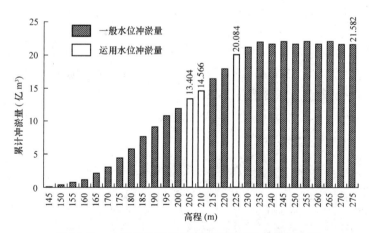

图 10-11　小浪底库区不同高程下的累计冲淤量分布

10.2.2　库区淤积形态及过程

10.2.2.1　干流淤积形态及过程

至 2006 年 10 月，干流基本呈三角洲淤积形态。总体上，三角洲洲体随库区淤积量的逐年增加而向坝前推进。历年干流淤积形态见图 10-12。

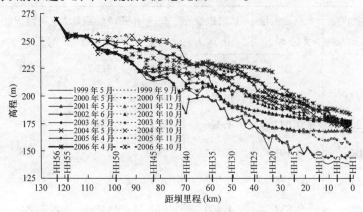

图 10-12　历年干流纵剖面套绘图

　　从库区沿程地形变化过程来看,距坝 60 km 以下库段处于水库回水区,河床基本为持续淤积抬高;距坝 60～110 km 的回水变动区冲淤变化随库水位的升降而发生大幅度的调整。一般情况下,随着后汛期水位逐步抬升,泥沙淤积在三角洲的顶坡段。汛前或汛期水位降低或保持较低水位运用,水库尾部段的泥沙冲刷下移,三角洲向坝前推进。

　　2003 年 5～10 月,库水位上升 35.06 m,入库沙量 7.56 亿 t,三角洲洲面发生大幅度淤积抬高,10 月与 5 月中旬相比,原三角洲洲面 HH41 断面处淤积抬高幅度最大,深泓点抬高 41.51 m,河底平均高程抬高 17.7 m,三角洲顶点高程升高 36.64 m,顶点位置上移 25.8 km。第二年(2004 年汛前)进行的黄河第三次调水调沙试验期间,随着库水位大幅度下降,三角洲顶坡段发生了明显冲刷。与调水调沙试验之前的 5 月纵剖面相比,三角洲的顶点从 HH41 断面(距坝 72.6 km)下移到 HH29 断面(距坝 48 km),下移距离 24.06 km,高程下降 23 余 m。在距坝 94 km 以上库段,河底高程恢复到了 1999 年水平。2004 年 8～10 月期间,特别是 8 月下旬洪水,三角洲顶坡段再次发生冲刷,三角洲顶点下移至 HH27 断面附近(距坝 44.53 km),顶点高程为 217.71 m,在距坝 88.54(HH47 断面)～110 km 的库段内,河底高程恢复到了 1999 年水平,见图 10-13。

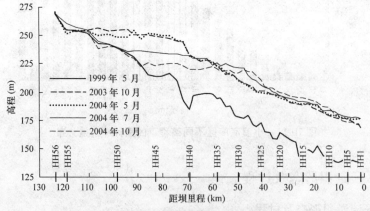

图 10-13　干流纵剖面套绘图(深泓点)

2005年汛期距坝50 km以上库段进一步淤积抬高,淤积面高程介于2004年汛前和汛后之间;经过2006年调水调沙期间异重流的塑造及小洪水的调度排沙,三角洲尾部段发生冲刷,至2006年10月,距坝94 km以上的库段仍保持1999年的水平,三角洲顶点向前推移至距坝33.48 km处,顶点高程为221.87 m。

10.2.2.2 支流淤积形态及过程

小浪底库区支流仅有少量的推移质入库,可忽略不计,所以支流的淤积主要为干流来沙倒灌所致。若支流均位于干流异重流潜入点下游,干流异重流沿河底倒灌支流,并沿程落淤,支流沟口淤积面与干流同步抬升(见图10-14)。随着淤积的发展,支流的纵剖面形态不断发生变化,总的趋势是由正坡至水平而后出现倒坡,见图10-15、图10-16。

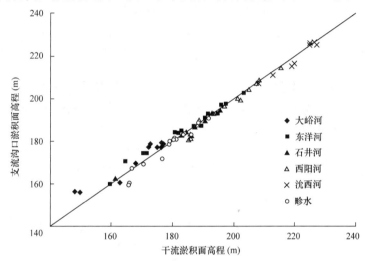

图10-14 支流沟口与干流淤积面高程相关关系

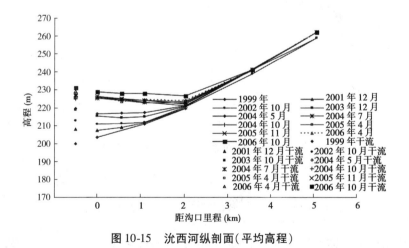

图10-15 沇西河纵剖面(平均高程)

总体来看,目前各支流均未形成明显的拦门沙坎。随着库区淤积量的不断增加及运用方式的调整,拦门沙坎将逐渐显现。

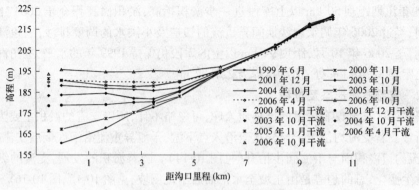

图 10-16　畛水纵剖面(平均高程)

10.2.3　库容变化

水库淤积的发展,水库的库容也随之变化,见图 10-17。从图中可以看出,由于库区的冲淤变化主要发生在干流,小浪底水库总库容的变化量与干流库容变化量接近,支流冲淤变化较小。1999 年 10 月至 2006 年 10 月,小浪底全库区断面法淤积量为 21.583 亿 m^3。其中,干流淤积量为 18.316 亿 m^3,支流淤积量为 3.267 亿 m^3,分别占总淤积量的84.86% 和 15.14%。水库 275 m 高程下干流库容为 56.47 亿 m^3,支流库容为 49.41 亿 m^3,全库总库容为 105.88 亿 m^3。

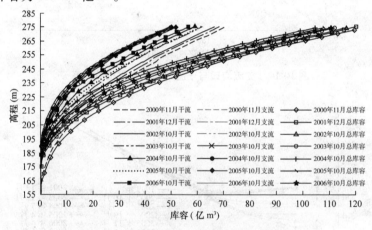

图 10-17　小浪底水库不同时期库容曲线

10.3　预测成果合理性

小浪底水库施工期进行了库区实体模型试验及数学模型计算,并进行了水库拦沙初期 1~5 年的优化运用方式试验研究,为制定水库运用方式提供了重要的科学依据。水库投入运用以来的实际观测资料,为检验模型试验结果的可信度提供了可能。从二者的对比可以看出,尽管模型预报试验所采用的水沙条件及水库运用水位与小浪底水库运用以来的实际情况不完全相同,但二者在输沙流态、淤积形态及变化趋势等方面基本相同,表明模型试验结果是可信的。

10.3.1 水库排沙特性

小浪底水库拦沙初期处于蓄水状态,且保持较大的蓄水体,当高含沙水流进入库区,唯有形成异重流方能排沙出库。水库运用以来在回水区基本为异重流输沙流态,这与小浪底水库模型试验的结论是一致的。图 10-18 为小浪底水库 2003 年 8 月洪水期间观测的流速与含沙量垂线分布及其沿程变化过程,呈现典型的异重流输沙流态。

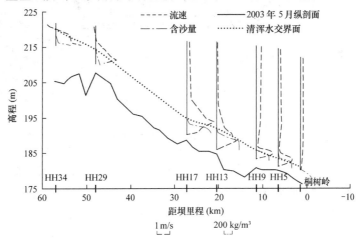

图 10-18 异重流流速及含沙量分布沿程变化

10.3.2 水库淤积形态

将小浪底水库运用以来历年汛后库区干流淤积形态套绘(见图 10-19)。从图 10-19 中可以看出,库区呈三角洲淤积形态,且三角洲洲面逐步抬升,顶点逐步下移而向坝前

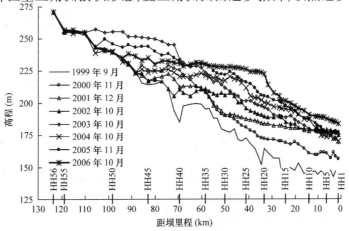

图 10-19 历年汛后干流淤积形态

推进。

图 10-20 为距坝 11.42 km 处的 HH9 断面淤积过程。从图中可以看出,HH9 断面一直处于异重流淤积段,淤积面基本为平行抬升过程。

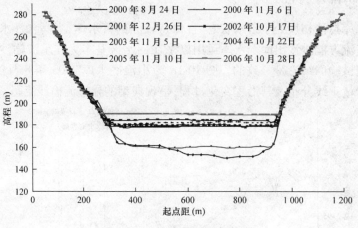

图 10-20　HH9 断面淤积过程

图 10-21 为距坝 39.40 km 处的支流西阳河淤积过程,可以看出支流纵剖面基本接近水平,特别是水库运用早期更是如此。

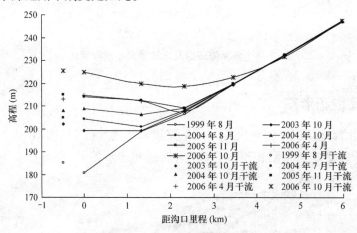

图 10-21　支流纵剖面变化过程

10.4　小　结

(1)2000～2006 年,小浪底水库入库水沙系列属于枯水少沙系列,年均入库水量、沙量分别为 183.71 亿 m³、3.916 亿 t;年均出库水量、沙量分别为 197.82 亿 m³、0.643 亿 t。

(2)小浪底水库运用以来,干流呈三角洲形态淤积,三角洲顶点位置随着库水位的运用状况逐步向下游推进。截至 2006 年汛后,三角洲顶点位于距坝 33.48 km 的 HH20 断面,顶点高程约为 221.87 m。

（3）截至 2006 年 10 月，水库 275 m 高程干流库容 56.47 亿 m^3，支流库容 49.41 亿 m^3，全库总库容 105.88 亿 m^3；全库区淤积量为 21.583 亿 m^3，库区淤积总量接近拦沙初期与拦沙后期的界定值。因此，小浪底水库自投入运用至 2006 年 10 月，均处于拦沙初期运用阶段。

（4）自截流至 2006 年 10 月，支流断面法计算淤积量为 3.267 亿 m^3。随着淤积的发展，支流的纵剖面形态不断发生变化，总的趋势是由正坡至水平而后出现倒坡。从支流纵剖面形态来看，各支流均尚未形成明显的拦门沙坎。随着库区淤积量的不断增加及运用方式的调整，拦门沙坎将逐渐显现。支流拦门沙坎的形成有阻挡干流浑水倒灌支流的作用，导致支流内部分库容成为"死库容"。支流拦门沙坎的形成及发展非常复杂，建议今后加强对支流纵剖面、异重流倒灌资料和水库冲刷资料的观测，对支流拦门沙坎的形成及发展演变机制进行专题研究。

（5）小浪底水库拦沙初期水库排沙比与设计基本一致；与设计淤积形态相比，总体来看，淤积部位偏上游，但未侵占长期有效库容。至 2006 年 10 月，虽然淤积量达到界定值，但淤积形态仍未达到设计值。

（6）原型资料表明，小浪底水库投入运用以来，历年均发生异重流排沙，库区呈三角洲淤积形态，支流为异重流倒灌淤积。其表现与模型试验预报结果颇为一致。

第11章　小浪底水库水沙调度数学模型

本章涵盖了水沙调度数学模型的建立、黄河小浪底水库实测资料对模型的率定验证等内容,并利用率定验证后的水沙调度数学模型进行了小浪底水库调度指标研究。

11.1　模型框架

11.1.1　基本控制方程

水流连续方程

$$\frac{\mathrm{d}Q}{\mathrm{d}x} = q_L \tag{11-1}$$

水流运动方程

$$\frac{\mathrm{d}}{\mathrm{d}x}\left(\alpha_f \frac{Q^2}{A}\right) + gA\frac{\mathrm{d}Z}{\mathrm{d}x} + gA(J_f + J_l) = 0 \tag{11-2}$$

悬移质不平衡输移方程

$$\frac{\mathrm{d}(QS_k)}{\mathrm{d}x} + \alpha_k K_{sk}\omega_{sk}B(f_{sk}S_k - S_{*k}) = q_{SL(k)} \tag{11-3}$$

河床变形方程

$$\rho_{床}\frac{\partial Z_b}{\partial t} = \sum_{k=1}^{N}\alpha_k K_{sk}\omega_{sk}(f_{sk}S_k - S_{*k}) \tag{11-4}$$

式(11-1)~式(11-4)可分别离散为如下形式:

水流连续方程离散

$$Q_{i+1} = Q_i + \Delta x_i q_{L(i)} \tag{11-5}$$

水流运动方程离散

$$\frac{\left[\alpha_f \frac{Q^2}{A}\right]_{i+1} - \left[a_f \frac{Q^2}{A}\right]_i}{\Delta x_i} + g\overline{A}\frac{Z_{i+1} - Z_i}{\Delta x_i} + g\overline{A}(\overline{J}_f + J_l) = 0 \tag{11-6}$$

$$Z_i = Z_{i+1} + \frac{\left[a_f \frac{Q^2}{A}\right]_{i+1} - \left[a_f \frac{Q^2}{A}\right]_i}{g\overline{A}} + \Delta x_i(\overline{J}_f + J_l) \tag{11-7}$$

悬移质不平衡输移方程离散[18]

$$S_{(i+1,k)} = \frac{Q_i S_{(i,k)} - \Delta x_i(1-\theta)\alpha_{(i,k)}\omega_{s(i,k)}B_i[f_{s(i,k)}S_{(i,k)} - S_{*(i,k)}]}{\Delta x_i\theta\alpha_{(i+1,k)}\omega_{s(i+1,k)}B_{i+1}f_{s(i+1,k)}S_{(i+1,k)} + Q_{i+1}} + $$
$$\frac{\Delta\theta x_i\alpha_{(i+1,k)}\omega_{s(i+1,k)}B_{i+1}S_{*(i+1,k)} + \Delta x_i q_{SL(i,k)}}{\Delta x_i\theta\alpha_{(i+1,k)}\omega_{s(i+1,k)}B_{i+1}f_{s(i+1,k)}S_{(i+1,k)} + Q_{i+1}} \tag{11-8}$$

河床变形方程离散

$$\Delta Z_{b(i,k)} = \frac{\Delta t}{\rho_{\text{床}}} \alpha_{(i,k)} \omega_{s(i,k)} \left[f_{(s(i,k))} S_{(i,k)} - S_{*(i,k)} \right] \tag{11-9}$$

$$\Delta Z_{b(i)} = \sum_{k=1}^{N} \Delta Z_{b(i,k)} \tag{11-10}$$

式中:Q 为断面流量,m^3/s;q_L 为单位流程的侧向出入流量,以入流为正,$\text{m}^3/(\text{s}\cdot\text{m})$;$Z$、$A$、$B$ 分别为断面平均水位,m,过水面积,m^2,水面宽度,m;J_l 为断面扩张与收缩引起的局部阻力,其值等于 $|(u_{\text{下}}^2 - u_{\text{上}}^2)| \cdot \xi/(2g\Delta x)$,$\xi$ 为一系数,$u_{\text{上}}$、$u_{\text{下}}$ 分别为上、下断面的平均流速,m/s,下游断面收缩时取 $0.1 \sim 0.3$,扩张时取 $0.5 \sim 1.0$;J_f 为断面能坡;α_f 为动量修正系数;$q_{SL(k)}$ 为单位流程的第 k 粒径组悬移质泥沙的侧向输沙率,以输入为正,$\text{kg}/(\text{m}\cdot\text{s})$;$S_k$、$S_{*k}$ 为第 i 大断面第 k 粒径组悬移质泥沙的含沙量,kg/m^3,水流挟沙力,kg/m^3;ω_{sk} 为第 i 大断面第 k 粒径组泥沙的浑水沉速,m/s;α_k、K_{sk}、f_{sk} 分别为第 i 大断面第 k 粒径组泥沙的恢复饱和系数、附加系数、泥沙非饱和系数,可用张红武等[13](1994)提出的计算方法确定;$\rho_{\text{床}}$ 为床沙干密度,kg/m^3,g 为重力加速度,取 $9.81 \text{ m}/\text{s}^2$;$x$、$t$ 为距离、时间[19];Q_i 为第 i 断面的流量;Δx_i 为第 $i \sim i+1$ 断面的距离;$q_{L(i)}$ 为第 $i \sim i+1$ 断面的单位河长的侧向流量,以入流为正,出流为负;$\overline{A} = A_i(1-\theta) + A_{i+1}\theta$;$\overline{J}_f = J_{f(i)}(1-\theta) + J_{f(i+1)}\theta$;$J_{f(i)} = Q_i^2/K_i^2$,$J_{f(i+1)} = Q_{i+1}^2/K_{i+1}^2$,为了简化计算,假设各子断面能坡相同,均为 $J_{f(i)}$,则有 $K_i = \sum\limits_{j=1}^{j_{\max}} K_{i,j}$,$K_{i,j} = h_{i,j}^{2/3} A_{i,j}/n_{i,j}$;$\alpha_{f(i)} = \left[\sum\limits_{j=1}^{j_{\max}} (K_{i,j}^3/A_{i,j}^2) \right]/(K_i^3/A_i^2)$;$\theta$ 为数值离散权重因子,$0 < \theta < 1$;$\Delta Z_{b(i,k)}$ 为第 i 断面第 k 粒径组泥沙的冲淤厚度;$\Delta Z_{b(i)}$ 为第 i 断面总的冲淤厚度。

11.1.2　异重流计算模块

在本模型中,采用第 1 章建立的异重流潜入点判别公式,同时采用下面的方法模拟异重流的运动过程[14]。

当异重流在底坡较陡的库底运行时,其潜入条件可用下式判别[14]

$$h > \max[h_p, h_e] \tag{11-11}$$

式中:h_p 为确定异重流发生时潜入点处的水深;h_e 为异重流均匀运动时的水深。

h_p 可按第 1 章建立的潜入点条件判别新公式(1-31)计算。异重流潜入后,经过一段距离将成为均匀流。当河底宽度 B_e 远大于水深 h 时,即 $B_e \gg h$,可近似认为异重流的水力半径 $R_e \approx h/2$;利用均匀流的异重流流速 $u_e = \sqrt{8/f_e}\sqrt{\eta_g g R_e J_0}$ 及水流连续条件 $Q_e = B_e h u_e$,可推导出均匀异重流的水深应为

$$h_e = \left(\frac{f_e}{4J_0} \frac{Q_e^2}{\eta_g g B_e^2} \right)^{1/3} \tag{11-12}$$

在第 1 章中,当含沙量 S 小于 $400 \text{ kg}/\text{m}^3$ 时,已得到 η_g 与 S 之间存在如下关系 $\eta_g = 0.000\,7S^{0.954\,5}$,代入式(11-12)进一步可得

$$h_e = 3.32 \left(\frac{Q_e^2 f_e}{J_0 S_e^{0.954\,5} B_e^2} \right)^{1/3} \tag{11-13}$$

式中：$\eta_g = (\gamma_e - \gamma_c)/\gamma_e$ 为重力修正系数；S_e 为异重流的含沙量；f_e 为异重流综合阻力系数，一般取 $0.025 \sim 0.030$；Q_e 为异重流的流量，一般情况下等于上游明流流量；B_e 为异重流的宽度，对于峡谷型、河道型的水库，B_e 可取为河底宽度；J_0 为库底底坡。

在计算异重流水力参数时，可先根据式(11-13)确定均匀异重流水深 h_e，并确定异重流的水面高程。然后根据高程与面积及河宽曲线可以得出异重流的过水面积及河宽。

对于异重流挟沙力计算，在本模型中，采用第 1 篇第 4 章提出的式(4-42)计算异重流挟沙力。

11.1.3 干支流倒回灌计算模块

在一维恒定流模型中，目前常采用三种方法计算的干支流倒回灌过程：一是韩其为、金德春等提出的支流异重流倒灌计算方法；二是第 9 章提出的按分流比计算支流的倒灌流量；三是将支流看作零维水库，结合各支流的库容曲线与干流水位，按水量平衡原理计算干支流倒回灌的流量。

韩其为[20]、金德春[21]等以往基于低含沙水流或水槽试验为基础得出的异重流倒灌流量计算方法及其相关参数，不一定适用于多沙河流水库干支流倒回灌过程的计算。这些计算方法需要采用理论分析与概化水槽试验相结合的方法进一步完善，同时采用系统的原型观测资料来验证。第 9 章提出的按分流比计算支流的倒灌流量，该计算方法中考虑干支流的夹角及干流主流方位而引入的修正系数也需要大量实测资料的率定，并且这两种方法一般只能考虑干流倒灌入支流的水沙过程，不考虑支流回灌到干流的水沙过程。

本模型采用第三种方法计算小浪底水库干支流之间的倒回灌流量过程。

当干流水位处于起涨阶段时，干流洪水将会向支流倒灌，因此支流在 $\Delta t = (t_2 - t_1)$ 时段内库容增加，水位上涨；当干流洪水落水阶段时，引起支流回灌干流，因此支流库容减少，水位下降。所以，支流的倒回灌可以设想为一个一定库容的水库蓄泄问题，并由此建立支流水库的蓄泄关系。

对于非恒定流问题，可以依据干支流交汇处水流的连续性建立干支流联解条件，联解支流水库的蓄泄关系和干流非恒定流方程组，运用迭代法即可同时求解支流倒回灌问题和干流洪水波向下游演进问题[22,23]。

对于恒定流问题，上述计算过程相对简单。设支流在干流断面 i 处与其交汇，如图 11-1 所示，将支流视作一水库，支流的汇入视作干流的集中旁侧入流，其流量称为干支流交换流量，记为 $Q_{ij}(t)$，并约定干流倒灌入支流时为正，反之为负；$Q_t(t)$ 为支流上游原有的来流量。此两流量的汇入将使支流的库容和水位发生变化，依据水量平衡，可得如下支流水库的蓄泄关系：

$$\Delta V_t = \int_{t_1}^{t_2} Q_{ij}(t)\,\mathrm{d}t = \int_{z_1}^{z_2} F(z)\,\mathrm{d}z \tag{11-14}$$

式中：ΔV_t 为 Δt 时段内支流库容的变化；z_1 和 z_2 分别对应于 t_1 和 t_2 时刻干支流交汇处的水位；$F(z)$ 为对应于水位 z 时的支流库水面面积。

交换流量 $Q_{ij}(t)$ 的存在又要影响干流向下游的演进流量。在实际计算中，一般可以认为干支流交汇处干流断面水位 z_{mi} 等于支流断面水位 z_{tj}。由于将整个支流看作零维水

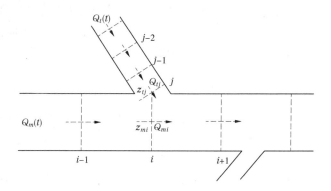

图 11-1 干支流交汇示意图

库,因此可认为整个库区的水位等于 z_{mi}。

故式(11-14)可写为

$$\int_{t_1}^{t_2} Q_{tj}(t)\, \mathrm{d}t = \int_{z_1}^{z_2} F(z_{mi})\, \mathrm{d}z \tag{11-15}$$

该方法考虑了支流的倒回灌过程,适用于干流水位变化较为明显,支流河段不太长,类似于湖泊型水库的倒回灌计算。

由于小浪底水库是按照满足黄河下游防洪、减淤、防凌、防断流以及供水等为主要目标进行水库调度,坝前水位的变化过程一般可分为非汛期、汛前调水调沙期、主汛期及汛末蓄水期 4 个阶段分别描述计算:

(1)在非汛期(上一年 11 月至本年 6 月初),坝前运用水位一般较高,且变化幅度小。此阶段由于三门峡水库下泄流量较小,且含沙量很小或接近清水,因此干支流倒回灌过程概率较小。

(2)到汛前 6 月开始调水调沙运用,坝前水位急剧下降,一般到调水调沙结束时,坝前水位下降到汛期控制水位。该阶段一般可产生异重流倒灌,且存在支流向干流回灌的现象。

(3)7 月至 9 月初(或 8 月末)的主汛期,较大流量时一般敞泄运用,坝前水位一般在汛期控制水位上下波动,且变化幅度较小。该阶段因三门峡水库畅泄运用,下泄流量及含沙量一般较大。因此,干流一般可通过浑水明流或异重流倒灌入支流。浑水明流倒灌入支流一般发生在潜入点以上河段,而潜入点以下河段一般产生异重流倒灌入支流河段。

(4)9 月初到 10 月末,小浪底水库开始蓄水,坝前水位一般由汛期控制水位逐步抬高到非汛期的正常运用水位。该阶段通常会产生干流倒灌入支流的过程。

根据小浪底水库坝前水位的变化规律及上面对不同时段干支流倒回灌过程的初步估算,在此提出干支流倒回灌水沙过程计算的新方法,按不同时段简述如下:

(1)在非汛期高水位运用阶段,因含沙量较低,可以不考虑异重流的产生。若某一时段内库区水位变化较大,可以根据水量平衡原理,按零维水库方法计算干支流的倒回灌流量。干流倒灌入支流的含沙量可近似取干流的含沙量;而支流回灌入干流的含沙量,可近似按清水处理。

(2)在汛前调水调沙阶段,因坝前水位急剧降低,一般会产生支流向干流回灌的过程。可以近似认为支流内的水位下降过程与坝前水位同步,因此支流回灌到干流的流量,可根据支流的库容曲线,按水量平衡原理计算得到。暂时仅考虑清水回流。但在人工塑造异重流期间,三门峡水库下泄流量或含沙量较大,均会产生异重流倒回灌。此时可按韩其为[20]及金德春[21]的方法计算倒灌异重流的流量及含沙量,但相关参数必须采用实测资料进一步率定。目前,本模型中仍采用简化处理的方法,即干流倒灌入支流的含沙量与支流口门及汇合区的干流河底高程有关,一般可近似取干流含沙量;支流回灌到干流的含沙量,可近似按清水处理。

(3)在主汛期,坝前水位变化幅度不大,但三门峡水库下泄流量及含沙量均较大,库区干支流内均会产生异重流倒回灌。仍然采用简化处理方法,即干流倒灌入支流的含沙量与支流口门及汇合区的干流河底高程有关,一般可近似取干流含沙量;支流回灌到干流的含沙量,可近似按清水处理。

(4)在汛末蓄水阶段,三门峡水库下泄的流量及含沙量减小,但坝前水位逐步抬高,一般会产生干流倒灌入支流的过程。此时也可近似认为支流内的水位上涨过程与坝前水位同步。因此,干流倒灌入支流的流量可根据支流的库容曲线,按水量平衡原理计算得到。倒灌入支流的含沙量可近似取附近干流河段的平均含沙量。

11.2　模型中关键问题处理

11.2.1　糙率

小浪底水库水沙调度数学模型采用两种方法确定床面糙率:对于明流段,床面糙率按不同流量级下的糙率曲线给定,并随床面冲淤而适当调整;对于异重流段,因其上边界是可动的清水层,清水层对其下面的异重流运动有阻力作用。因此,异重流运动过程中的阻力由床面阻力与交界面阻力共同组成,异重流的运动方程中的阻力通常用包括床面阻力系数及交界面阻力系数在内的综合阻力系数表示。通常可用恒定异重流的动量方程,即式(1-27)估算其综合阻力系数。范家骅等[24]的水槽试验值为 $f_m = 0.025$,官厅水库 $f_m = 0.020 \sim 0.025$,而小浪底水库 HH29 断面至 HH25 断面平均值为 0.022[25]。这说明,小浪底水库异重流的平均综合阻力系数,与水槽试验和官厅水库实测值相近。尽管受测验精度和近似取值的影响,不同测次和河段有所差异,故本模型对异重流运动的综合阻力系数采用其平均值,即 $f_e = 0.025$。

11.2.2　悬移质水流挟沙力

悬移质水流挟沙力公式及其参数选取的合理与否直接影响到河床冲淤变形计算的精度高低,本模型仍然采用式(9-17)。应当指出,式(9-17)是针对明流挟沙力计算的。对于粗沙、少沙河流,通过区分床沙质与冲泻质,能解决实际问题。对于像黄河那样的多沙河流,特别是宽浅河段,滩面水流流速很小,河槽中的冲泻质在滩面上具有造床作用。滩地淤积后,滩槽关系发生变化,进而影响整个断面的造床过程[7]。因此,本模型在计算河床冲淤时,不再人为地区分床沙质与冲泻质。

11.2.3　分组悬移质挟沙力级配

目前对均匀沙的挟沙力研究比较成熟,而天然河流中挟带的泥沙往往为非均匀沙,因而人们常用均匀沙的方法来处理非均匀沙问题。当前对非均匀沙的挟沙力研究不够深入,影响非均匀沙挟沙力的因素一般为水流条件、床沙条件和来沙条件。前两者对挟沙力的影响机制已经比较明确,而来沙条件是如何影响水流挟沙力的问题尚不清楚。

本模型采用水流条件和床沙级配推求分组挟沙力[26]。这种做法是在输沙平衡时,第 k 粒径组泥沙在单位时间内沉降在床面上的总沙量等于冲起的总沙量,然后根据垂线平均含沙量和河底含沙量之间的关系,确定悬移质挟沙力级配 ΔP_{*k} 和床沙级配 ΔP_{bk} 的关系:

$$\Delta P_{*k} = \Delta P_{bk} \frac{B_k}{\sum_{k=1}^{N} \Delta P_{bk} B_k} \tag{11-16}$$

式中: $B_k = \frac{1-A_k}{\omega_{sk}}(1-e^{-\frac{6\omega_{sk}}{\kappa u_*}})$; $A_k = \omega_{sk}/[(\delta_v/\sqrt{2\pi})\exp(-0.5\omega_{sk}^2/\delta_v^2) + \omega_{sk}\Phi(\omega_{sk}/\delta_v)]$; δ_v 为垂向紊动强度,通常取 $\delta_v = u_*$; $\Phi(\omega_{sk}/\delta_v)$ 为正态分布函数。

因此,该方法的特点是同时考虑了水流条件和床沙组成对挟沙力的影响,虽形式复杂,但无须试算,因而使用比较方便。该式表明,水流挟沙力级配除与床沙级配有关外,还与断面水力因素有关。为了进一步考虑来沙级配对挟沙力级配的影响,本模型将式(11-16)可进一步改写为

$$\Delta P'_{*k} = \varepsilon \Delta P_{sk} + (1-\varepsilon)\Delta P_{*k} \tag{11-17}$$

式中: $\Delta P'_{*k}$ 为考虑来沙级配后的挟沙力级配; ΔP_{sk} 为上游断面的悬移质泥沙级配; ε 为参数,在 0~1 变化,在实际计算中,取 $\varepsilon = 0.5$。

11.2.4　冲淤面积横向分配模式

一维模型仅能计算出各大断面的冲淤面积,不能给出冲淤面积沿河宽的分布。因此,必须采用合理的冲淤分配模式。在模型中,可根据河床冲淤特点,采取不同的冲淤面积的横向分配模式。

为了简化计算,在本模型中按等厚冲淤模式分配,即当淤积时,淤积物等厚沿湿周分布;当冲刷时,分两种情况修正:当水面河宽小于稳定河宽时,断面按沿湿周等深冲刷进行修正;当水面宽度大于稳定河宽时,只对稳定河宽以下的河床进行等深冲刷修正,稳定河宽以上河床按不冲处理。

11.2.5　跌水内边界计算

库区原始河床为砂卵石和岩石覆盖河床,平均比降约11‰,局部比降超过54‰,沿程有许多险滩,河床纵剖面起伏不平,局部形成跌水。图 11-2 给出了库区 2001 年与 2009

年汛前深泓线的纵剖面图。由图可知,在水库运用初期,当坝前运用水位较低时,库区上段出现局部跌水的区域较多。例如,在 2001 年汛前实测地形中,在距坝 52~62 km 的河段,相邻两断面间的最低床面高程相差 4~8 m;库尾的最后两个断面最低床面高程差达到 16 m。即使到了 2009 年汛前,水库泥沙淤积较多后,在水库上段以及三角洲淤积前坡段,也有可能因为坝前水位急剧降低而出现局部跌水区域。因此,必须采用相应的方法解决计算过程中出现的局部跌水等急流内部边界问题。

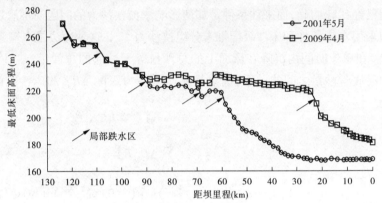

图 11-2　小浪底库区不同时刻的深泓线纵剖面

对计算过程中出现的跌水等内边界问题的处理,涉及两方面内容:一是如何判断发生跌水的断面,二是如何计算发生跌水断面的水位。图 11-3 给出了局部河段跌水计算的示意图。在计算中首先比较计算的下游断面(b—b)水位高程与相邻上游断面(a—a)的最低河底高程,若两者之差超过某一设定值,则认为该上游断面与下游断面之间发生跌水现象。由于两断面间距相对较大,可以认为下游断面(b—b)的水位可直接由出口断面水位推算。对于发生跌水的上游断面,其水位可用已知流量与堰流公式估算,即

$$Q = C_d B \sqrt{2g} h_0^{3/2} \tag{11-18}$$

式中:C_d 为流量系数;B 为水面宽度;h_0 为行进水头,可近似取该断面平均水深。

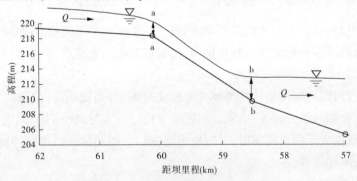

图 11-3　局部河段跌水计算示意图

对于流量系数,最好采用已有的实测资料进行率定。在本书初步研究中,对上游断面(a—a)的水位,暂时按临界水深控制。

11.3 模型率定

在模型率定中,本次研究仅采用小浪底库区 2001 年 7 月至 2002 年 10 月的实测资料,对上述模型进行了初步率定,重点率定模型中一些关键参数,例如恢复饱和系数、挟沙力计算参数等。

11.3.1 率定条件

以 2001 年汛前 5 月的干支流实测地形为初始地形,并且考虑库区下段 275 m 高程下库容大于 1 亿 m³ 的 11 条支流河段及板涧河。图 11-4 给出了 2001 年汛前库区干流主槽的平均高程与宽度的沿程变化。由图可知,近坝段主槽宽度较大,平均宽度在 1 000 m 以上;距坝 26～30 km 八里胡同库段平均主槽宽度仅为 400 m;库尾峡谷段平均主槽宽度仅为 200～300 m。即使按主槽平均高程统计,库区上段的床面起伏还是相当大的。例如,HH56 断面与 HH55 断面,HH53 断面与 HH52 断面,HH36 断面与 HH35 断面间的平均主槽高程差达 9～16 m。

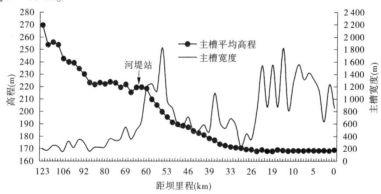

图 11-4 主槽平均高程与宽度的沿程变化(2001 汛前)

11.3.2 率定计算结果

11.3.2.1 库区典型水面线

小浪底水库因复杂的库区边界及地形条件,加上水库汛期的防洪调度运用,使得库区干流水面线沿程变化较为复杂。在汛期,因防洪要求,坝前水位下降很低,当三门峡水库下泄流量较小时,往往在局部河段形成水跌现象,例如图 11-5 给出了 2001 年 7 月 1 日库区干流的水面线(进口流量 129 m³/s,出口流量 508 m³/s,坝前水位 202.87 m)。例如,在 HH33 断面至 HH37 断面不到 8 km 的河段,计算水位需要从 203.9 m 涨到 223.2 m。而在库尾最后两个断面,计算的水位由 260.5 m 增加到 272.3 m。这与 HH56 断面实测水位 (273.2 m)较为接近。因此,由计算结果可知,汛期在库区多个河段出现跌水现象。这些局部的水流条件如果不在一维模型中考虑,很难计算出正确的水流条件。在非汛期,为了满足发电需求,坝前水位往往较高,因此这些汛期出现的局部河段跌水现象很少在非汛期发生。图 11-6 给出了 2002 年 6 月 30 日库区干流的水面线(入库流量 1 060 m³/s,出库流量 694 m³/s,坝前水位 234.84 m)。该图表明非汛期高水位运用后,库区干流水面线较为平缓。

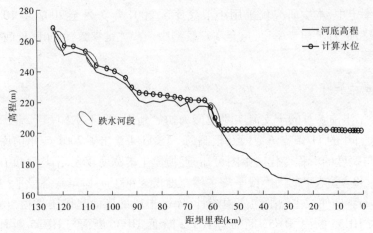

图 11-5 汛期坝前低水位下的库区水面线

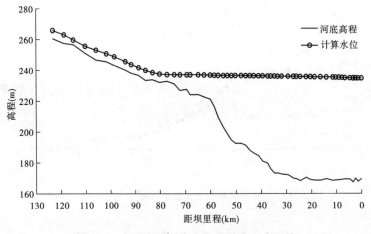

图 11-6 非汛期坝前高水位下的库区水面线

11.3.2.2 支流倒回灌过程

小浪底库区支流众多,由于水库在不同时期的调度运用不同,因此库区支流往往产生不同的倒回灌过程。一般而言,在汛前水位下降时,支流会回灌到干流;当汛末水位上升时,干流会倒灌入支流。各支流倒回灌的流量取决于支流库容的大小,以及支流河口断面的河底高程及附近的干流水位。图 11-7 给出了坝前水位下降时各支流回灌到干流总流量的变化过程。当坝前水位由 230.4 m 下降到 215.7 m 时,各支流回灌的总流量在 30 ~ 750 m³/s 变化。图 11-8 给出了坝前水位上涨时干流倒灌入各支流总流量的变化过程。当坝前水位由 233.6 m 上涨到 235.8 m 时,倒灌入各支流的总流量在 20 ~ 200 m³/s 变化。计算结果还表明,由于支流畛水河的库容在这些支流中最大,因此其倒回灌流量占各支流倒回灌总流量的比例可达 50%。

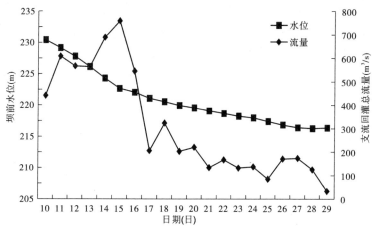

图 11-7　坝前水位下降时的支流回灌过程(2001 年 7 月)

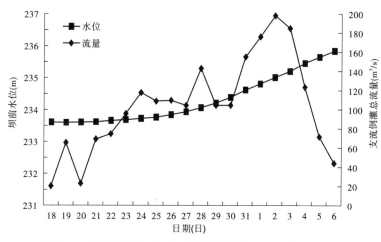

图 11-8　坝前水位升高时的支流倒灌过程(2002 年 1～2 月)

不仅如此,这些支流倒回灌的总流量的大小有时往往可占小浪底出库流量的一半以上,见图 11-9、图 11-10。2001 年 7 月中旬,在坝前水位逐渐下降过程中,小浪底站平均出库流量为 1 359 m³/s,而支流回灌的总流量平均达到 314 m³/s,如图 11-9 所示;而在 2002 年 1 月下旬至 2 月初,在坝前水位逐渐上涨过程中,小浪底站平均出库流量为 208 m³/s,而干流向支流倒灌的总流量平均达到 105 m³/s,如图 11-10 所示。因此,必须较为准确地模拟干支流的倒回灌过程,才有可能较好地模拟库区干流的水沙输移及河床冲淤过程。

11.3.2.3　异重流运动过程

小浪底水库水位由 2001 年 8 月 20 日 14 时的 203 m,逐步升高至 9 月 8 日 8 时的 217.97 m。8 月 20 日回水末端距坝 50 余 km（HH31 附近断面）、流量为 734 m³/s、含沙量为 98.8 kg/m³ 的水流运行至 HH31 断面附近,随即潜入形成异重流。8 月 21 日,日平均流量上涨至 2 010 m³/s,含沙量达 321 kg/m³,异重流潜入点明显下移近 1 000 m。之后随库水位的不断抬升,异重流潜入点的位置逐渐上移,至 9 月 4 日,库水位达 215.49 m,异重流潜入点上移至距坝 60 余 km 处（HH36 断面）。

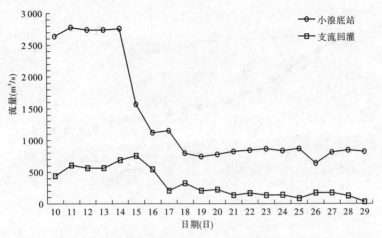

图 11-9 坝前水位下降时支流回灌流量与出库流量过程（2001 年 7 月）

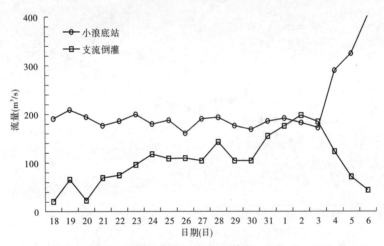

图 11-10 坝前水位升高时支流倒灌流量与出库流量（2002 年 1~2 月）

本模型计算的异重流过程与上述描述基本符合，表 11-1 给出了 2001 年发生异重流典型时段小浪底站与河堤站水沙资料计算与实测的比较。例如，计算的 8 月 20 日异重流潜入点位置在 HH33 断面附近；在 8 月 22 日，计算的河堤站流量与含沙量分别为 1 415 m³/s 与 485 kg/m³，这与该站的实测值非常接近。

表 11-1 2001 年发生异重流典型时段小浪底站、河堤站水沙资料计算与实测比较（2001 年）

日期 （月-日）	$Q_{入库}$ （m³/s）	$S_{入库}$ （kg/m³）	$Q_{出库}$ （m³/s）	$S_{出库}$ （kg/m³）	$Q_{河堤}$ （m³/s）	$S_{河堤}$ （kg/m³）	类别
08-22	2 100	449	115	133	1 020	428	实测
	2 100	449	115	181	1 415	485	计算
08-31	808	22.8	217	37	652	18.8	实测
	808	22.8	217	3	637	19.2	计算

11.3.2.4 库区干支流淤积过程

表 11-2 给出了库区不同时段的累计淤积过程。库区 2001 年汛期来沙约 2.9 亿 t，2002 年汛期来沙约 3.5 亿 t，这两年汛期水量均为 50 亿 m³ 左右。大部分泥沙淤积在库区，仅有部分泥沙下泄到下游河道中。计算结果表明，该时段内库区干流共淤积泥沙约 4.42 亿 m³，12 条支流共淤积 0.34 亿 m³。而实测资料统计结果（断面法）表明：该时段内库区干流共淤积 4.47 亿 m³，各支流共淤积 0.65 亿 m³。因此，模型淤积量的计算结果与实测值较为符合。

表 11-2 库区不同时刻累积淤积量 （单位：亿 m³）

日期（年-月）	库区干流	干流上段	干流下段	12 条支流
2001-06	0	0	0	0
2001-10	1.39	0.19	1.21	0.18
2002-10	4.42	1.66	2.27	0.34

11.3.3 率定结论

采用库区 2001～2002 年的实测水沙及地形资料，对建立的模型进行了初步的率定。计算的不同时段（汛期与非汛期）库区干流典型水面线、支流倒回灌过程等符合库区的水沙运动规律；计算的异重流过程以及库区冲淤过程与实测结果较为符合。因此可以认为，本模型中挟沙力计算、糙率计算中所用到的参数取值是合理的，异重流模拟、干支流倒回灌等计算方法适用于多沙河流水库。

鉴于小浪底库区复杂的边界及地形条件，下节将采用其他水沙系列对该模型进行详细的验证。

11.4 模型验证

在模型验证中采用小浪底库区 2009 年 4～10 月及 2010 年 4～10 月的实测资料，对率定后的模型进行了验证。

11.4.1 2009 年小浪底库区验证计算

11.4.1.1 验证计算条件

验证时段为 2009 年 4 月 10 日至 10 月 20 日。该时段内的水沙条件统计如下：入库总水量（三门峡站）为 130.5 亿 m³，入库总沙量为 1.98 亿 t，且绝大部分在汛期输送，最大日均含沙量为 178 kg/m³；出库总水量（小浪底站）为 129.3 亿 m³；出库总沙量为 0.04 亿 t，最大日均含沙量为 7.2 kg/m³。三门峡最大下泄流量为 2 520 m³/s，小浪底水库最大下泄流量为 3 950 m³/s。汛前调水调沙期最高水位为 249.1 m，汛期最低运用水位仅 214.7 m。

根据输沙率法计算，可知该时段内小浪底库区干支流淤积泥沙约 1.94 亿 t。该汛期

· 193 ·

小浪底入库泥沙相对较粗,悬移质泥沙的 d_{50} = 0.030 mm。小浪底库区坝前段床沙组成较细,其中值粒径为 0.006 mm;库尾段(HH50 断面至 HH56 断面)床沙组成较粗,平均中值粒径约为 0.015 mm;局部库段(HH44 断面至 HH49 断面)平均床沙中值粒径超过 0.20 mm。库区干流仍保持三角洲淤积形态。

11.4.1.2 验证计算结果及分析

1.支流倒回灌过程

图 11-11(a)给出了坝前水位下降时各支流回灌到干流总流量的变化过程。当坝前水位由 248.5 m 下降到 224.9 m 时,各支流回灌的总流量在 200~1 200 m³/s 之间变化。图 11-11(b)给出了坝前水位上涨时干流倒灌入各支流总流量的变化过程。当坝前水位由 227.4 m 上涨到239.3 m,倒灌入各支流总流量最大可达 360 m³/s。计算结果还表明,由于支流畛水河的库容在这些支流中最大,其倒回灌流量占各支流倒回灌总流量的比例可达 3%~40%。因此,在小浪底水库水沙调度计算中,必须采用合理的方法考虑干支流之间的倒回灌过程。

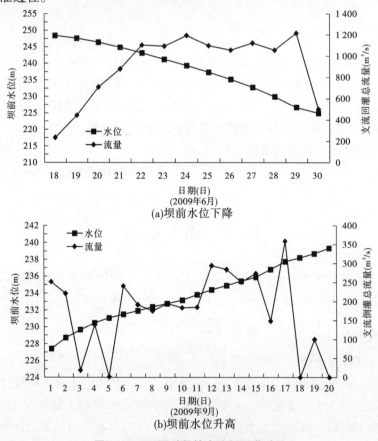

图 11-11 不同时段的支流倒回灌过程

2.月均出库含沙量过程

图 11-12 给出了月均出库含沙量实测值与计算值的过程。由图可知,计算的含沙量

过程与实测值较为符合。在非汛期,因水库高水位运用且上游三门峡水库不泄浑水,小浪底出库含沙量接近零。而在汛期,尽管坝前水位较低,且上游水库下泄浑水,但因上游来沙较粗,汛期悬沙中值粒径在 0.03 mm 左右,大部分泥沙淤积在库区内,故出库含沙量较低(小于 2 kg/m³)。

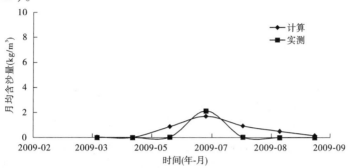

图 11-12   月均出库含沙量计算与实测过程对比

3. 异重流运动过程

2009 年 6 月 29 日 8 时 30 分三门峡下泄流量达到 1 400 m³/s,含沙量为 0,下泄水流对小浪底库中上段沿程河道进行强烈冲刷。于 18 时 15 分在 HH14 断面监测到异重流,异重流厚度 0.56 m,最大测点流速 0.34 m/s,最大测点含沙量 3.19 kg/m³,标志着异重流刚开始在小浪底水库内产生。29 日 20 时三门峡水库开始加大流量下泄,30 日 6 时 30 分潜入点位置为 HH14 断面,异重流厚度 5.8 m,最大测点流速 1.98 m/s,最大测点含沙量 80.5 kg/m³。7 月 1 日 6 时,异重流潜入点上移至 HH14 断面上游 1 000 m 处,异重流厚度 5.9 m,最大测点流速 1.19 m/s,最大测点含沙量 105 kg/m³。在此次异重流过程中,潜入点位置一直在 HH14 断面附近。

本模型计算的异重流运动过程与上述描述基本符合,计算的异重流潜入点位置在 HH14 断面附近。HH14 断面计算的 6 月 30 日日均流量约为 2 891 m³/s,水位约为 225.2 m,计算的异重流平均厚度为 3.5 m,平均含沙量为 59.4 kg/m³;计算的 7 月 1 日日均流量约为 2 510 m³/s,水位约为 223.9 m,计算的异重流平均厚度为 4.9 m,平均含沙量为 13.9 kg/m³。由此可见,异重流潜入位置及相关水沙要素的计算值与实测值较为接近。

4. 库区干支流淤积量

表 11-3 给出了库区不同河段淤计量计算与实测值的对比结果。库区 2009 年汛期来沙量约 1.98 亿 t,绝大部分泥沙淤积在库区,仅有少量泥沙下泄到下游河道中。计算结果表明,该时段内库区干流共淤积约 1.53 亿 m³,12 条支流共淤积 0.16 亿 m³。而实测资料统计结果表明(断面法),该时段内库区干流共淤积 1.34 亿 m³,各支流共淤积 0.42 亿 m³,故模型冲淤量的计算结果与实测值较为符合。此外,淤积部位计算结果与实测结果也较为接近,例如计算的库区上、下段淤积量分别为 0.18 亿 m³、1.35 亿 m³,而实测值分别为 0.17 亿 m³、1.17 亿 m³。

表 11-3   2009 年库区汛期干支流淤积量 （单位:亿 m³）

项目	库区干流	干流上段	干流下段	12 条支流
计算	1.53	0.18	1.35	0.16
实测	1.34	0.17	1.17	0.42

11.4.2　2010 年小浪底库区验证计算

11.4.2.1　计算条件

验证时段为 2010 年 4 月 20 日至 10 月 20 日。该时段内的水沙条件统计如下:入库总水量为 164.8 亿 m³,入库总沙量为 3.50 亿 t,且绝大部分在汛期输送,最大日均含沙量为 249 kg/m³;出库总水量(小浪底站)为 163.5 亿 m³;出库总沙量为 1.36 亿 t,最大日均含沙量为 292.7 kg/m³。三门峡最大下泄流量为 2 520 m³/s,小浪底水库最大下泄流量为 3 950 m³/s。小浪底水库汛前调水调沙期最高水位为 249.7 m,汛期最低运用水位为 210.5 m。根据输沙率法计算,该时段内小浪底库区干支流淤积泥沙约 2.14 亿 t。该汛期小浪底入库泥沙相对较粗,悬移质泥沙的 d_{50} = 0.031 mm。小浪底库区 HH1 断面至 HH35 断面河段床沙组成较细,平均中值粒径为 0.008 mm;库尾段(HH36 断面至 HH56 断面)床沙组成较粗,平均中值粒径约为 0.068 mm;局部库段床沙中值粒径超过 0.10 mm。

11.4.2.2　验证计算结果及分析

1.月均出库含沙量过程

图 11-13 给出了月均出库含沙量实测值与计算值的过程,计算的含沙量过程与实测值较为符合。在非汛期,因水库高水位运用且上游三门峡水库下泄清水,小浪底出库含沙量接近零。而在汛期,坝前水位较低,且上游水库下泄大流量的浑水,一部分泥沙淤积在库区内,汛期 7~8 月的平均出库含沙量接近 20 kg/m³。

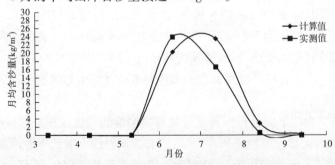

图 11-13　月均出库含沙量计算与实测比较

2.异重流运动过程

第一次异重流是 2010 年小浪底水库人工塑造异重流,可分为两个阶段:第一阶段是从 7 月 3 日 20 时三门峡水库开始加大流量下泄清水,22 时流量迅速增大到 3 320 m³/s,此阶段最大流量为 5 340 m³/s(4 日 15 时 36 分),下泄水流对沿程河道及小浪底水库库尾淤积产生冲刷,含沙量增加,形成异重流。第二阶段为三门峡水库 7 月 4 日 23 时开始拉沙下泄高含沙水流产生异重流,最大含沙量为 605 kg/m³(5 日 1 时),本阶段异重流因为下泄含沙量较大,使第一阶段形成的异重流得到持续。7 月 4 日 6 时 35 分,HH12 断面上游 150 m 处监测到异重流潜入,该处水深 4.6 m,异重流厚度 1.19 m,最大测点流速 1.38 m/s,最大测点含沙量 23.8 kg/m³,该处水深较小,异重流厚度也较小,表明异重流潜入不久。

本模型计算的异重流运动过程与上述描述基本符合,计算的异重流潜入点位置在 HH12 断面附近。在 HH12 断面,计算的 7 月 4 日日均流量约为 3 720 m³/s,水位约为 218.1 m,计算的异重流平均厚度为 2.6 m,平均含沙量为 18.8 kg/m³。直到 7 月 6 日,异重流潜入断面的位置一直在 HH12 断面附近,7 月 7 日后由于三门峡水库持续下泄 2 000 m³/s 以下流量以及含沙量减小,异重流逐渐消失。由此可见,异重流潜入位置及相关水沙要素的计算值,与实测过程较为接近。

3. 库区干支流淤积量

计算结果表明,该时段内库区干流共淤积约 1.34 亿 m³,12 条支流共淤积 0.27 亿 m³。而实测资料统计结果表明(断面法),该时段内库区干流共淤积 1.34 亿 m³,各支流共淤积 1.42 亿 m³。从计算结果与实测结果对比来看,模型计算的库区干流淤积总量与实测值较为接近,但计算的干流上段淤积量偏大,支流淤积量计算值与实测值差别也较大。干流上段计算淤积量偏大,可能与局部河段的跌水内边界处理方法有关。在某些条件下该方法计算的水位偏高,导致流速过小,故计算的水流挟沙力偏小,导致计算淤积量偏大。而支流淤积量差别大,可能与计算中选取的床沙干密度(1 100 kg/m³)较大有关。根据该时段断面法与输沙率计算结果的比较,估算得到的床沙干密度不到 800 kg/m³。目前现有理论与方法还很难准确预测水库中淤积状态下床沙干密度的变化规律。

4. 汛前调水调沙期出库水沙过程

2010 年汛前调水调沙期为 7 月 4～7 日,该时段平均入库流量为 1 636 m³/s,平均含沙量为 72 kg/m³。三门峡水库下泄沙量为 0.408 亿 t,小浪底出库沙量为 0.559 亿 t,故该短时段水库的排沙比高达 137%。模型计算的结果表明,该时段出库沙量为 0.32 亿 t,计算的排沙比约为 80%。该时段内逐日水沙过程的计算结果与实测结果比较见表 11-4 所示。从表中可以看出,7 月 4 日出库含沙量计算值小于实测值,可能是入库含沙量组成较粗,悬沙中值粒径超过 0.03 mm,导致挟沙力较小。7 月 5～7 日,出库水沙过程的计算值与实测值较为符合。因此,该模型从总体上能够较好地预测小浪底水库内的水沙运动及冲淤过程。

表 11-4 2010 年汛前出库水沙过程比较

日期	7 月 4 日	7 月 5 日	7 月 6 日	7 月 7 日
流量(计算,实测)(m³/s)	2 950	2 380	1 860	1 590
含沙量(计算)(kg/m³)	24.5	110.3	16.3	3.0
含沙量(实测)(kg/m³)	97.6	123.0	23.7	9.8

11.4.3　模型验证结论

采用率定后的模型验证了 2009 年 4~10 月及 2010 年 4~10 月小浪底库区的冲淤过程。对比了库区不同河段冲淤量、月均出库含沙量的计算结果与实测结果,同时分析了汛前及汛末干支流的倒回灌流量过程以及异重流潜入断面的水沙条件。从总体来看,这些计算结果与实测值较为符合,本模型可以用于不同运用方案下的水库水沙调度计算。

11.5　水库调度指标

11.5.1　水库排沙公式

基于实测的水沙与边界条件,并假定不同的水库控制水位,组合了一系列方案,利用本章建立的小浪底水库水沙调度数学模型,对组合方案进行了计算,以达到扩展实测资料的目的,以此建立可定量且直观反映小浪底水库排沙的计算公式。

选用 2006~2010 年历年黄河调水调沙期小浪底水库入库水沙过程与相应年份汛前地形进行组合,对每一组合又分别选择一系列坝前控制水位拟订一系列方案,入库水量变化范围为 3.67 亿~8.83 亿 m^3,入库沙量变化范围为 0.23 亿~0.74 亿 t,水库淤积三角洲高程变化范围为 219.61~224.68 m,水位变化范围为 216~230 m。对上述方案进行库区冲淤及出库水沙过程计算。数学模型的计算范围为小浪底全库区。水库调度主要从有利于水库异重流排沙出库角度考虑,模型计算时按水库进出库水量平衡,暂不考虑水库调洪,运行到坝前的浑水全部排出水库。对于不同组合方案,水库排沙比变化范围为 23%~120%。

小浪底水库异重流排沙过程观测资料显示,其排沙效果主要与入库流量、含沙量、泄量、库底比降及异重流潜入点的位置等因素有关。汛前调水调沙人工塑造异重流期间,异重流排沙效果可以从入库水沙动力、动力作用时机和库区地形条件等三方面进行影响因素分析:

(1)入库水沙动力又分为两个阶段:第一阶段利用三门峡水库汛限水位以上的蓄水冲刷小浪底水库顶坡段泥沙,主要影响因素是三门峡水库汛限水位以上的蓄水量和三门峡出库的洪峰流量;第二阶段利用潼关来水冲刷三门峡非汛期淤积的泥沙,在中游未发生洪水的情况下,潼关来水主要由万家寨水库汛限水位以上的蓄水量决定,在三门峡水库敞泄期间,保证在较长时间内维持大于 800 m^3/s 的来水并持续进入小浪底水库,增强小浪底水库形成异重流的后续动力。

(2)入库水沙动力的作用时机可用三门峡水库泄流与小浪底水库的对接水位表示,该因素在小浪底库区塑造异重流时起重要作用。在对接水位与三角洲顶点接近的 2010 年汛前调水调沙中,三门峡水库下泄的洪峰及潼关来水在小浪底库区三角洲洲面发生较强沿程冲刷和溯源冲刷,大幅度提高了入库水流悬沙量,明显增大了异重流排沙比。此外,当对接水位低时,异重流潜入点下移,其运行距离相应缩短,对异重流排沙有利。

（3）库区地形条件。小浪底库区地形条件主要由库区比降和三角洲顶点距坝里程表示，该因素对小浪底库区异重流排沙有直接影响。库区比降较大，有利于异重流的形成与运动；三角洲顶点位置距坝较近时，异重流的运行距离也短，对异重流排沙有利。

经过对小浪底水库实测资料与组合方案计算异重流排沙资料回归分析，得到基于万家寨、三门峡、小浪底三座水库联合调度的小浪底水库排沙比与异重流各调度指标间的经验关系（见图 11-14）

$$\eta = 0.95 W_{三门峡}^{0.7} Q_{max}^{0.6} T_{潼关站}^{0.2} \Delta H^{-0.05} L^{-0.8} \tag{11-19}$$

式中：η 为小浪底水库排沙比(%)；$W_{三门峡}$ 为三门峡水库汛限水位以上的蓄水量，亿 m^3，简称三门峡蓄水量，该值越大，越有利于冲刷小浪底库区顶坡段泥沙；Q_{max} 为三门峡站洪峰流量，m^3/s，该值越大，越有利于冲刷小浪底库区顶坡段泥沙；T 为潼关站大于 800 m^3/s 流量历时，h，该值越大，对小浪底水库形成异重流的后续水动力条件越有利；ΔH 为三门峡水库泄流与小浪底水库的对接水位超出小浪底水库淤积三角洲顶点高程的差值，m，该值越小，对小浪底水库异重流排沙越有利；L 为异重流运行距离，km，该值越小，对小浪底水库异重流排沙越有利。

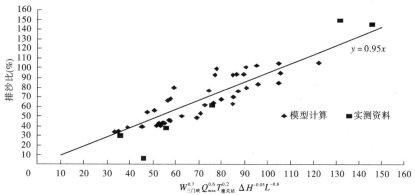

图 11-14　小浪底水库排沙经验关系

11.5.2　异重流调度指标

为了更好地为水库调度决策服务，利用式(11-19)采用单因素敏感性分析法对三门峡水库汛限水位以上的蓄水量、三门峡站洪峰流量、小浪底水库对接水位、潼关来水情况及异重流的运行距离等指标进行分析，以最终确定异重流调度指标。单因素敏感性分析法是指就单个不确定因素的变动对方案总体效果的影响所作的分析。通过实测资料分析，结合工程条件，暂选择水库较优的调度指标如下：异重流运行距离 $L = 20$ km，三门峡水库泄流与小浪底水库的对接水位超出小浪底水库淤积三角洲顶点高程的差值 $\Delta H = 1$ m，三门峡站洪峰流量 $Q_{max} = 5\,500$ m^3/s，三门峡水库水量 $W = 4.5$ 亿 m^3，潼关站大于 800 m^3/s 流量历时 $T = 48$ h。图 11-15 ~ 图 11-19 分别给出了由式(11-19)计算的各个影响因子的敏感性分析图。

根据图 11-15 ~ 图 11-19 可以得出，各个影响因子对异重流排沙效果的影响的敏感性

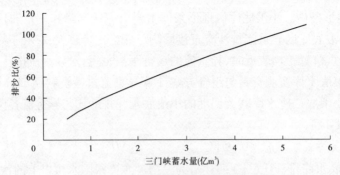

图 11-15　三门峡蓄水量 W 敏感性分析

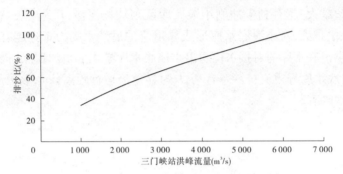

图 11-16　三门峡站洪峰流量 $Q_{\max}$ 敏感性分析

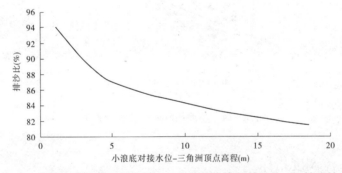

图 11-17　小浪底水库对接水位超出三角洲顶点高程的差值 ΔH 敏感性分析

分布上呈显著差异性。三门峡水库汛限水位以上的蓄水量和三门峡站洪峰流量两影响因子对异重流排沙比的影响基本呈线性增加趋势,即异重流排沙比随两者的增大而线性增大;三门峡水库泄流与小浪底水库的对接水位超出小浪底水库淤积三角洲顶点高程的差值 ΔH 小于 4 m 是高度敏感区,亦即 ΔH 小于三角洲顶点库段均匀流水深时冲刷效果显著,异重流排沙效果明显增加;异重流运行距离小于 20 km 是高度敏感区;潼关站大于 800 m³/s 流量历时小于 60 h 是高度敏感区,特别是三门峡水库泄空初期,三门峡出库水流含沙量高,异重流排沙比迅速增加,随着三门峡库区冲刷,出库含沙量迅速衰减,水库排沙比增量呈减小趋势。

　　鉴于此,并结合实测资料分析和工程实际[27],得出以下结论:

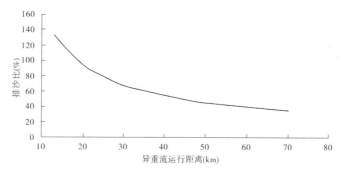

图 11-18 异重流运行距离 L 敏感性分析

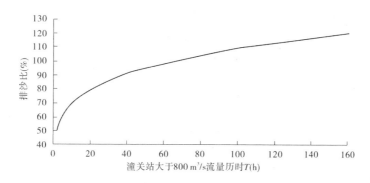

图 11-19 潼关站大于 800 m³/s 流量历时 T 敏感性分析

（1）三门峡水库汛限水位以上的蓄水量和三门峡站洪峰流量两指标作为影响小浪底水库淤积三角洲顶坡段泥沙的冲刷强度的主要动力因素。前者在调水调沙之前，基本上可作为一确定指标。在三门峡水库的泄空期，塑造的洪峰越大，冲刷强度越大，以此尽可能利用三门峡水库蓄水塑造较大的洪水过程，洪峰流量在 5 000 m³/s 以上。

（2）三门峡水库泄流与小浪底水库的对接水位超出小浪底水库淤积三角洲顶点高程的差值 ΔH 不仅对小浪底水库淤积三角洲顶坡段泥沙的冲刷强度产生影响，而且直接影响异重流的潜入位置即运行距离。当 ΔH 小于 4 m 后，对接水位的降低对异重流排沙效果影响非常显著。因此，应以 ΔH 小于 4 m 推算三门峡水库泄流与小浪底水库的对接水位。

（3）在中游未发生洪水的情况下，主要利用潼关来水冲刷三门峡非汛期淤积的泥沙为小浪底水库异重流提供后续动力，潼关站来水越多，越利于异重流排沙。但由于潼关站大于 800 m³/s 流量历时大于 60 h 后，潼关来水冲刷三门峡非汛期淤积的泥沙的效率将变得较弱，使得水流的含沙量减小，为异重流提供的后续动力变弱，故对异重流排沙的增量影响越弱。潼关来水主要由万家寨水库汛限水位以上的蓄水量决定，因此汛前调水调沙期万家寨水库汛限水位以上的蓄水量以满足潼关站大于 800 m³/s 流量持续时间 60 h 以内即可。综合考虑万家寨水库蓄水量、泄流规模、小北干流河槽过流状况等因素，其流量控制在 1 100 m³/s 左右。

参考文献

[1] 《黄河志》编撰室.黄河科研志[M].郑州:河南人民出版社,1999.

[2] 屈孟浩.黄河动床模型试验相似原理及设计方法[C]//黄科所科学研究论文集(第二集).郑州:河南科学技术出版社,1990.

[3] 沙玉清.泥沙运动学引论[M].北京:水利电力出版社,1993.

[4] 王桂仙,惠遇甲,姚美瑞,等.关于长江葛洲坝水利枢纽回水变动区模型试验的几个问题[C]//第一次河流泥沙国际学术讨论会论文集.北京:光华出版社,1980.

[5] 府仁寿,陈雅聪,王桂仙,等.三峡水库变动回水区重庆河段泥沙冲淤问题试验研究总报告[R].北京清华大学,1990.

[6] 长江科学院.丹江口水库变动回水区油房沟河段泥沙模型试验研究报告[R]//长江三峡工程泥沙与航道关键技术研究专题报告集(下册).武汉:武汉工业大学出版社,1993.

[7] 屈孟浩,王国栋,陈书奎,等.黄河水浪底枢纽泥沙模型试验报告[R].郑州:黄委会水科院,1993.

[8] 窦国仁,王国兵,等.黄河小浪底枢纽泥沙研究(报告汇编)[R].南京:南京水利科学研究院,1993.

[9] 惠遇甲,王桂仙.河工模型试验[M].北京:中国水利水电出版社,1999.

[10] 徐正凡,梁在潮,李炜,等.水力计算手册[M].北京:水利出版社,1958.

[11] 谢鉴衡.河流泥沙工程学(下册)[M].武汉:武汉水利电力学院,水利电力出版社,1983.

[12] 窦国仁.泥沙运动理论[R].南京:南京水利科学研究所,1964.

[13] 张红武,江恩惠,等.黄河高含沙洪水模型的相似律[M].郑州:河南科技出版社,1994.

[14] 李保如.我国河流泥沙物理模型的设计方法[J].水动力学研究与进展,1991(A辑第6卷,增刊).

[15] 石春先,安新代,等.小浪底水库初期运用方式研究,黄委勘测规划设计研究院报,1999.

[16] 黄委水文局.黄河小浪底水库异重流观测与初步分析,2001.10.

[17] 张俊华,王国栋,陈书奎,等.小浪底水库模型试验研究[R].郑州:黄河水利科学研究院,1999.

[18] 费祥俊.浆体与粒状物料输送水力学[M].北京:清华大学出版社,1994.

[19] 张红武.论动床变态河工模型的相似律[C]//黄科所科学研究论文集,第二集.郑州:河南科学技术出版社,1990.

[20] 韩其为.水库淤积[M].北京:科学出版社,2003.

[21] 金德春.浑水异重流的运动与淤积[J].水利学报.1981(3).

[22] 伍超,黄国富,杨永全.洪水演进中支流倒回灌研究[J].四川大学学报(工程科学版),2000,32(4).

[23] 冯小香,张小峰,谢作涛.水流倒灌下支流尾闾泥沙淤积计算[J].中国农村水利水电,2005(2).

[24] 范家骅,等.异重流的研究和应用[M].北京:水利电力出版社,1959.

[25] 侯素珍.小浪底水库异重流特性研究[D].西安:西安理工大学,2003.

[26] 李义天.冲淤平衡状态下床沙质级配初探[J].泥沙研究,1987(1).

[27] 陈书奎,马怀宝,张俊华,等.小浪底水库异重流排沙效率主导因素及敏感性分析[R].郑州:黄河水利科学研究院,2010.

第3篇　水库异重流调度及塑造

研究异重流的目的,在于摸清其运动规律并加以有效利用。黄河 2002 ～ 2013 年调水调沙过程中,针对不同的来水来沙状况、水库蓄水状况及边界条件,提出不同的调水调沙模式。而不同调度模式中针对小浪底水库泥沙的调度即是基于异重流基本运行规律的研究成果针对异重流的塑造或输移的调度。通过合理调度达到利用水库异重流排沙而实现减少水库淤积、增加坝前铺盖、调整淤积形态等多种目标。

第 12 章　自然洪水异重流调度与利用

汛期黄河中游往往发生较高含沙量洪水,对处于拦沙期的小浪底水库而言,充分利用异重流排沙是减少水库淤积的有效途径。在 2002 年黄河首次调水调沙试验及 2003 年第二次调水调沙试验中,充分利用水库异重流排沙特点及规律,实现了多目标的调度。

12.1　2002 年黄河调水调沙

12.1.1　小浪底水库运用情况

12.1.1.1　小浪底水库入、出库水沙概况

小浪底水库 2002 年发生两次洪水,分别为 6 月 20 日至 7 月 3 日及 7 月 4 日至 7 月 15 日,后者为黄河首次调水调沙试验期,两次洪水水库入库的水量、沙量分别为 21.105 亿 m^3、2.88 亿 t,其中 80% 的泥沙主要集中在 6 月 25 ～ 26 日及 7 月 6 ～ 8 日 5 d 时间内,泥沙中值粒径为 0.004 ～ 0.043 mm。调水调沙试验期入库水量、沙量分别为 9.245 亿 m^3、1.831 亿 t,分别占总量的 44% 及 64%。6 月 20 日至 7 月 15 日之间,入库洪峰流量大于 2 000 m^3/s 的洪水出现了两次。首次洪水发生在调水调沙试验之前,入库最大日均流量 2 670 m^3/s(6 月 24 日),洪峰流量 4 890 m^3/s(6 月 24 日 5 时 30 分),最大日均含沙量 359 kg/m^3(6 月 25 日),最大含沙量 468 kg/m^3(6 月 25 日 8 时),主要是由泾、渭、洛河局部地区降小雨和三门峡水库相机降低水位排沙所致;调水调沙试验期间发生第二次洪水,三门峡站最大日均流量 2 320 m^3/s(7 月 6 日),洪峰流量 3 750 m^3/s(7 月 7 日 21 时 48 分),最大日均含沙量 419 kg/m^3(7 月 6 日),沙峰含沙量 507 kg/m^3(7 月 6 日 2 时)。

经过小浪底水库调节后进入黄河下游河道的水沙条件发生了很大变化。在调水调沙期间为了提高下游河道尤其是艾山—利津河段的减淤效果,确定控制花园口断面调控上限流量为 2 600 m^3/s,含沙量 20 kg/m^3。调水调沙试验以前 6 月 20 日至 7 月 3 日,日均出库流量最大为 875 m^3/s(6 月 21 日),最小为 639 m^3/s(6 月 30 日);调水调沙试验期间日均出库流量除 7 月 4 日为 2 200 m^3/s 外,其他时间都在 2 500 m^3/s 以上,最大日均出库流量达 2 780 m^3/s(7 月 5 日),最大洪峰流量 3 480 m^3/s(7 月 4 日 10 时 54 分)。6 月 20 日至 7 月 15 日小浪底水库下泄水量 35.55 亿 m^3,其中调水调沙试验期下泄水量 26.06 亿

m^3,占下泄总量的 73.3%。6 月 20 日至 7 月 15 日出库沙量为 0.324 亿 t,排沙比为 11.3%,日均出库最大含沙量仅 27.6 kg/m^3(7 月 9 日)。

12.1.1.2 小浪底水库蓄水量变化

小浪底水库于 2000 年开始蓄水运用。调水调沙试验前水库处于蓄水状态,库水位持续上升,7 月 3 日 8 时达到最高水位 236.61 m,相应蓄水量为 44.1 亿 m^3。7 月 4 日 9 时开始调水调沙试验,库水位 236.42 m,相应蓄水量为 43.5 亿 m^3。根据调水调沙试验的要求,库水位逐渐下降,7 月 6 ~ 8 日由于入库流量较大,库水位下降速度较慢,其余时间库水位日降幅均在 1 m 以上,最大达 2.01 m/d(7 月 14 日 6 时至 7 月 15 日 6 时)。7 月 15 日 9 时调水调沙试验结束时,坝前水位为 223.84 m,相应蓄水量为 27.6 亿 m^3。试验前后库水位共下降了 12.58 m,相应水库蓄水量减少了 15.9 亿 m^3,其中汛限水位(225 m)以上补水 14.6 亿 m^3。

12.1.2 异重流运行

河堤站 6 月 24 日 11 时观测到异重流,6 月 25 日 7 时以后桐树岭断面底部出现浑水层,且浑水层厚度逐渐增加,表明 6 月 24 ~ 26 日入库洪水所形成的异重流,其前峰在 6 月 25 日 7 时已到达坝前。该时段水库几乎没有排沙而使浑水聚集在坝前形成浑水水库。之后的 7 月 4 日 9 时至 7 月 15 日 9 时,在黄河上首次进行了大规模调水调沙原型试验。7 月 7 日潜入点位于 HH43 断面上游约 100 m 处,距坝约 77.4 km。在潜入点处,大量较粗泥沙落淤使床面不断抬升。随着库水位的降低、入库流量减小及河床淤积抬升,异重流潜入点于 7 月 12 日下移至 HH41 断面上游约 100 m 处,距坝约 72.2 km。异重流期间特征值统计见表 12-1。

表 12-1　2002 年小浪底水库异重流期间特征值统计

时间 (月-日)	断面	最大点 流速(m/s)	垂线平均 流速(m/s)	垂线平均含 沙量(kg/m³)	异重流 厚度(m)	d_{50}(mm)
06-20 ~ 07-03	HH37	1.85	0.082 ~ 1.03	6.4 ~ 69.4	0.4 ~ 14.9	0.005 ~ 0.012
	HH1	0.19	0.004 ~ 0.14	42 ~ 82.6	8 ~ 18	0.005 ~ 0.012
07-04 ~ 07-15	HH37	3.36	0.082 ~ 1.86	7.01 ~ 198	0.5 ~ 12	0.005 ~ 0.014
	HH29	2.01	0.2 ~ 1.19	21 ~ 113	3.5 ~ 15.2	0.004 ~ 0.016
	HH21	1.23	0.015 ~ 0.81	11 ~ 111	1.5 ~ 18	0.006 ~ 0.015
	HH17	2.36	0.16 ~ 1.83	34 ~ 143	7.4 ~ 14.9	0.007 ~ 0.01
	HH9	0.77	0.07 ~ 0.35	44.3 ~ 131	9.4 ~ 14.9	0.006 ~ 0.01
	HH5	0.51	0.06 ~ 0.24	35.5 ~ 96.1	8.9 ~ 16	0.006 ~ 0.01
	HH1	0.52	0.04 ~ 0.2	18.5 ~ 86.6	3.6 ~ 17.5	0.006 ~ 0.008

6 月下旬洪水在小浪底库区形成的异重流运行至坝前时,由于排沙底孔未打开而不

能及时排出库外,逐渐形成浑水水库,且坝前清浑水交界液面下降十分缓慢,至 7 月 4 日调水调沙试验开始时,坝前清浑水交界面高程仍为 189.07 m,明显高于排沙洞底坎高程 175 m。因此,调水调沙试验开始,打开排沙洞闸门后,立即有浑水排泄出库。与此同时,明流洞及发电洞下泄清水,出现了上清下浑的现象。7 月 6 ~ 8 日洪水入库后再次形成异重流,使坝前清浑水交界面进一步抬升,最高达 197.58 m。为了控制出库含沙量,7 月 10 日排沙洞完全关闭,由明流洞及发电洞泄流。浑水的变化过程见图 12-1。

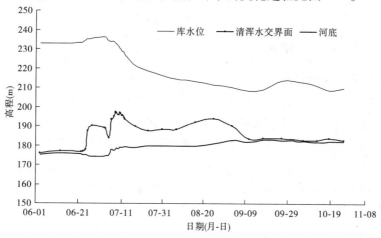

图 12-1   坝前清浑水交界面变化(桐树岭站)

12.1.3   实施效果

12.1.3.1   利用水库调节异重流满足调度指标

2002 年黄河首次调水调沙试验以保证黄河下游河道全线不淤积或冲刷为主要目标之一,因此实时调度预案要求控制黄河花园口站流量不小于 2 600 m³/s,历时不少于 10 d,平均含沙量不大于 20 kg/m³。显然,对含沙量的调控,尤其是通过对泄水建筑物众多孔洞的组合,而实现对含沙量调控是非常困难的。在调水调沙试验过程中,基于对异重流输移规律的认识,通过合理调度而满足了调度指标。

(1)根据中游来水来沙情况,利用掌握的小浪底水库异重流输移特点及规律,对异重流产生、传播时间、输移及排沙、坝前水沙分布等进行预测。

(2)在此基础上,通过频繁启闭三门峡水库的泄水孔洞,对中游天然水沙过程进行了有效调控,使下泄水沙过程能在小浪底水库产生持续的异重流排沙过程。

(3)合理启闭小浪底水库不同高程的泄水孔洞,在满足发电要求的前提下,泄水建筑物使用原则为"先高后低",即优先使用明流洞,适时开启排沙洞。

水库联合调度结果使小浪底站出库平均流量为 2 741 m³/s,平均含沙量为 12.2 kg/m³,保证了出库含沙量不大于预案确定的指标。

12.1.3.2   利用异重流形成坝前铺盖

小浪底水利枢纽两岸坝肩渗漏问题急需解决,水库运用需适当兼顾尽快形成坝前铺盖。国内外许多工程实践表明,利用坝前淤积是减少坝基渗漏最经济有效的措施。

黄河首次调水调沙试验将形成坝前铺盖作为试验目标之一。试验过程中,为了满足调度预案中对出库含沙量的控制指标,在异重流到达坝前后,控制了浑水泄量,其余部分含沙水流被拦蓄而形成浑水水库。坝前清浑水交界面最高达 197.58 m。悬浮在浑水中的泥沙最终全部沉积在近坝段,使水库渗水量显著减少。

12.2　2003 年黄河调水调沙

12.2.1　小浪底水库运用情况

12.2.1.1　进、出库水沙概况

2003 年 8 月 25 日至 9 月 18 日,黄河中游干支流发生了 3 次洪水过程,为了配合黄河第二次调水调沙试验,三门峡水库在汛限水位以下敞泄运用。其间,三门峡水库最大下泄流量为 3 830 m³/s(8 月 27 日 0.2 时),平均流量为 2 320 m³/s,最小流量不足 400 m³/s;最大含沙量 486 kg/m³,平均含沙量 74.88 kg/m³;三门峡水库出库水量为 48.1 亿 m³。

为了提高黄河下游河道(尤其是艾山—利津河段)的减淤效果,在调水调沙试验期间,以控制花园口站流量为 2 400 m³/s、含沙量为 30 kg/m³ 为指标,控制小浪底水库的下泄流量和含沙量。最大下泄流量为 2 340 m³/s,最大含沙量为 156 kg/m³。大部分时间小浪底水库的排沙量较小,甚至为清水下泄。

12.2.1.2　水库蓄水量变化

2003 年 9 月 6 日 8 时库水位 245.6 m,相应蓄水量为 56 亿 m³。试验开始后,由于水库上游持续洪水的影响,小浪底库水位仍在缓慢上升,9 月 13 日 8 时库水位达到 260 m,相应的蓄水量约为 64 亿 m³,9 月 18 日 20 时试验停止时,小浪底坝前水位为 250.2 m,相应蓄水量为 61.6 亿 m³,由此可知,试验期间小浪底水库水位仍上升约 5 m。

12.2.2　异重流运行

2003 年小浪底水库出现了两次明显的异重流输沙过程,分别为 8 月 2 ~ 8 日、8 月 25 日至 9 月 16 日,其间 9 月 6 日 9 时至 9 月 18 日 18 时 30 分进行了黄河第二次调水调沙试验。8 月 2 ~ 8 日异重流期间,异重流潜入点位于 HH36 断面上游约 1.3 km 处(距坝约 61.4 km)至 HH36 断面(距坝约 60.13 km)之间,异重流最大运行距离 61.4 km,异重流最大点流速 2.04 m/s(8 月 2 日 HH17 断面),最大浑水厚度 11.5 m(桐树岭站)。8 月 27 日至 9 月 16 日异重流期间,异重流潜入点位于 HH38 断面附近(距坝约 64.83 km)至 HH40 断面(距坝约 69.39 km)之间,异重流最大运行距离 69.39 km,异重流最大点流速 2.61 m/s(8 月 29 日河堤站断面),最大浑水厚度 20.5 m(坝前)。异重流特征值统计见表 12-2。

小浪底水库的排沙比大小同来水来沙、浑水水库的库容以及水库的运用有密切的关系。2003 年小浪底坝前浑水水库首先出现在 7 月 21 日,主要是由于三门峡水库 7 月中旬小流量排沙(河堤站中值粒径均小于 0.013 mm),日均最大入库流量仅 727 m³/s,日均

最大入库含沙量达 342.5 kg/m³,加之当时库水位较低(218 m 左右),泥沙以异重流形式输移至坝前后,排沙洞没有开启,形成浑水水库,浑水厚度不足 2 m,随着泥沙的沉降,至 7 月 28 日浑水水库已经基本消失。

表 12-2　2003 年小浪底水库异重流特征值统计

时间	断面	距坝里程(km)	最大点流速(m/s)	垂线平均流速(m/s)	垂线平均含沙量(kg/m³)	浑水厚度(m)	d_{50}(mm)
8月2~8日	HH34	57.46	1.85	0.095~1.06	1.16~242	0.40~6.1	0.004~0.051
	HH29	48	1.52	0.28~1.00	29.5~129	0.80~5.0	0.005~0.036
	HH17	27.19	2.04	0.15~1.31	39.5~244	1.40~5.7	0.004~0.037
	HH13	20.35	1.47	0.096~0.85	41~229	1.70~7.2	0.004~0.027
	HH9	11.42	1.21	0.085~0.88	50.3~204	2.40~5.7	0.004~0.030
	HH5	6.54	1.04	0.059~0.67	49~172	0.49~4.0	0.004~0.011
	桐树岭	1.32	0.26	0.015~0.085	1.11~109	0.30~11.5	0.004~0.009
	坝前	0.41	0.2	0.011~0.063	0.56~55.9	0.30~11.5	0.005~0.008
8月25日至9月16日	河堤	63.82	2.61	0.16~1.57	7.35~93.3	0.54~10.9	0.006~0.016
	HH17	27.19	1.92	0.15~1.44	18.7~56.7	1.40~15.2	0.005~0.019
	HH13	20.35	1.14	0.086~0.74	10.1~61.6	1.50~14.0	0.003~0.016
	HH9	11.42	0.85	0.016~0.69	4.81~111	0.29~13.0	0.003~0.015
	HH5	6.54	0.86	0.006~0.52	1.19~89.3	0.40~10.0	0.004~0.010
	桐树岭	1.32	0.49	0.014~0.27	2.35~72.8	0.13~17.4	0.004~0.009
	坝前	0.41	0.44	0.015~0.26	4.44~130	0.50~20.5	0.004~0.009

随着 8 月 1 日 19 时黄河中游一号洪峰进入小浪底水库,8 月 2~8 日在库区形成一次较明显的异重流输沙过程,坝前浑水水库于 8 月 2 日再次形成,浑水体积和厚度均迅速增加,8 月 3 日坝前清浑水交界面迅速升高至 188.47 m,日升幅最大达 7.47 m,至 8 月 28 日,浑水水库沉降极其缓慢,清浑水交界面高程变化不大。8 月底异重流到达坝前之后,坝前清浑水交界面在前期浑水水库的基础上,再一次迅速抬升,9 月 3 日达到最高 204.16 m,坝前浑水水库变化过程见图 12-2,经粗略估算,浑水水库体积最大时约 9 亿 m³,沙量最大时约 1 亿 t。水库自 9 月 6 日 9 时开启排沙洞排沙,出库含沙量急剧增大,坝前清浑水交界面高程迅速降低。异重流期间排沙情况统计见表 12-3。

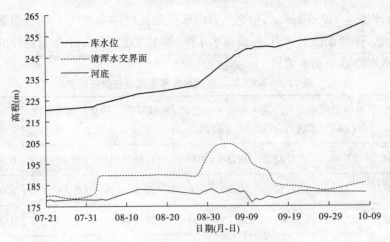

图 12-2　坝前清浑水交界面变化(桐树岭站)

表 12-3　2003 年小浪底水库异重流期间排沙情况统计

时段 （月-日）	历时 (d)	水量(亿 m³)		沙量(亿 t)		出库/入库	
		三门峡	小浪底	三门峡	小浪底	排水比	排沙比
08-02～08-14	13	9.743	2.760	0.832	0.003	0.283	0.004
08-27～09-20	25	49.844	21.247	3.399	0.840	0.426	0.247

12.2.3　实施效果

12.2.3.1　利用浑水水库实现水沙空间对接

　　水库异重流运行至坝前后,若未能及时排出库外,则会集聚在坝前形成浑水水库。由于浑水中悬浮的泥沙颗粒非常细,泥沙往往以浑液面的形式整体下沉,且沉速极为缓慢。浑水水库的沉降特点可使水库调水调沙调度更为灵活。2003 年调水调沙试验,正是利用了这一特点而实现了水沙的空间对接。

　　黄河第二次基于空间尺度的调水调沙试验的特色是:利用小浪底水库异重流及其坝区的浑水水库,通过启闭不同高程泄水孔洞,塑造一定历时的不同流量与含沙量过程,加载于小浪底水库下游伊洛河、沁河入汇的"清水"之上,并使其在花园口站准确对接,形成花园口站较为协调的水沙关系。调水调沙期间,小浪底水库排沙量为 0.815 亿 t,基本上将前期洪水形成的异重流所挟带至坝前的大部分泥沙排泄出库,同时实现了水库尽量多排泥沙且黄河下游河道不淤积的多项目标。

12.2.3.2　利用水库联合调度延长异重流排沙历时

　　在水库边界条件一定的情况下,若要水库异重流持续运行并获得较大的排沙效果,必须使异重流有足够的能量及持续时间,异重流的能量取决于形成异重流的水沙条件,入库流量及含沙量大且细颗粒泥沙含量高,则异重流的能量大,具有较大的初速度;异重流的持续时间取决于洪水持续时间,若入库洪峰持续时间短,则异重流排沙历时也短,一旦上游的洪水流量减小,不能为异重流运行提供足够的能量,则异重流将很快停止而消失。

三门峡水库的调度可对小浪底水库异重流排沙产生较大的影响。当黄河中游发生洪水时,结合三门峡水库泄空冲刷,可有效增加进入小浪底水库的流量历时及水流含沙量,对小浪底水库异重流排沙是有利的。

第 13 章　人工异重流塑造与利用

人工塑造异重流,并使之持续运行到坝前,必须使形成异重流的水沙过程满足异重流持续运动条件。从物理意义来说,必须使入库洪水供给异重流的能量,能克服异重流沿程和局部的能量损失,否则异重流将在中途消失。

在 2004 年汛前的调水调沙试验过程中,首次开展了人工塑造异重流调度并取得成功,之后每年在黄河汛前调水调沙期间均加以实施。目前,黄河汛前调水调沙期间小浪底水库异重流塑造模式(即中游水库联合调度调水调沙模式)可以基本概括为:在上中游不发生洪水条件下,利用三门峡、万家寨水库蓄水,通过合理调度,促使三门峡库区及小浪底库区上段产生冲刷,并在小浪底库区产生异重流排沙(见图 13-1)。小浪底水库异重流的较高排沙比是黄河汛前调水调沙模式极其重要的目标之一。

对小浪底水库而言,产生异重流的泥沙可来自其上游,亦可来于自身的补给。来自上游而进入小浪底库区的泥沙大体上有两种来源:其一是黄河中游发生洪水,通过水库调度,可充分利用异重流输移规律,增加异重流排沙比,达到减少水库淤积,延长水库寿命等多种目标;其二是非汛期淤积在三门峡水库中的泥沙,三门峡水库蓄清排浑运用,非汛期进入三门峡水库的泥沙被全部拦蓄,其中部分泥沙随着汛前泄水进入小浪底水库,若通过多座水库联合调度,可塑造出满足异重流排沙的水沙过程,利用异重流排出部分泥沙以减少水库淤积。来于自身的泥沙为堆积在水库上段的淤积物,可随着入库较大流量的冲刷而悬浮,其中较细者会以异重流的形式排泄出库。

13.1　2004 年黄河调水调沙

三门峡水库及万家寨水库泄流量及时机是优化 2004 年 7 月黄河第三次调水调沙试验人工异重流塑造的关键因素,两库泄量的大小及时机决定了水库冲刷量、水库淤积形态调整过程及排沙效果。第 1 篇研究成果得到初步应用,通过水库群联合调度,在小浪底库区首次成功地塑造出异重流,并实现排沙出库,发展了水库排沙途径。

13.1.1　调度方案

13.1.1.1　初始条件

万家寨水库蓄水量约 2.15 亿 m^3;三门峡水库蓄水位 318 m,蓄水量约 4.72 亿 m^3;小浪底水库蓄水位 248.3 m,蓄水量约 56.3 亿 m^3,至汛前水位下降至 225 m,可调水量 31.6 亿 m^3;调水调沙期间潼关断面径流量 783 m^3/s,小浪底水库以下支流入汇流量 80 m^3/s。2004 年 2 月小浪底库区纵剖面图见图 13-2。

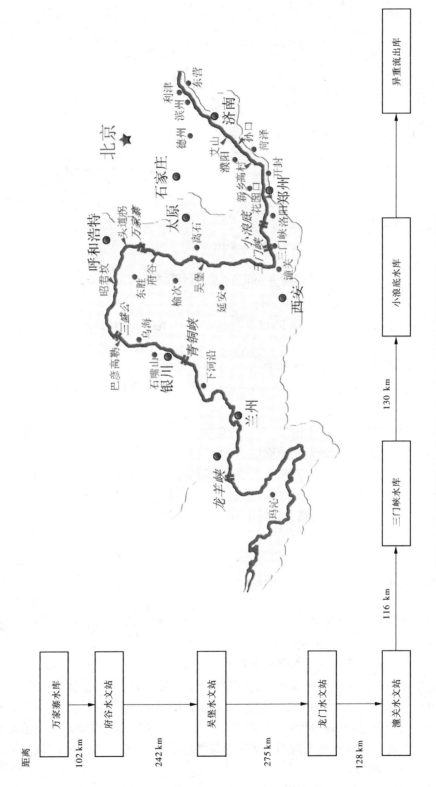

图13-1 黄河汛前调水调沙期间小浪底水库异重流塑造模式示意图

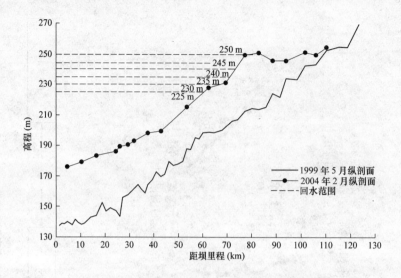

图 13-2　2004 年小浪底库区纵剖面(深泓点)

13.1.1.2　调度过程及原则

调水调沙要求进入黄河下游花园口站的流量为 2 700 m³/s,其中小浪底水库下泄 2 620 m³/s。

在黄河上中游不发生洪水的条件下,依靠水库蓄水体进行调水调沙。小浪底、三门峡及万家寨水库可调水量约为 38.5 亿 m³,加之调水调沙期间径流量,则泄水历时约为 22 d。

整个调度过程可划分为三个阶段:第一阶段为小浪底水库泄流,出库流量 $Q = 2\,620$ m³/s 至终止水位 H_1,该水位的确定原则应为,既可使小浪底水库淤积三角洲顶坡段完全脱离水库回水末端,又可保障 H_1 至汛限水位有足够的蓄水量满足第二阶段及第三阶段补水泄流;第二阶段三门峡及万家寨水库依次泄空,其下泄流量应使三门峡及小浪底水库达到理想的冲刷状况及排沙效果;第三阶段小浪底水库继续泄流至汛限水位,使黄河下游沙峰之后有一定的冲刷历时。

事实上,三门峡水库及万家寨水库泄流量及时机是优化本次调水调沙的关键因素。两库泄量的大小及时机决定了水库冲刷量、水库淤积形态调整过程及排沙效果。就泄流时机而言,在满足第二阶段及第三阶段补水的条件下,两库泄流越晚,即调水调沙期第二阶段开始的时间越迟,小浪底水库蓄水位越低,对小浪底水库淤积三角洲的冲刷及水库排沙效果越好,但相应的三门峡水库蓄水迎洪的风险越大。

13.1.1.3　三门峡水库及万家寨水库下泄流量

三门峡水库及万家寨水库泄流量的大小取决于其对水库的冲刷、排沙效果,特别是取决于对小浪底水库淤积三角洲洲面形态调整及满足水库异重流排沙的要求。对调整小浪底水库淤积三角洲形态的角度而言,三门峡及万家寨两水库泄流量应满足在小浪底水库三角洲顶坡段的冲刷可横贯整个断面。据地形资料统计,小浪底水库三角洲顶坡段河床宽度平均约为 400 m。

对于一般的沙质河床,河槽宽度 B 与流量 Q 之间的关系可表述为

$$B = 38.6Q^{0.31} \tag{13-1}$$

若满足全断面冲刷,即冲刷宽度达 400 m,则流量约为 2 000 m³/s。因此,两库下泄流量应不小于 2 000 m³/s。

从小浪底水库异重流排沙的角度而言,两库下泄流量越大,则冲刷效率越高,较大的流量及含沙量有利于异重流的形成及输移。但当两库蓄水量一定时,下泄流量大,冲刷历时则短。作为方案比较,分析了两库下泄流量分别为 2 000 m³/s 及 2 500 m³/s 两个方案。万家寨、三门峡两水库泄水期两方案进入小浪底水库的流量过程,见表 13-1。

表 13-1　三门峡水库及万家寨水库不同泄水方案小浪底入库流量过程

历时(d)		1	2	3	4	5	6	7
流量 (m³/s)	方案 1	2 000	2 000	2 000	2 000	2 000	2 000	1 432.4
	方案 2	2 500	2 500	2 500	2 500	1 866.4		

13.1.1.4　终止水位 H_1

如前所述,H_1 是小浪底水库第一阶段泄流的终止水位。该水位的确定应保障其下至汛限水位之间有足够的蓄水体,以满足三门峡水库及万家寨水库泄流时的补水及小浪底水库第三阶段的泄水。

在调水调沙第二阶段三门峡水库及万家寨两库泄流过程中,方案 1 及方案 2 泄流历时分别为 7 d 及 5 d,相应时段小浪底水库补水量分别约为 4.3 亿 m³ 及 1.1 亿 m³。

小浪底水库第三阶段的泄水历时的确定,初步按第二阶段的沙峰在黄河下游不发生明显坦化,并传播至利津断面为原则定为 4 d,则小浪底水库第三阶段泄水量约为 9 亿 m³。

因此,方案 1 及方案 2 在第二阶段与第三阶段小浪底水库总的补水量分别为 13.3 亿 m³ 及 10.1 亿 m³,相应水位 H_1 分别为 236 m 及 234 m。

13.1.2　水库排沙计算

采用数学模型、资料分析及理论与经验公式计算等方法,分别计算上述两种方案三门峡库区排沙过程、小浪底水库淤积三角洲冲刷过程及在小浪底水库回水区产生的异重流排沙过程。

13.1.2.1　三门峡水库

采用黄科院三门峡水库准二维恒定流泥沙冲淤水动力学数学模型计算水库不同调度方式下水库排沙结果。

将来水来沙过程分为若干时段,使每一个时段的水流接近于恒定流;根据河道形态划分为若干河段,每一河段内水流接近于均匀流,并将每一个河段断面均概化为主槽和滩地两部分,主槽部分可以由不同数量的子断面组成。利用一维恒定流水流连续方程、水流动量方程、泥沙连续方程和河床变形方程,以及补充的动床阻力和挟沙力公式、溯源冲刷计算河床断面形态模拟技术,计算结果见表 13-2 及表 13-3。

表 13-2　三门峡水库出库流量、含沙量过程计算结果

方案	天数(d)	潼关站			三门峡站			潼关—三门峡冲淤量(亿 t)
		流量(m³/s)	含沙量(kg/m³)	输沙率(t/s)	流量(m³/s)	含沙量(kg/m³)	输沙率(t/s)	
1	1	783.0	15	11.75	2 000.0	0	0	0.01
	2	783.0	15	11.75	2 000.0	0	0	0.01
	3	783.0	15	11.75	2 000.0	2.41	4.82	0.01
	4	783.0	15	11.75	2 000.0	136.9	273.80	−0.23
	5	1 405.0	15	21.08	2 000.0	104.2	208.40	−0.16
	6	2 000.0	20	40.00	2 000.0	88.1	176.20	−0.12
	7	1 432.4	15	21.49	1 432.4	65.1	93.25	−0.06
	合计							−0.54
2	1	783.0	15	11.75	2 500.0	0	0	0.01
	2	783.0	15	11.75	2 500.0	9.6	24.00	−0.01
	3	783.0	15	11.75	2 500.0	94.2	235.50	−0.19
	4	2 188.0	20	43.76	2 500.0	146.9	367.25	−0.28
	5	1 866.4	15	28.00	1 866.4	91.2	170.22	−0.12
	合计							−0.59

表 13-3　三门峡水库出库悬移质级配计算结果

方案	天数(d)	小于某粒径(mm)沙重百分数(%)						
		0.005	0.01	0.025	0.05	0.1	0.25	0.5
1	1							
	2							
	3	11.9	23.4	40.9	88.6	99.9	100	
	4	9.7	20.4	35.5	85.2	99.4	99.9	100
	5	8.3	17.7	32.4	83.7	98.8	99.7	100
	6	5.8	17.1	31.4	71.3	97.1	99.6	100
	7	5.8	14.3	30.5	67.9	97.1	99.8	100
2	1							
	2	16	26.9	44.9	90.8	99.9	100	
	3	13.4	24.7	39	86.4	99.5	99.9	100
	4	10.3	17.7	32.5	83.9	98.8	99.7	100
	5	9.8	20.9	35.1	82.5	96.5	99.3	100

由表 13-2 可以看出,方案 1 第 1~4 天及方案 2 第 1~3 天,利用三门峡水库蓄水泄流,潼关断面流量为 783 m³/s,之后,万家寨水库补水,潼关断面流量相应增加。三门峡水库泄水初期,在蓄水量较大的情况下,水库基本上不排沙,在接近泄空时,大量的泥沙才会被排泄出库。方案 1 与方案 2 三门峡站含沙量分别在第 4 天及第 3 天才突然增大至136.9 kg/m³ 及 94.2 kg/m³。三门峡水库泄空后,万家寨水库泄水接踵而来,可在三门峡库区产生较大的冲刷而使出库含沙量较大。

13.1.2.2 小浪底水库库尾段

小浪底水库库尾段河谷狭窄、比降大,调水调沙第一阶段连续泄水使淤积三角洲顶点脱离回水影响。三门峡水库下泄较大的流量过程,在该库段沿程冲刷与溯源冲刷会相继发生,从而使水流含沙量沿程增加。由于小浪底水库运用时间短,有关库区冲刷的实测资料缺乏,本次采用类比法与公式法两种方法加以估算。

1. 类比法

分析三门峡水库 1962 年和 1964 年泄空期三角洲顶点附近含沙量恢复的实测资料发现,当坝前水位较低时,前期淤积体完全脱离回水影响,库区在一定流量下会发生自下而上的溯源冲刷,溯源冲刷发展初期,河床冲刷剧烈,含沙量增加明显,其中以 1962 年 3 月下旬至 4 月上旬潼关—太安河段含沙量增加较多,可达 20~40 kg/m³,最大值超过50 kg/m³;1964 年汛后,三门峡水库泄空后,入库流量在 3 000 m³/s 以上,潼关以下库区以太安—北村河段的含沙量恢复较多,但与 1962 年相比减小很多,该河段含沙量增加值一般未超过 20 kg/m³。选择这两个时段资料作类比分析的原因为:一是冲刷段均与大坝有一定距离,二是坝前段仍有一定的壅水,这两点与本次研究对象具有一定的相似性。

2. 公式法

采用张启舜建立的冲刷型输沙能力公式估算[1]

$$qS_* = k(\gamma_e qJ)^m \tag{13-2}$$

式中:γ_e 为浑水容重;q 为单宽流量;J 为比降;k、m 分别为率定的系数、指数。

计算时,采用 2003 年汛后的库区地形作为前期边界;库水位取 235 m;冲起物级配近似采用尾部段淤积较多的 HH41 断面至 HH52 断面河段的平均床沙级配。

通过计算分析,两种方案条件下小浪底水库尾部段的冲刷状况及排沙效果见表 13-4。

计算结果表明,三门峡水库及万家寨水库泄放的洪水过程在小浪底水库上段淤积三角洲产生冲刷,使水流含沙量进一步增加。对比表 13-2 与表 13-4,小浪底库区回水末端以上的冲刷一般可使水流含沙量增加 30~40 kg/m³。需要说明的是,计算没有考虑调水调沙第一阶段小浪底水库泄水时,在水位下降过程中,较小入库流量对小浪底水库淤积三角洲的冲刷影响,其影响包括形态及级配的调整。

13.1.2.3 小浪底水库异重流排沙计算

利用经小浪底水库实测资料率定后的韩其为含沙量及级配沿程变化计算公式(4-44)及式(4-45)计算小浪底水库异重流排沙过程[2],结果见表 13-5。

表 13-4　2004 年小浪底水库回水末端(HH40 断面)流量、含沙量过程

方案	天数 (d)	流量 (m³/s)	含沙量 (kg/m³)	某粒径组沙重百分数(%)			
				$d < 0.01$ mm	$d < 0.025$ mm	$d < 0.05$ mm	$d > 0.05$ mm
1	1	2 000.0	33.4	21.0	49.0	82.0	18.0
	2	2 000.0	35.2	21.0	49.0	82.0	18.0
	3	2 000.0	37.0	21.2	48.5	82.4	17.6
	4	2 000.0	168.9	20.5	38.1	84.6	15.4
	5	2 000.0	133.2	18.4	36.0	83.3	16.7
	6	2 000.0	111.1	17.9	35.0	73.5	26.5
	7	1 432.4	81.8	15.7	34.3	70.8	29.2
2	1	2 500.0	41.4	21.0	49.0	82.0	18.0
	2	2 500.0	52.8	22.1	48.3	83.6	16.4
	3	2 500.0	136.8	23.5	42.1	85.0	15.0
	4	2 500.0	186.9	18.4	36.0	83.5	16.5
	5	1 866.4	117.0	20.9	38.2	82.4	17.6

表 13-5　2004 年计算小浪底出库含沙量过程

方案	天数 (d)	异重流出库 含沙量(kg/m³)	小浪底站		某粒径组沙重百分数(%)		
			流量(m³/s)	含沙量(kg/m³)	$d < 0.01$ mm	$d < 0.025$ mm	$d < 0.05$ mm
1	1	0 ~ 9.6	2 620	0 ~ 7.3	66.8	99.3	100.0
	2	0 ~ 10.1	2 620	0 ~ 7.7	66.8	99.3	100.0
	3	0 ~ 10.6	2 620	0 ~ 8.1	67.4	99.2	100.0
	4	44.8	2 620	34.2	72.2	96.7	100.0
	5	32.1	2 620	24.5	70.9	97.1	100.0
	6	25.5	2 620	19.5	72.0	98.2	100.0
	7	14.9	2 620	8.1	76.7	99.7	100.0
2	1	12.8	2 620	12.2	62.9	98.6	100.0
	2	16.6	2 620	15.9	65.2	98.4	100.0
	3	42.5	2 620	40.5	71.4	96.5	100.0
	4	50.1	2 620	47.8	64.8	93.3	100.0
	5	29.7	2 620	21.1	76.1	98.4	100.0

由表 13-4 可以看出,方案 1 第 1 ~ 3 天,流量为 2 000 m³/s,含沙量为 33.4 ~ 37 kg/m³。由第 4 章知,这种水沙组合基本处于异重流可否运行至坝前的临界状态。因此,在表 13-5 中,方案 1 第 1 ~ 3 天出库含沙量列出了两个极限值。

由表 13-2～表 13-5 可以看出：

（1）方案 1。三门峡库区淤积 0.54 亿 t，小浪底水库上段冲刷 0.34 亿 t，小浪底水库 7 d 平均出库含沙量 12.3～15.6 kg/m³，出库沙量 0.2 亿～0.25 亿 t，异重流 7 d 平均出库含沙量 16.8～21.1 kg/m³，水库排沙比为 19.5%～24.8%。

（2）方案 2。三门峡库区淤积 0.59 亿 t，小浪底水库上段冲刷 0.4 亿 t，小浪底水库 5 d 平均出库含沙量 27.5 kg/m³，出库沙量 0.31 亿 t，异重流平均出库含沙量 30.4 kg/m³，水库排沙比为 28.5%。

从计算结果看，两方案均可达到在三门峡库区及小浪底库区上段产生冲刷并在下段形成异重流排沙的目的，但从排沙过程看，两方案各有利弊。

相对而言，方案 1 泄流历时长，水库冲刷及排沙历时亦长。不利之处是，在泄水初期的第 1～3 天内，三门峡水库下泄清水，即使在小浪底库区上段产生冲刷，小浪底水库回水末端水流含沙量也仅为 33～37 kg/m³，这种水沙组合仅接近异重流可否到达坝前的临界条件。特别是泄水的第 1 天，形成异重流的水流含沙量最低，也意味着异重流的能量最小，而异重流头部在前进过程中所要克服的阻力最大，因而所需的力量要比后续潜流大。显然，方案 1 的水沙组合及过程对异重流持续运行是不利的。

方案 2 水库下泄流量较大，在小浪底水库顶坡段冲刷强度大，水流含沙量可恢复约 40 kg/m³，形成异重流排沙的可能性及排沙量较大。不利的是，水库冲刷及排沙历时较短。此外，从定性上讲，异重流流量大，清浑水交界面较高，倒灌至各支流的沙量会较大，异重流排沙比会减小。实际上，在各方案异重流排沙计算中并没有完全反映这一因素。

综合以上对两方案的分析，提出优化方案 3，即三门峡水库开始泄水的第 1～2 天，下泄流量控制在 2 500 m³/s，第 3～5 天，下泄流量控制在 2 000 m³/s，第 6 天下泄流量控制在 1 649.4 m³/s。这种流量过程，既有利于异重流前锋到达坝前，又满足有一定历时的落水期，使沙峰排泄出库。通过计算分析，方案 3 泄流过程三门峡水库及小浪底水库的冲刷状况及排沙效果见表 13-6～表 13-9。

表 13-6　三门峡水库出库流量、含沙量过程计算结果（方案 3）

方案	天数（d）	潼关站			三门峡站			潼关—三门峡冲淤量（亿 t）
		流量（m³/s）	含沙量（kg/m³）	输沙率（t/s）	流量（m³/s）	含沙量（kg/m³）	输沙率（t/s）	
3	1	783.0	15	11.75	2 500.0	0	0	0.01
	2	783.0	15	11.75	2 500.0	9.6	24.00	−0.01
	3	783.0	15	11.75	2 000.0	87.5	175.00	−0.14
	4	1 188.0	20	23.76	2 000.0	141.2	282.40	−0.22
	5	2 000.0	15	30.00	2 000.0	86.2	172.40	−0.12
	6	1 649.4	15	24.74	1 649.4	68.1	112.32	−0.08
	合计							−0.56

表 13-7　三门峡水库出库悬移质级配计算结果(方案 3)

方案	天数 (d)	小于某粒径(mm)沙重百分数(%)						
		0.005	0.01	0.025	0.05	0.1	0.25	0.5
3	1							
	2	16	26.9	44.9	90.8	99.9	100.0	
	3	14.4	25.9	39.7	87.4	99.6	99.9	100.0
	4	13.9	25.3	38.4	85.9	99.5	99.9	100.0
	5	11.7	24.3	37.4	84.2	98.8	99.7	100.0
	6	10.2	24.1	34.5	82.7	98.3	99.0	100.0

表 13-8　小浪底水库回水末端(HH40 断面)流量、含沙量过程计算结果(方案 3)

方案	天数 (d)	流量 (m³/s)	含沙量 (kg/m³)	某粒径组沙重百分数(%)			
				$d < 0.01$ mm	$d < 0.025$ mm	$d < 0.05$ mm	$d > 0.05$ mm
3	1	2 500.0	41.4	21.0	49.0	82.0	18.0
	2	2 500.0	52.8	22.1	48.3	83.6	16.4
	3	2 000.0	118.5	24.6	42.1	86.0	14.0
	4	2 000.0	169.2	24.6	40.2	85.3	14.7
	5	2 000.0	110.2	23.6	39.9	83.7	16.3
	6	1 649.4	87.3	23.4	37.7	82.5	17.5

　　优化方案 3:三门峡库区淤积 0.56 亿 t,小浪底水库上段冲刷 0.35 亿 t,小浪底水库 6 d 平均出库含沙量 21.8 kg/m³,出库沙量 0.3 亿 t,异重流平均出库含沙量 27.9 kg/m³,水库的排沙比为 29.1%。

　　此外建议:①在调水调沙实施过程中,可依据水文预报结果,综合分析三门峡水库、小浪底水库及黄河下游输沙情况进一步优化调度,从满足异重流持续运行考虑,三门峡水库泄水的第 1 天流量可进一步加大;②在塑造人工异重流之前,三门峡水库控制较小流量下泄,以减少小浪底水库降水过程中对小浪底水库淤积三角洲的冲刷,从而保证人工异重流期间,在该区域维持目前相对有利于产生溯源冲刷的地形,以及有利于水流含沙量沿程恢复的前期淤积物,特别是其中的细颗粒泥沙。

表 13-9　2004 年计算小浪底出库含沙量过程(方案 3)

方案	天数 (d)	异重流出库 含沙量(kg/m³)	小浪底站		某粒径组沙重百分数(%)		
			流量(m³/s)	含沙量(kg/m³)	d < 0.01 mm	d < 0.025 mm	d < 0.05 mm
3	1	12.8	2 620	12.2	62.9	98.6	100.0
	2	16.6	2 620	15.9	65.2	98.4	100.0
	3	35.1	2 620	26.8	77.2	98.2	100.0
	4	50.0	2 620	38.2	78.0	97.2	100.0
	5	31.0	2 620	23.7	77.9	98.2	100.0
	6	22.1	2 620	13.9	84.1	99.3	100.0

13.1.3　实施效果

2004 年 7 月 5 日 15 时三门峡水库 3 个底孔和 4 台发电机组闸门同时开启,7 月 5 日 15 时 6 分三门峡站流量达到 1 960 m³/s,黄河第三次调水调沙试验人工塑造异重流第一阶段即利用三门峡水库清水下泄冲刷小浪底库区尾部三角洲泥沙正式开始。小浪底水库库尾段河谷狭窄、比降大,在水库回水末端以上 HH40 断面至 HH55 断面(距坝 69 ~ 119 km)的库区淤积三角洲洲面相继发生沿程冲刷与溯源冲刷,从而使水流含沙量沿程增加。7 月 5 日 18 时洪峰演进至 HH35 断面(距坝约 58.51 km)附近,浑水开始下潜形成异重流,并且沿库底向前运行。7 月 7 日上午 9 时左右三门峡水库进一步加大下泄流量,14 时三门峡站含沙量 2.19 kg/m³,流量 4 910 m³/s,标志着人工塑造异重流第一阶段三门峡水库清水下泄阶段的结束,第二阶段三门峡水库泄空排沙阶段开始。7 月 7 日异重流潜入点在 HH30 断面至 HH31 断面,7 月 8 日上午潜入点回退到 HH33 断面至 HH34 断面,并于 8 日 13 时 50 分开始排出库外,见图 13-3。

整个人工塑造异重流过程,三门峡水库下泄水量 6.56 亿 m³,在人工塑造异重流第二阶段有 1 次明显的泄流、排沙过程,期间,三门峡站 7 月 7 日 14 时 6 分洪峰流量 5 130 m³/s,最大含沙量为 7 月 7 日 20 时 18 分 446 kg/m³,沙量 0.43 亿 t;小浪底水库坝前水位由 233.5 m 降至 227.8 m,水库下泄水量 14.58 亿 m³,沙量 0.044 亿 t,平均含沙量 3.02 kg/m³。出库泥沙主要由细颗粒泥沙组成,细颗粒泥沙的含量接近 90%。人工塑造异重流期间,细沙、中沙、粗沙、全沙排沙比分别为 28%、2.4%、0.9%、10.1%。

调水调沙试验达到了以下试验目标:

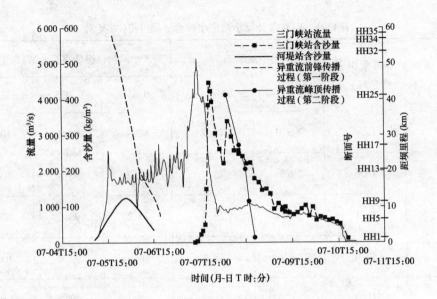

图 13-3　2004 年入库水沙条件及异重流传播过程

（1）小浪底库尾淤积形态得到调整。通过小浪底库尾扰动及水流自然冲刷,小浪底水库尾部淤积三角洲顶点由距坝 70 km 下移至距坝 47 km,淤积三角洲冲刷泥沙 1.329 亿 m³,库尾淤积形态得到合理调整。

（2）人工塑造异重流排沙出库。人工异重流塑造分为两个阶段:一是三门峡水库清水下泄,小浪底水库淤积三角洲发生了强烈冲刷,异重流在库区 HH35 断面(距坝约 58.51 km)潜入;二是 7 月 7 日 8 时万家寨水库泄流和三门峡水库泄流对接后加大三门峡水库泄水流量,并冲刷三门峡库区淤积的泥沙,7 月 8 日 13 时 50 分,小浪底库区异重流排沙出库。

（3）深化了异重流运动规律认识。第三次调水调沙试验,我们经历了由实践—认识—实践的过程。通过对调水调沙试验的总结,将实现再认识的过程,这对今后小浪底水库调水调沙具有重要意义。

13.2　2005 年黄河调水调沙

2005 年黄河调水调沙转入生产运行,小浪底水库人工塑造异重流仍沿用 2004 年模式。由于 2004 年小浪底水库淤积三角洲顶坡段在汛前调水调沙及"04·8"洪水的作用,三角洲发生了强烈冲刷,至 2005 年汛前,三角洲顶坡段坡度较缓,三角洲顶坡段的上段即 HH42 断面至 HH47 断面比降约为 1‰。同 2004 年相比,小浪底水库边界条件对人工塑造异重流极为不利。正确判断淤积三角洲洲面库段的水流输沙特性是人工塑造异重流方案设计的关键。方案计算由 2004 年的冲刷模式变为壅水明流输沙计算。

13.2.1　调度方案

各水库蓄水状况及预测的调水调沙前期可调水量如下：

(1)万家寨水库。6月7日水位977.67 m,至调水调沙之前可基本维持不变,至汛限水位966 m之间可供水量约2.59亿 m^3。

(2)三门峡水库。6月7日水位317.31 m,相应蓄水量为3.86亿 m^3。至调水调沙之前将降为312 m(方案Ⅰ)或315 m(方案Ⅱ),相应蓄水量分别为1.159亿 m^3 和2.02亿 m^3。

(3)小浪底水库。6月7日水位为252.39 m,相应水量为62.9亿 m^3。为使下游河道有一个逐步调整的过程,避免河势突变,减少工程出险机遇和漫滩风险,从6月7日至调水调沙之前,首先利用小浪底水库泄水塑造了一个下泄流量由600 m^3/s逐步加大至2 500 m^3/s的涨水过程,至调水调沙前期库水位分别下降至247.10 m(方案Ⅰ)或246.65 m(方案Ⅱ),相应蓄水量分别为52.953亿 m^3 及52.178亿 m^3。

(4)来水量。调水调沙期间黄河上中游来水量采用水情预报结果。

6月7~15日为调水调沙预泄期。调水调沙自6月16日开始,至小浪底库水位降至汛限水位结束。根据水库调度及库区水沙输移特点,调水调沙全过程可划分为两个阶段,分别定义为调水期与排沙期。

调水期主要是利用小浪底水库蓄水量,在入库流量的基础上补水至调控流量下泄,以达到扩大下游河槽过洪能力的目的。调水期间,小浪底水库水位逐渐下降,接近对接水位时转入排沙期。

排沙期主要利用万家寨、三门峡水库联合调度,塑造有利于在小浪底库区形成异重流排沙的三门峡出库水沙过程,尽可能实现在小浪底水库产生异重流并排沙出库。

调水期及排沙期两阶段以小浪底蓄水位界定(下称对接水位)。对接水位的下限与汛限水位之间的蓄水量应满足排沙期的补水要求。综合考虑,对接水位分别约为232 m和230 m。与三门峡水库两种前期蓄水条件可组合4个方案,见表13-10。黄河上中游来水量及水量调算过程见表13-11~表13-14(表中万家寨及区间流量均为传播至潼关断面流量)。

表13-10　2005年黄河调水调沙设计方案

方案	三门峡水库前期蓄水位(m)	小浪底水库对接水位(m)
Ⅰ-1	312	232
Ⅰ-2	312	230
Ⅱ-1	315	232
Ⅱ-2	315	230

表 13-11　方案 I-1 水量调算过程

| 日期
(年-月-日 T 时) | 流量 (m³/s) | | | | | | 小浪底水库 | | | |
	头道拐	万家寨水库	万家寨至潼关	潼关	三门峡水库入库	三门峡水库出库	小浪底水库	补泄流量 (m³/s)	累计补水量 (亿 m³)	库容 (亿 m³)	水位 (m)
2005-06-07	126.0	126.0	283.0	409.0	409.0	756.3	600.0	-156.3	-0.135	62.035	252.12
2005-06-08	126.0	126.0	283.0	409.0	409.0	756.3	800.0	43.7	-0.097	61.997	252.10
2005-06-09	126.0	126.0	283.0	409.0	409.0	756.3	1 500.0	743.7	0.545	61.355	251.76
2005-06-10	126.0	126.0	283.0	409.0	409.0	756.3	2 000.0	1 243.7	1.620	60.280	251.18
2005-06-11	126.0	126.0	313.0	439.0	439.0	786.3	2 300.0	1 513.7	2.928	58.972	250.48
2005-06-12	126.0	126.0	313.0	439.0	439.0	786.3	2 300.0	1 513.7	4.235	57.665	249.75
2005-06-13	126.0	126.0	313.0	439.0	439.0	786.3	2 500.0	1 713.7	5.716	56.184	248.93
2005-06-14	126.0	126.0	313.0	439.0	439.0	786.3	2 500.0	1 713.7	7.196	54.704	248.10
2005-06-15	126.0	126.0	313.0	439.0	439.0	786.3	2 500.0	1 713.7	8.677	53.223	247.25
2005-06-16	146.0	146.0	303.0	449.0	449.0	449.0	2 800.0	2 351.0	10.708	51.192	246.08
2005-06-17	146.0	146.0	303.0	449.0	449.0	449.0	2 800.0	2 351	12.740	49.160	244.87
2005-06-18	146.0	146.0	303.0	449.0	449.0	449.0	2 800.0	2 351.0	14.771	47.129	243.64
2005-06-19	146.0	146.0	303.0	449.0	449.0	449.0	2 800.0	2 351	16.802	45.098	242.37
2005-06-20	146.0	146.0	303.0	449.0	449.0	449.0	2 800.0	2 351	18.834	43.066	241.08
2005-06-21	146.0	146.0	565.0	711.0	711.0	711.0	3 000.0	2 289.0	20.811	41.089	239.79
2005-06-22	146.0	146.0	565.0	711.0	711.0	711.0	3 000.0	2 289.0	22.789	39.111	238.46
2005-06-23	146.0	146.0	565.0	711.0	711.0	711.0	3 000.0	2 289.0	24.767	37.133	237.10
2005-06-24	146.0	146.0	565.0	711.0	711.0	711.0	3 000.0	2 289.0	26.744	35.156	235.67
2005-06-25	146.0	146.0	565.0	711.0	711.0	711.0	3 000.0	2 289.0	28.722	33.178	234.26
2005-06-26	576.0	576.0	135.0	711.0	711.0	711.0	3 200.0	2 489.0	30.872	31.028	232.63
2005-06-27T0~14	576.0	576.0	135.0	711.0	3 000.0	3 000.0	3 200.0	200.0	30.973	30.927	232.56
2005-06-27T15~24	576.0	1 500.0	135.0	1 635.0	1 635.0	1 635.0	3 200.0	1 565.0	31.537	30.363	232.12
2005-06-28	576.0	1 500.0	135.0	1 635.0	1 635.0	1 635.0	3 200.0	1 565.0	32.889	29.011	231.04
2005-06-29	576.0	1 500.0	135.0	1 635.0	1 635.0	1 635.0	3 200.0	1 565.0	34.241	27.659	229.93
2005-06-30T0~19	576.0	1 500.0	135.0	1 635.0	1 635.0	1 635.0	3 200.0	1 565.0	35.311	26.589	229.02
2005-06-30T20~24	576.0	576.0	135.0	711.0	711.0	711.0	3 200.0	2 489.0	35.759	26.141	228.63
2005-07-01	576.0	576.0	392.0	968.0	968.0	968.0	3 200.0	2 232.0	37.688	24.212	226.93
2005-07-02	576.0	576.0	392.0	968.0	968.0	968.0	3 200.0	2 232.0	39.616	22.284	225.12

表 13-12 方案 Ⅰ-2 水量调算过程 (m³/s)

日期 (年-月-日 T 时)	流量(m³/s)						小浪底水库	补泄流量 (m³/s)	小浪底水库		
	头道拐	万家寨水库	万家寨至潼关	潼关	三门峡水库入库	三门峡水库出库			累计补水量 (亿 m³)	库容 (亿 m³)	水位 (m)
2005-06-07	126.0	126.0	283.0	409.0	409.0	756.3	600.0	-156.3	-0.135	62.035	252.12
2005-06-08	126.0	126.0	283.0	409.0	409.0	756.3	800.0	43.7	-0.097	61.997	252.10
2005-06-09	126.0	126.0	283.0	409.0	409.0	756.3	1 500.0	743.7	0.545	61.355	251.76
2005-06-10	126.0	126.0	283.0	409.0	409.0	756.3	2 000.0	1 243.7	1.620	60.280	251.18
2005-06-11	126.0	126.0	313.0	439.0	439.0	786.3	2 300.0	1 513.7	2.928	58.972	250.48
2005-06-12	126.0	126.0	313.0	439.0	439.0	786.3	2 300.0	1 513.7	4.235	57.665	249.75
2005-06-13	126.0	126.0	313.0	439.0	439.0	786.3	2 500.0	1 713.7	5.716	56.184	248.93
2005-06-14	126.0	126.0	313.0	439.0	439.0	786.3	2 500.0	1 713.7	7.196	54.704	248.10
2005-06-15	126.0	126.0	313.0	439.0	439.0	786.3	2 500.0	1 713.7	8.677	53.223	247.25
2005-06-16	146.0	146.0	303.0	449.0	449.0	449.0	2 800.0	2 351.0	10.708	51.192	246.08
2005-06-17	146.0	146.0	303.0	449.0	449.0	449.0	2 800.0	2 351.0	12.740	49.160	244.87
2005-06-18	146.0	146.0	303.0	449.0	449.0	449.0	2 800.0	2 351.0	14.771	47.129	243.64
2005-06-19	146.0	146.0	303.0	449.0	449.0	449.0	2 800.0	2 351.0	16.802	45.098	242.37
2005-06-20	146.0	146.0	303.0	449.0	449.0	449.0	2 800.0	2 351.0	18.834	43.066	241.08
2005-06-21	146.0	146.0	565.0	711.0	711.0	711.0	3 000.0	2 289.0	20.811	41.089	239.79
2005-06-22	146.0	146.0	565.0	711.0	711.0	711.0	3 000.0	2 289.0	22.789	39.111	238.46
2005-06-23	146.0	146.0	565.0	711.0	711.0	711.0	3 000.0	2 289.0	24.767	37.133	237.10
2005-06-24	146.0	146.0	565.0	711.0	711.0	711.0	3 000.0	2 289.0	26.744	35.156	235.67
2005-06-25	146.0	146.0	565.0	711.0	711.0	711.0	3 000.0	2 289.0	28.722	33.178	234.26
2005-06-26	576.0	576.0	135.0	711.0	711.0	711.0	3 200.0	2 489.0	30.872	31.028	232.63
2005-06-27	576.0	576.0	135.0	711.0	711.0	711.0	3 200.0	2 489.0	33.023	28.877	230.93
2005-06-28T0~14	576.0	576.0	135.0	711.0	3 000.0	3 000.0	3 200.0	200.0	33.124	28.776	230.85
2005-06-28T15~24	576.0	1 500.0	135.0	1 635.0	1 635.0	1 635.0	3 200.0	1 565.0	33.687	28.213	230.39
2005-06-29	576.0	1 500.0	135.0	1 635.0	1 635.0	1 635.0	3 200.0	1 565.0	35.039	26.861	229.25
2005-06-30	576.0	1 500.0	135.0	1 635.0	1 635.0	1 635.0	3 200.0	1 565.0	36.392	25.508	228.09
2005-07-01T0~19	576.0	1 500.0	392.0	1 892.0	1 892.0	1 892.0	3 200.0	1 308.0	37.286	24.614	227.29
2005-07-01T19~24	576.0	576.0	392.0	968.0	968.0	968.0	3 200.0	2 232.0	37.688	24.212	226.93
2005-07-02	576.0	576.0	392.0	968.0	968.0	968.0	3 200.0	2 232.0	39.616	22.284	225.12

表13-13　方案Ⅱ-1　水量调算过程

日期 (年-月-日T时)	流量 (m³/s)							补泄流量 (m³/s)	小浪底水库		
	头道拐	万家寨水库	万家寨至潼关	潼关	三门峡水库入库	三门峡水库出库	小浪底水库		累计补水量 (亿 m³)	库容 (亿 m³)	水位 (m)
2005-06-07	126.0	126.0	283.0	409.0	409.0	645.7	600.0	-45.7	-0.040	61.940	252.07
2005-06-08	126.0	126.0	283.0	409.0	409.0	645.7	800	154.3	0.094	61.806	252.00
2005-06-09	126.0	126.0	283.0	409.0	409.0	645.7	1 500.0	854.3	0.832	61.068	251.60
2005-06-10	126.0	126.0	283.0	409.0	409.0	645.7	2 000.0	1 354.3	2.002	59.898	250.97
2005-06-11	126.0	126.0	313.0	439.0	439.0	675.7	2 300.0	1 624.3	3.406	58.494	250.21
2005-06-12	126.0	126.0	313.0	439.0	439.0	675.7	2 300.0	1 624.3	4.809	57.091	249.43
2005-06-13	126.0	126.0	313.0	439.0	439.0	675.7	2 500.0	1 824.3	6.385	55.515	248.55
2005-06-14	126.0	126.0	313.0	439.0	439.0	675.7	2 500.0	1 824.3	7.962	53.938	247.66
2005-06-15	126.0	126.0	313.0	439.0	439.0	675.7	2 500.0	1 824.3	9.538	52.362	246.76
2005-06-16	146.0	146.0	303.0	449.0	449.0	449.0	2 800.0	2 351.0	11.569	50.331	245.57
2005-06-17	146.0	146.0	303.0	449.0	449.0	449.0	2 800.0	2 351.0	13.600	48.300	244.35
2005-06-18	146.0	146.0	303.0	449.0	449.0	449.0	2 800.0	2 351.0	15.632	46.268	243.11
2005-06-19	146.0	146.0	303.0	449.0	449.0	449.0	2 800.0	2 351.0	17.663	44.237	241.83
2005-06-20	146.0	146.0	303.0	449.0	449.0	449.0	2 800.0	2 351.0	19.694	42.206	240.52
2005-06-21	146.0	146.0	565.0	711.0	711.0	711.0	3 000.0	2 289.0	21.672	40.228	239.21
2005-06-22	146.0	146.0	565.0	711.0	711.0	711.0	3 000.0	2 289.0	23.649	38.251	237.88
2005-06-23	146.0	146.0	565.0	711.0	711.0	711.0	3 000.0	2 289.0	25.627	36.273	236.47
2005-06-24	146.0	146.0	565.0	711.0	711.0	711.0	3 000.0	2 289.0	27.605	34.295	235.07
2005-06-25	146.0	146.0	565.0	711.0	711.0	711.0	3 000.0	2 289.0	29.582	32.318	233.61
2005-06-26	576.0	576.0	135.0	711.0	711.0	711.0	3 200.0	2 489.0	31.733	30.167	231.97
2005-06-27T0~12	576.0	576.0	135.0	711.0	711.0	711.0	3 200.0	200.0	31.819	30.081	231.90
2005-06-27T13~24	576.0	576.0	135.0	711.0	3 000.0	3 000.0	3 200.0	200.0	31.906	29.994	231.83
2005-06-28	576.0	1 500.0	135.0	1 635.0	1 635.0	1 635.0	3 200.0	1 565.0	33.258	28.642	230.74
2005-06-29	576.0	1 500.0	135.0	1 635.0	1 635.0	1 635.0	3 200.0	1 565.0	34.610	27.290	229.62
2005-06-30	576.0	1 500.0	135.0	1 635.0	1 635.0	1 635.0	3 200.0	1 565.0	35.962	25.938	228.46
2005-07-01T0~5	576.0	1 500.0	392.0	1 892.0	1 892.0	1 892.0	3 200.0	1 308.0	36.198	25.702	228.25
2005-07-01T6~24	576.0	576.0	392.0	968.0	968.0	968.0	3 200.0	2 232.0	37.724	24.176	226.90
2005-07-02	576.0	576.0	392.0	968.0	968.0	968.0	3 200.0	2 232.0	39.653	22.247	225.09

表 13-14　方案Ⅱ-2 水量调算过程

日期 (年-月-日 T 时)	流量 (m³/s)						小浪底入库	小浪底水库			
	头道拐	万家寨水库	万家寨至潼关	潼关	三门峡水库入库	三门峡水库出库	小浪底入库	补泄流量 (m³/s)	累计补水量 (亿 m³)	库容 (亿 m³)	水位 (m)
2005-06-07	126.0	126.0	283.0	409.0	409.0	645.7	600.0	-45.667	-0.040	61.940	252.07
2005-06-08	126.0	126.0	283.0	409.0	409.0	645.7	800.0	154.3	0.094	61.806	252.00
2005-06-09	126.0	126.0	283.0	409.0	409.0	645.7	1 500.0	854.3	0.832	61.068	251.60
2005-06-10	126.0	126.0	283.0	409.0	409.0	645.7	2 000.0	1 354.3	2.002	59.898	250.97
2005-06-11	126.0	126.0	313.0	439.0	439.0	675.7	2 300.0	1 624.3	3.406	58.494	250.21
2005-06-12	126.0	126.0	313.0	439.0	439.0	675.7	2 300.0	1 624.3	4.809	57.091	249.43
2005-06-13	126.0	126.0	313.0	439.0	439.0	675.7	2 500.0	1 824.3	6.385	55.515	248.55
2005-06-14	126.0	126.0	313.0	439.0	439.0	675.7	2 500.0	1 824.3	7.962	53.938	247.66
2005-06-15	126.0	126.0	313.0	439.0	439.0	675.7	2 500.0	1 824.3	9.538	52.362	246.76
2005-06-16	146.0	146.0	303.0	449.0	449.0	662.0	2 800.0	2 138.0	11.385	50.515	245.57
2005-06-17	146.0	146.0	303.0	449.0	449.0	449.0	2 800.0	2 351.0	13.416	48.484	244.35
2005-06-18	146.0	146.0	303.0	449.0	449.0	449.0	2 800.0	2 351.0	15.448	46.452	243.11
2005-06-19	146.0	146.0	303.0	449.0	449.0	449.0	2 800.0	2 351.0	17.479	44.421	241.83
2005-06-20	146.0	146.0	303.0	449.0	449.0	449.0	2 800.0	2 351.0	19.510	42.390	240.52
2005-06-21	146.0	146.0	565.0	711.0	711.0	711.0	3 000.0	2 289.0	21.488	40.412	239.21
2005-06-22	146.0	146.0	565.0	711.0	711.0	711.0	3 000.0	2 289.0	23.465	38.435	237.88
2005-06-23	146.0	146.0	565.0	711.0	711.0	711.0	3 000.0	2 289.0	25.443	36.457	236.47
2005-06-24	146.0	146.0	565.0	711.0	711.0	711.0	3 000.0	2 289.0	27.421	34.479	235.07
2005-06-25	146.0	146.0	565.0	711.0	711.0	711.0	3 000.0	2 289.0	29.398	32.502	233.61
2005-06-26	576.0	576.0	135.0	711.0	711.0	711.0	3 200.0	2 489.0	31.549	30.351	231.97
2005-06-27	576.0	576.0	135.0	711.0	711.0	711.0	3 200.0	2 489.0	33.700	28.200	230.22
2005-06-28T0~12	576.0	576.0	135.0	711.0	711.0	3 000.0	3 200.0	200.0	33.786	28.114	230.15
2005-06-28T13~24	576.0	576.0	135.0	711.0	3 000.0	3 000.0	3 200.0	200.0	33.872	28.028	230.08
2005-06-29	576.0	1 500.0	135.0	1 635.0	1 635.0	1 635.0	3 200.0	1 565.0	35.224	26.676	228.94
2005-06-30	576.0	1 500.0	135.0	1 635.0	1 635.0	1 635.0	3 200.0	1 565.0	36.577	25.323	227.76
2005-07-01	576.0	1 500.0	392.0	1 892.0	1 892.0	1 892.0	3 200.0	1 308.0	37.707	24.193	226.74
2005-07-02T0~5	576.0	1 500.0	392.0	1 892.0	1 892.0	1 892.0	3 200.0	1 308.0	37.942	23.958	226.53
2005-07-02T6~24	576.0	576.0	392.0	968.0	968.0	968.0	3 200.0	2 232.0	39.469	22.431	225.06

13.2.1.1 调水期

调水期万家寨水库维持初始水位,三门峡水库维持 312 m(方案Ⅰ)或 315 m(方案Ⅱ)。小浪底水库水位逐渐下降,接近对接水位时调水期结束,转入排沙期。各方案调水期结束日期、小浪底水库入库水量、出库水量、补水量及剩余水量见表 13-15。

表 13-15　2005 年小浪底水库调水期水量计算结果

方案	结束日期（月-日）	小浪底水库(亿 m³)			
		入库水量	出库水量	补水量	剩余水量
Ⅰ-1	06-26	11.636	42.509	30.873	8.874
Ⅰ-2	06-27	12.251	45.274	33.023	6.724
Ⅱ-1	06-26	10.776	42.509	31.733	8.014
Ⅱ-2	06-27	11.390	45.274	33.884	5.863

13.2.1.2 排沙期

排沙期各水库的联合调度,以尽可能实现在小浪底库区产生异重流并排沙出库为主要目标。小浪底水库异重流输移状况取决于水沙条件及边界条件。显然,二者可实现人为控制的是万家寨水库与三门峡水库的联合调度方式及小浪底水库蓄水条件,前者可改善进入小浪底水库的水沙过程,而后者有利于小浪底水库异重流运行状况。

1. 万家寨水库调度

万家寨水库泄水期,头道拐流量为 576 m³/s,万家寨水库可调水量 2.59 亿 m³。以尽可能较大流量下泄但又不至于在北干流产生漫滩而造成水量损失为原则,万家寨水库平均下泄流量 1 500 m³/s,补水历时 77 h。

2. 三门峡水库调度

三门峡水库的调度可分为三门峡水库泄空期及敞泄排沙期两个时段。

1)三门峡水库泄空期

至 6 月 16 日三门峡水库水位降至 312 m 或 315 m,相应蓄水量分别为 1.159 亿 m³ 和 2.02 亿 m³。在三门峡水库泄空期潼关流量 711 m³/s。该时期三门峡水库加大下泄流量,控制水库平均下泄流量 3 000 m³/s。方案Ⅰ约 14 h 泄空,方案Ⅱ约 24 h 泄空。三门峡水库在水位降至约 303 m 以下时出库含沙量迅速增加,之后出现较大流量相应较高含沙量水流,进入小浪底库区后,在适当的条件下产生异重流,为异重流前锋。

2)三门峡水库敞泄排沙期

该时期万家寨泄水进入三门峡水库,三门峡水库基本处于泄空状态,水流在三门峡水库为均匀明流流态,可在三门峡库区产生冲刷,形成较高含沙量水流,作为异重流持续运行的水沙过程。

万家寨水库与三门峡水库联合调度,各断面流量过程见表 13-11 ～ 表 13-14。

13.2.2 水库排沙计算

采用数学模型计算、资料分析及理论与经验公式计算等方法,分别计算各方案三门峡水库及小浪底水库排沙过程。

13.2.2.1　三门峡水库

采用黄科院三门峡水库准二维恒定流泥沙冲淤水动力学数学模型计算水库不同调度方式下水库排沙，结果见表13-16。整个排沙期方案 Ⅰ-1、方案 Ⅰ-2、方案 Ⅱ-1 及方案 Ⅱ-2 三门峡水库累计冲刷量分别为 0.355 亿 t、0.350 亿 t、0.375 亿 t、0.373 亿 t；进入小浪底水库沙量分别为 0.460 亿 t、0.453 亿 t、0.489 亿 t、0.472 亿 t。

13.2.2.2　小浪底水库

小浪底水库 2005 年汛前淤积纵剖面见图 13-4。由纵剖面可以看出，各方案在对接水位时，HH48 断面基本处于水库回水末端，在其以上库段水流为均匀明流输沙流态。虽然该库段比降大，水流处于次饱和状态，但由于淤积纵剖面基本接近原始地形，沿程无大量的泥沙补给，水流含沙量沿程不会有显著增加，即水库回水末端水流含沙量可以入库含沙量代替；HH48 断面以下库段处于水库回水范围之内，该库段水流为壅水输沙流态，其中 HH47 断面至 HH27 断面为淤积三角洲的顶坡段，随着库水位、入库流量及含沙量、地形的变化，该库段既可为壅水明流输沙流态，亦可为异重流输沙流态，主要看三角洲洲面水深是否满足异重流潜入或异重均匀流水深。

表 13-16　2005 年三门峡水库泥沙冲淤计算结果

方案	日期 （月-日 T 时）	潼关站		三门峡站		潼关至 三门峡冲淤量 （亿 t）
		出库流量 （m³/s）	含沙量 （kg/m³）	出库流量 （m³/s）	含沙量 （kg/m³）	
Ⅰ-1	06-27T0 ~ 14	711	10	3 000	50.0	0.072
	06-27T15 ~ 24	1 635	10	1 635	170.6	0.095
	06-28	1 635	20	1 635	93.5	0.104
	06-29	1 635	20	1 635	58.3	0.054
	06-30T0 ~ 19	1 635	20	1 635	32.6	0.014
	06-30T20 ~ 24	711	10	711	29.8	0.003
	07-01	968	10	968	20.2	0.009
	07-02	968	10	968	14.8	0.004
	合计					0.355
Ⅰ-2	06-28T0 ~ 14	711	10	3 000	50.0	0.072
	06-28T15 ~ 24	1 635	10	1 635	170.6	0.095
	06-29	1 635	20	1 635	93.5	0.104
	06-30	1 635	20	1 635	58.3	0.054
	07-01T0 ~ 19	1 892	20	1 892	31.2	0.014
	07-01T20 ~ 24	968	10	968	29.1	0.003
	07-02	968	10	968	19.9	0.008
	合计					0.350
Ⅱ-1	06-27T0 ~ 12	711	10	3 000	0	−0.003
	06-27T13 ~ 24	711	10	3 000	55.0	0.068
	06-28	1 635	20	1 635	150.3	0.184
	06-29	1 635	20	1 635	68.3	0.068
	06-30	1 635	20	1 635	46.5	0.037
	07-01T0 ~ 5	1 892	20	1 892	32.6	0.004
	07-01T6 ~ 24	968	10	968	29.8	0.013
	07-02	968	10	968	14.8	0.004
	合计					0.375

方案	日期 （月-日 T 时）	潼关站		三门峡站		潼关至 三门峡冲淤量 （亿 t）
		流量 （m³/s）	含沙量 （kg/m³）	流量 （m³/s）	含沙量 （kg/m³）	
Ⅱ－2	06-28T0 ~ 12	711	10	3 000	0	－ 0.003
	06-28T13 ~ 24	711	10	3 000	55.0	0.068
	06-29	1 635	20	1 635	150.3	0.184
	06-30	1 635	20	1 635	68.3	0.068
	07-01	1 892	20	1 892	44.8	0.041
	07-02T0 ~ 5	1 892	20	1 892	30.1	0.003
	07-02T6 ~ 24	968	10	968	27.8	0.012
	合 计					0.373

注："－"表示冲刷，"＋"表示淤积。

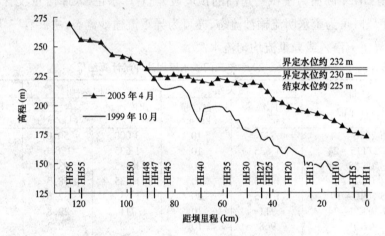

图 13-4 2005 年汛前小浪底库区纵剖面（深泓点）

1. 异重流潜入及运行条件分析

异重流潜入位置与流量、水流含沙量、库区地形、水库蓄水位等因素有关。单宽流量大、含沙量小则潜入点水深大，潜入位置下移。在排沙期，小浪底入库流量、水流含沙量及水库蓄水位等因素均不断变化，异重流潜入位置亦会随之发生较大的位移。

大量研究表明[3]，小浪底水库异重流潜入点水深亦可用式(13-3)计算，即

$$h_p = \left(\frac{1}{0.6\eta_g g} \frac{Q^2}{B^2} \right)^{\frac{1}{3}} \tag{13-3}$$

韩其为认为[2]，异重流潜入后，经过一定距离后成为均匀流，其水深为

$$h'_e = \frac{Q}{u_e B} \left(\frac{\lambda'}{8\eta_g g} \frac{Q^2}{J_0 B^2} \right)^{1/3} \tag{13-4}$$

式中：u_e 为异重流流速；η_g 为重力修正系数；$\eta_g g$ 为有效重力加速度；Q 为流量；B 为平均宽度；J_0 为水库底坡；f_e 为异重流的阻力系数，取为 0.025。

若异重流潜入后接近均匀流，且其水深 $h'_e < h_p$，则潜入成功；否则，若 $h'_e > h_p$，则潜

入后变为均匀流的水深将超过表层清水水面,这表示异重流上浮而消失,即潜入不成功。

根据 2005 年汛前小浪底库区纵剖面图(见图 13-4)可知,三角洲顶坡段的上段即 HH42 断面与 HH47 断面之间比降约为 1‰,根据表 13-16 计算出的三门峡出库流量、含沙量,由式(13-3)及式(13-4)计算在三门峡水库的泄空期及敞泄排沙期,异重流潜入点水深与均匀流水深见表 13-17。

表 13-17   小浪底水库均匀流水深、潜入点水深计算结果

方案	三门峡站		均匀流水深 h'_e(m)	潜水点水深 h_p(m)	三角洲洲面水深(m)
	流量(m³/s)	含沙量(kg/m³)			
Ⅰ-1	3 000	50.0	9.70	4.63	7.12
	1 635	170.6	4.30	2.05	6.04
	1 635	93.5	5.26	2.51	4.93
	1 635	58.3	6.15	2.93	4.02
	1 635	32.6	7.47	3.56	3.63
Ⅰ-2	3 000	50.0	9.70	4.63	5.39
	1 635	170.6	4.30	2.05	4.25
	1 635	93.5	5.26	2.51	3.09
	1 635	58.3	6.15	2.93	2.29
	1 892	31.2	8.35	3.98	1.93
Ⅱ-1	3 000	55.0	9.40	4.48	6.83
	1 635	150.3	4.49	2.14	5.74
	1 635	68.3	5.84	2.78	4.62
	1 635	46.5	6.63	3.16	3.46
	1 892	32.6	8.23	3.93	3.25
Ⅱ-2	3 000	55.0	9.40	4.48	5.08
	1 635	150.3	4.49	2.14	3.94
	1 635	68.3	5.84	2.78	2.76
	1 892	44.8	7.40	3.53	1.74
	1 892	30.1	8.45	4.03	1.53

可以看出,在小浪底水库顶坡段的上段,大多数时段,三角洲洲面水深不能满足异重流潜入水深,或者 $h'_e > h_p$,异重流潜入不成功。

由图 13-4 可以看出,在淤积三角洲的下段,沿程水深逐渐增加,亦有形成异重流的条件,因此大多时段异重流潜入点或位于淤积三角洲顶坡段的下部,或位于淤积三角洲顶点 HH27 断面以下的前坡段。

2. 水库排沙计算

HH48 断面以上不再进行输沙计算,直接采用入库水沙过程作为水库回水末端处的水沙条件。淤积三角洲洲面库段采用壅水明流输沙计算,三角洲前坡段及其以下库段采用异重流输沙计算。

1）壅水明流输沙计算

依据水库实测资料建立了水库壅水排沙计算经验关系式，即

$$\eta = a\lg Z + b \tag{13-5}$$

式中：η 为排沙比；Z 为壅水指标，$Z = \dfrac{VQ_入}{Q_出^2}$；V 为计算时段中蓄水体积；$a = -0.823\,2$；$b = 4.508\,7$。

此外，用三门峡水库 1963～1981 年实测资料及盐锅峡 1964～1969 年实测资料，建立粗沙（$d > 0.05$ mm）、中沙（$d = 0.025～0.05$ mm）、细沙（$d < 0.025$ mm）分组泥沙出库输沙率关系式[4]。

粗沙出库输沙率

$$Q_{s出粗} = Q_{s入粗}\left(\frac{Q_{s出}}{Q_{s入}}\right)^{\frac{0.399}{P_{入粗}^{1.78}}} \tag{13-6}$$

中沙出库输沙率

$$Q_{s出中} = Q_{s入中}\left(\frac{Q_{s出}}{Q_{s入}}\right)^{\frac{0.0145}{P_{入中}^{3.435\,8}}} \tag{13-7}$$

细沙出库输沙率

$$Q_{s出细} = Q_{s出总} - Q_{s出粗} - Q_{s出中} \tag{13-8}$$

采用式(13-5)～式(13-8)对小浪底库区顶坡段进行壅水排沙计算，结果见表 13-18。

表 13-18　小浪底库区顶坡段壅水排沙计算结果

方案	时间（月-日 T 时）	三门峡站		计算含沙量（kg/m³）	计算排沙比（%）	某粒径组沙重百分数（%）		
		流量（m³/s）	含沙量（kg/m³）			细沙	中沙	粗沙
I－1	06-27T0～14	3 000	50.0	26.28	52.6	50.42	78.93	100
	06-27T15～24	1 635	170.6	54.66	32.0	31.45	83.52	100
	06-28	1 635	93.5	33.31	35.6	34.59	66.74	100
	06-29	1 635	58.3	24.00	41.2	31.31	64.45	100
	06-30T0～19	1 635	32.6	15.25	46.8	29.09	69.32	100
	06-30T20～24	711	29.8	7.05	23.7	35.50	71.72	100
	07-01	968	20.2	7.90	39.1	29.82	72.21	100
	07-02	968	14.8	7.92	53.5	28.39	61.13	100
I－2	06-28T0～14	3 000	50.0	30.41	60.8	46.98	75.59	100
	06-28T15～24	1 635	170.6	69.06	40.5	32.40	79.98	100
	06-29	1 635	93.5	38.98	41.7	32.87	64.65	100
	06-30	1 635	58.3	28.00	48.0	29.71	62.31	100
	07-01T0～19	1 892	31.2	19.93	63.9	26.84	63.58	100
	07-01T0～24	968	29.1	12.96	44.5	30.33	63.82	100
	07-02	968	19.9	10.65	53.5	28.28	66.96	100

方案	时间 （月-日 T 时）	三门峡站		计算 含沙量 （kg/m³）	计算 排沙比 （%）	某粒径组沙重百分数（%）		
		流量 （m³/s）	含沙量 （kg/m³）			细沙	中沙	粗沙
Ⅱ-1	06-27T13~24	3 000	55.0	30.80	56.0	48.98	77.54	100
	06-28	1 635	150.3	55.70	37.1	32.17	81.40	100
	06-29	1 635	68.3	29.22	42.8	32.57	64.29	100
	06-30	1 635	46.5	22.96	49.4	29.41	61.91	100
	07-01T0~5	1 892	32.6	19.27	59.1	27.53	65.11	100
	07-01T6~24	968	29.8	12.13	40.7	31.20	65.07	100
	07-02	968	14.8	7.96	53.8	28.24	66.87	100
Ⅱ-2	06-28T13~24	3 000	55.0	35.69	64.9	45.28	73.94	100
	06-29	1 635	150.3	69.99	46.6	32.42	77.51	100
	06-30	1 635	68.3	36.80	53.9	29.76	60.95	100
	07-01	1 892	44.8	30.12	67.2	25.73	57.17	100
	07-02T0~5	1 892	30.1	21.80	72.4	25.55	60.96	100
	07-02T6~24	968	27.8	15.48	55.7	27.94	60.53	100

2）异重流排沙计算

假定异重流在小浪底淤积三角洲顶坡段下段潜入，以表 13-18 中小浪底库区顶坡段壅水排沙计算的流量、含沙量过程作为小浪底水库异重流潜入处水沙条件，利用经小浪底水库实测资料率定后的韩其为含沙量及级配沿程变化计算公式（4-44）及式（4-45）计算小浪底水库异重流排沙过程[2]，计算结果见表 13-19，小浪底水库异重流排沙期间，方案Ⅰ-1、方案Ⅰ-2、方案Ⅱ-1、方案Ⅱ-2 总排沙量分别为 0.033 亿 t、0.038 亿 t、0.036 亿 t、0.042 亿 t，排沙比分别为 7.12%、8.34%、7.46%、8.99%。

表 13-19　计算小浪底出库含沙量过程

方案	日期 （月-日 T 时）	坝前异重流含沙量 （kg/m³）	小浪底沙量 （亿 t）	某粒径组沙重百分数（%）		
				细沙	中沙	粗沙
Ⅰ-1	06-27T0~14	9.83	0.013	96.70	100	100
	06-27T15~24	9.62	0.005	98.59	100	100
	06-28	6.27	0.007	99.43	100	100
	06-29	4.03	0.005	99.37	100	100
	06-30T0~19	2.36	0.002	99.20	100	100
	06-30T20~24	0.56	0	99.99	100	100
	07-01	0.79	0	99.97	100	100
	07-02	0.75	0	99.98	100	100
	合计		0.032			

方案	日期 （月-日 T 时）	坝前异重流含沙量 （kg/m³）	小浪底站沙量 （亿 t）	某粒径组沙重百分数（%）		
				细沙	中沙	粗沙
I-2	06-28T0~14	10.65	0.014	96.42	100	100
	06-28T15~24	12.74	0.006	98.67	100	100
	06-29	7.00	0.008	99.39	100	100
	06-30	4.48	0.005	99.34	100	100
	07-01T0~19	3.13	0.003	98.39	100	100
	07-01T20~24	1.33	0	99.98	100	100
	07-02	1.01	0	99.97	100	100
	合计		0.036			
II-1	06-27T13~24	11.25	0.013	96.56	100	100
	06-28	10.04	0.012	98.72	100	100
	06-29	5.14	0.006	99.41	100	100
	06-30	3.61	0.004	99.35	100	100
	07-01T0~5	3.11	0.001	98.40	100	100
	07-01T6~24	1.28	0.001	99.98	100	100
	07-02	0.75	0	99.98	100	100
	合计		0.037			
II-2	06-28T13~24	12.12	0.014	96.23	100	100
	06-29	12.92	0.015	98.77	100	100
	06-30	5.95	0.007	99.34	100	100
	07-01	4.57	0.005	98.53	100	100
	07-02T0~5	3.27	0.001	98.37	100	100
	07-02T6~24	1.47	0	99.99	100	100
	合计		0.042			

3. 结果合理性

2005 年汛前调水调沙模式与 2004 年调水调沙基本相似,本次计算结果与 2004 年调水调沙试验实测资料进行类比,可分析计算结果的可靠性。

1）来水量

2005 年汛前预测的潼关断面流量过程较 2004 年有利。在三门峡水库泄空之时,万家寨水库泄水流量达潼关断面的流量,前者历时 77 h 均为 1 635 m³/s,而后者连续 3 d 的日均流量分别为 920 m³/s、1 010 m³/s、824 m³/s。较大的流量过程有利于三门峡水库的冲刷。

2）三门峡水库冲刷

2005 年汛前水沙条件与库区边界条件对三门峡水库的冲刷更为有利。在距坝约 30 km 库段,2005 年汛前淤积面明显高于 2004 年(见图 13-5),可补充的沙量较多,在同水位下冲刷效率较高。

2004 年调水调沙试验期间,三门峡水库泄空期及敞泄排沙期总冲淤量约为 0.4 亿 t,2005 年相应时期计算冲淤量为 0.350 亿~0.375 亿 t,二者相近。考虑潼关流量的不确定

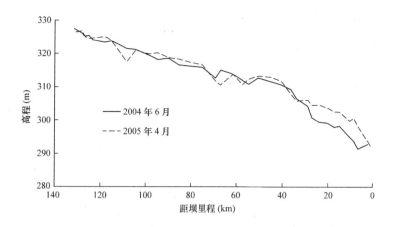

图 13-5　三门峡水库 2004 年 6 月与 2005 年 4 月干流纵剖面

性,认为采用 2005 年计算结果较为稳妥。

3)小浪底水库排沙

2005 年与 2004 年塑造异重流期间相比,2005 年小浪底入库流量大,对输沙有利,但地形条件及水位控制条件对输沙不利。二者前期地形及相应控制水位见图 13-6。2004 年塑造异重流期间,库区三角洲顶坡段发生了明显冲刷,冲淤量达 1.36 亿 m³。与调水调沙试验前纵剖面相比,三角洲的顶点从 HH41 断面(距坝 72.6 km)下移 24.6 km 至 HH29(距坝 48 km)断面,高程下降 23 余 m,在距坝 94～110 km 的河段内,河底高程恢复到了1999 年水平。

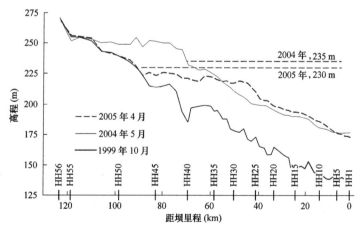

图 13-6　小浪底库区干流及相应控制水位

2005 年汛前小浪底库区淤积三角洲基本在 225 m 高程以下,在塑造异重流期间,不仅不能补充入库水流含沙量,而且水流在小浪底库区淤积三角洲洲面输移过程中会产生较大的淤积,使水流含沙量沿程减少。

小浪底库区淤积三角洲洲面的排沙输移状况取决于壅水程度与流量的相对比值,式(13-5)中以壅水指标 Z 表示。水库蓄水位越高,则洲面水深越大,流速越小,水流输沙能力越低;对于相同的蓄水位,流量越大,则流速大,水流输沙能力较强。在调水调沙期间的实际调度过程中,随入库流量、蓄水位及三角洲洲面的淤积抬升,壅水指标 Z 会发生较大的变化,甚至会改变水流流态,变壅水排沙为异重流排沙,排沙比会随之发生变化。

分析在壅水明流排沙库段分组排沙状况,认为计算出的细颗粒泥沙排沙比相对较小。其原因可能是在计算过程中,首先计算全沙输沙率,然后分别计算粗沙、中沙输沙率,细沙输沙率为三者之间的差值。显然,细沙输沙率承揽了另外两组的计算误差,若粗沙、中沙输沙率计算值偏大,则细颗粒泥沙输沙率会偏小。

浑水运行至淤积三角洲顶点以下,毫无疑问会产生异重流,是否可以运行到坝前可以采用第 4 章图 4-7 判断。表 13-18 计算的个别时段位于 B 区,即临界状态。考虑到以下因素:①对接水位有降低的空间。方案中采用的对接水位分别为 232 m 与 230 m,从水量调节计算结果看,对接水位可适当降低,从而提高壅水明流输沙库段的排沙比。在实施调度过程中,可根据来水预报情况,从满足排沙期补水需求出发确定对接水位。②计算的壅水明流输沙库段细颗粒泥沙排沙比偏小。③图 4-7 中采用的资料系列为 2001 ~ 2004 年,异重流潜入点一般位于距坝 60 ~ 70 km,而 2005 年三角洲顶点位于距坝 44.5 km 处,异重流潜入后运行距离较短,相对而言对水沙条件的要求应弱一些。综上所述,认为异重流运行到坝前是可能的。

13.2.3 补充方案

调水调沙开始后,头道拐及潼关实际流量小于前期预估流量,根据最新潼关流量预估(见表 13-20),进行了补充方案计算。

表 13-20 潼关站 10 d 逐日径流过程

时间(年-月-日 T 时)	潼关站流量(m³/s)	时间(年-月-日 T 时)	潼关站流量(m³/s)
2005-06-22	100	2005-06-27	1 200
2005-06-23	90	2005-06-28T0 ~ 14	1 200
2005-06-24	80	2005-06-28T15 ~ 24	200
2005-06-25	80	2005-06-29	200
2005-06-26T0 ~ 12	80	2005-06-30	100
2005-06-26T13 ~ 24	1 200	2005-07-01	90

截至 6 月 22 日 8 时,三门峡史家滩水位 315.12 m,相应库容 2.075 亿 m³,小浪底坝上水位 336.62 m,相应库容 40.84 亿 m³,小浪底水库对接水位为 230 m。小浪底下泄流量有两种方案,具体方案及水量调算过程见表 13-21 及表 13-22,三门峡水库泥沙冲淤计算结果见表 13-23,小浪底库区顶坡段壅水排沙计算结果见表 13-24,小浪底出库含沙量过程见表 13-25。

表 13-21 补充方案 1 水量调算过程

日期 (年-月-日 T 时)	流量(m³/s)				补泄流量 (m³/s)	小浪底水库		
	潼关	三门峡水库入库	三门峡水库出库	小浪底水库		累计补水量 (亿 m³)	库容 (亿 m³)	水位(m)
2005-06-22	100	100	100	3 300	3 200	1.843	38.997	238.39
2005-06-23	90	90	90	3 300	3 210	4.617	36.223	236.44
2005-06-24	80	80	80	3 600	3 520	7.658	33.182	234.26
2005-06-25	80	80	80	3 600	3 520	10.699	30.141	231.95
2005-06-26T0~4	80	80	80	3 600	3 520	11.206	29.634	231.60
2005-06-26T5~12	80	80	2 962	3 600	638	11.390	29.450	231.56
2005-06-26T13~24	1 200	1 200	2 962	3 600	638	11.482	29.358	231.33
2005-06-27	1 200	1 200	1 200	3 600	2 400	13.555	27.285	229.61
2005-06-28T0~14	1 200	1 200	1 200	2 800	1 600	14.362	26.478	228.93
2005-06-28T15~24	200	200	1 200	2 800	1 600	14.938	25.902	228.43
2005-06-29T0~2	200	200	1 200	2 800	1 600	15.053	25.787	228.33
2005-06-29T3~24	200	200	200	2 800	2 600	17.112	23.728	226.49
2005-06-30	100	100	100	2 800	2 700	19.445	21.395	224.28
2005-07-01	90	90	90	2 800	2 710	21.786	19.054	

表 13-22 补充方案 2 水量调算过程

日期 (年-月-日 T时)	流量(m³/s)				小浪底水库		
	潼关	三门峡水库入库	三门峡水库出库	小浪底水库	补泄流量 (m³/s)	累计补水量 (亿 m³)	库容 (亿 m³)	水位(m)
2005-06-22	100	100	100	3 300	3 200	1.843	38.997	238.39
2005-06-23	90	90	90	3 700	3 610	4.962	35.878	236.23
2005-06-24	80	80	80	3 700	3 620	8.090	32.750	233.94
2005-06-25	80	80	80	3 300	3 220	10.872	29.968	231.81
2005-06-26T0 ~4	80	80	80	3 300	3 220	11.336	29.504	231.44
2005-06-26T5 ~12	80	80	2 962	3 300	338	11.433	29.407	231.36
2005-06-26T13 ~24	1 200	1 200	2 962	3 300	338	11.482	29.358	231.32
2005-06-27	1 200	1 200	1 200	3 300	2 100	13.296	27.544	229.83
2005-06-28T0 ~14	1 200	1 200	1 200	3 300	2 100	14.354	26.486	228.93
2005-06-28T15 ~24	200	200	1 200	3 300	2 100	15.110	25.730	228.28
2005-06-29T0 ~2	200	200	1 200	3 300	2 100	15.262	25.578	228.15
2005-06-29T3 ~24	200	200	200	3 300	3 100	17.717	23.123	225.93
2005-06-30	100	100	100	3 300	3 200	20.482	20.358	223.19
2005-07-01	90	90	90	3 300	3 210	23.255	17.585	

表 13-23 补充方案三门峡水库泥沙冲淤计算结果

日期	潼关站		三门峡站		潼关—三门峡
（年-月-日 T 时）	流量（m³/s）	含沙量（kg/m³）	流量（m³/s）	含沙量（kg/m³）	冲淤量（亿 t）
2005-06-26T0 ~ 4	100	10	80	0	0
2005-06-26T5 ~ 12	90	10	2 962	0	0
2005-06-26T13 ~ 24	80	10	2 962	82.1	0.105
2005-06-27	80	10	1 200	192.7	0.199
2005-06-28T0 ~ 14	80	10	1 200	90.2	0.054
2005-06-28T15 ~ 24	80	10	1 200	52.1	0.022
2005-06-29T0 ~ 2	1 200	20	1 200	31.5	0.001
2005-06-29T3 ~ 24	1 200	20	200	19.6	-0.016
2005-06-30	1 200	20	100	16.5	-0.019
2005-07-01	200	10	90	14.8	-0.001
合计					0.345

表 13-24 补充方案小浪底库区顶坡段壅水排沙计算结果

方案	时间（年-月-日 T 时）	三门峡站		计算排沙比（%）	计算含沙量（kg/m³）	某粒径组沙重百分数（%）		
		流量（m³/s）	含沙量（kg/m³）			细沙	中沙	粗沙
1	2005-06-26T0 ~ 4	80	0	0	0	0	0	0
	2005-06-26T5 ~ 12	2 962	0	0	0	0	0	0
	2005-06-26T13 ~ 24	2 962	82.1	57.6	47.25	48.20	78.64	100
	2005-06-27	1 200	192.7	30.1	57.99	29.35	85.56	100
	2005-06-28T0 ~ 14	1 200	90.2	37.0	33.33	31.64	71.83	100
	2005-06-28T15 ~ 24	1 200	52.1	40.7	21.18	30.58	67.78	100
	2005-06-29T0 ~ 2	1 200	31.5	42.6	13.43	30.05	73.60	100
	2005-06-29T3 ~ 24	200	19.6	20.4	3.99	33.75	76.43	100
	2005-06-30	100	16.5	19.6	3.24	33.31	77.04	100
2	2005-06-26T0 ~ 4	80	0	0	0	0	0	0
	2005-06-26T5 ~ 12	2 962	0	0	0	0	0	0
	2005-06-26T13 ~ 24	2 962	82.1	58.1	47.68	48.00	78.43	100
	2005-06-27	1 200	192.7	29.6	56.99	29.17	85.78	100
	2005-06-28T0 ~ 14	1 200	90.2	36.3	32.73	31.72	72.09	100
	2005-6-28T15 ~ 24	1 200	52.1	41.1	21.43	30.50	67.60	100
	2005-06-29T0 ~ 2	1 200	31.5	43.8	13.80	29.98	73.15	100
	2005-06-29T3 ~ 24	200	19.6	20.6	4.04	33.72	76.29	100
	2005-06-30	100	16.5	20.4	3.37	33.25	76.65	100

表 13-25　补充方案小浪底出库含沙量过程

方案	日期 (年-月-日 T 时)	坝前异重流含沙量 (kg/m³)	小浪底沙量 (亿 t)	某粒径组沙重百分数(%)		
				细沙	中沙	粗沙
1	2005-06-26T0 ~ 4	0	0			
	2005-06-26T5 ~ 12	0	0			
	2005-06-26T13 ~ 24	17.12	0.020	96.2	100	100
	2005-06-27	7.34	0.006	99.7	100	100
	2005-06-28T0 ~ 14	4.40	0.002	99.9	100	100
	2005-06-28T15 ~ 24	2.74	0.001	99.9	100	100
	2005-06-29T0 ~ 2	1.69	0	99.9	100	100
	2005-06-29T3 ~ 24	0.01	0			
	2005-06-30	0	0			
	2005-07-01	0	0			
	合计		0.028			
2	2005-06-26T0 ~ 4	0	0			
	2005-06-26T5 ~ 12	0	0			
	2005-06-26T13 ~ 24	17.31	0.020	96.29	100	100
	2005-06-27	7.40	0.006	99.77	100	100
	2005-06-28T0 ~ 14	4.47	0.002	99.9	100	100
	2005-06-28T15 ~ 24	2.76	0.001	99.9	100	100
	2005-06-29T0 ~ 2	1.73	0	99.9	100	100
	2005-06-29T3 ~ 24	0	0			
	2005-06-30	0	0			
	2005-07-01	0	0			
	合计		0.029			

　　补充方案可以看出,三门峡水库累计冲刷量为 0.345 亿 t,进入小浪底水库沙量为 0.389 亿 t,方案 1、方案 2 总排沙量分别为 0.028 亿 t、0.029 亿 t,排沙比分别为 7.29%、7.37%。

13.2.4　实施效果

　　6 月 28 日,潜入点位于麻峪下游 1 km 处峪里沟口附近,即位于 HH27 断面以下 1.43 km 处;6 月 29 日在 HH31 断面,6 月 30 日在 HH28 断面也观测到异重流。正如前面分析,潜入位置随着均匀流水深及异重流潜入点水深的相对变化而发生变化。

淤积三角洲洲面库段属于壅水明流输沙,与设计是相吻合的。

计算小浪底水库出库沙量为 0.028 亿 t,实测出库沙量为 0.021 亿 t,二者十分接近,表明预案分析计算结果是准确的。

13.3 2006 年黄河调水调沙

2006 年由于万家寨水库为迎峰度夏提前泄水,可调水量较少,至调水调沙开始的 6 月 19 日,万家寨水库汛限水位以上蓄水仅为 0.64 亿 m³,致使塑造异重流的重要动力条件失去。但小浪底水库三角洲顶坡段比降较大,约为 4.3‰,有利于异重流运行。通过异重流方案设计中的精确计算和科学调度,使异重流塑造的两个阶段过渡衔接连续,是达到较好的排沙效果的前提。

13.3.1 调度方案

根据防汛要求,黄河中游水库在 7 月 1 日之前蓄水位应降至汛限水位,则万家寨水库、三门峡水库、小浪底水库蓄水位应分别降至 966 m、305 m、225 m。因此,利用各水库汛限水位以上的蓄水进行 2006 年汛前调水调沙。在调水调沙之前及期间中游不发生洪水的条件下,利用万家寨水库、三门峡水库蓄水及三门峡库区非汛期拦截的泥沙,通过水库联合调度,塑造有利于在小浪底库区形成异重流排沙的水沙过程。

本次异重流排沙方案是基于汛初各水库蓄水条件及边界条件,并遵循调水调沙调度指标,以有利于在小浪底库区形成异重流排沙为目标进行了水库联合调度方案初步设计,并通过三门峡水库排沙及小浪底水库异重流输沙计算,定量给出了各水库出库水沙过程。

13.3.1.1 设计条件

根据调水调沙时机和河道边界条件,调水调沙于 6 月 10 日开始,6 月 10 ~ 11 日小浪底水库按控制花园口断面流量 2 600 m³/s 下泄,6 月 12 ~ 14 日按控制花园口断面流量 3 000 m³/s 下泄,6 月 15 日起按照控制花园口断面流量 3 500 m³/s 下泄,在实时调度过程中,视下游河道洪水演进及工程情况适当增大或减小下泄流量,直至小浪底库水位降至汛限水位,调水调沙结束。

1. 水量

根据各水库目前的蓄水状况,预测至调水调沙前期可调水量如下:

(1)万家寨水库。6 月 10 日 0 时,水位 975.7 m,相应蓄水量 5.278 亿 m³,至汛限水位 966 m 之间可供水量约 2.017 亿 m³。

(2)三门峡水库。6 月 10 日 0 时,水位 317.9 m,相应蓄水量 4.238 亿 m³,至汛限水位 305 m 之间可供水量约 3.706 亿 m³。

(3)小浪底水库。6 月 10 日 0 时,水位 254.1 m,相应蓄水量 62.38 亿 m³,至汛限水位 225 m 之间可供水量约 42.3 亿 m³。

6 月 10 ~ 11 日小浪底水库按流量 2 555 m³/s 预泄 2 d,6 月 12 ~ 14 日按流量 2 955 m³/s 预泄 3 d,6 月 15 日调水调沙正式开始按控制花园口断面流量 3 500 m³/s 下泄,小浪底水库下泄流量为 3 455 m³/s,至 6 月 29 日,调水调沙结束。

(4)来水量。调水调沙期间黄河上中游来水量采用水情预报结果。

2.沙源分析

小浪底水库自运用以来,库区回水范围内主要以异重流形式输移泥沙。其泥沙来源主要有以下几种途径:①流域来沙,主要是中游发生洪水挟带的泥沙;②冲刷三门峡水库淤积的泥沙;③冲刷小浪底水库三角洲的泥沙。

据分析,黄河中游5~6月发生洪水的概率不大,若调水调沙之前及期间不发生洪水,则仅能利用水库已有的水沙,通过水库联合调度,塑造出满足异重流排沙的水沙过程。因此,在调水调沙之前及期间黄河中游不发生洪水的情况下,针对水库边界条件及可能的来水来沙条件来进行分析,并预估水库的排沙状况是必要的。

(1)三门峡水库补沙量分析。三门峡水库可补沙量主要为非汛期淤积在库区的泥沙。图13-7为2005年三门峡库区干流冲淤量分布图,从图中可以看出,2005年汛期三门峡库区干流部分上游略有淤积,下部明显发生冲刷,冲刷范围从HY39断面至大坝,冲淤量约1.6亿 m³,HY39断面以上淤积约0.2亿 m³。

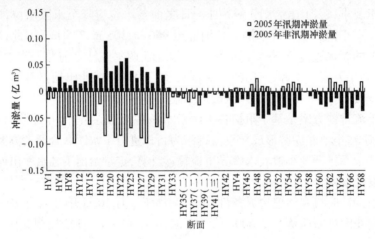

图13-7 2005年三门峡库区干流冲淤量分布

非汛期,潼关以上发生了明显的冲刷,潼关河段略有冲刷,潼关以下发生明显的淤积,淤积量主要分布在HY18断面与HY29断面之间,HY31断面以下共淤积泥沙0.75亿 m³。

从三门峡库区干流纵剖面(见图13-8)可以看出,2006年4月与2005年10月相比,库底均有所抬升,特别是距坝50 km以下库段,抬升幅度更为明显。因此,在三门峡水库泄水及泄空后冲刷过程中,这部分泥沙可随之排出库区。

2006年非汛期淤积在三门峡水库近坝段的泥沙,多数是细颗粒泥沙。

图13-9给出了2006年4月实测的库区淤积泥沙中值粒径沿程分布情况。可以看出,在距坝40 km(HY21断面)以下的范围内,淤积物的中值粒径基本都在0.02 mm左右,在淤积三角洲范围内(距坝70 km),中值粒径大多在0.05 mm以下,对淤积物冲刷及输送是有利的。

(2)小浪底水库补沙量分析。2006年4月小浪底库区淤积纵剖面见图13-10,三角洲顶坡段比降约为4.3‰,三角洲顶点位于距坝48 km的HH29断面,顶点高程约为

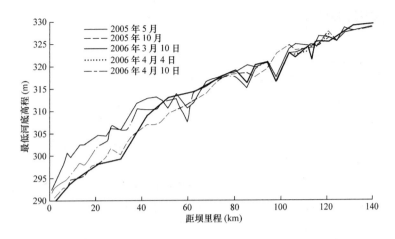

图 13-8　三门峡库区干流河床纵剖面(深泓点)

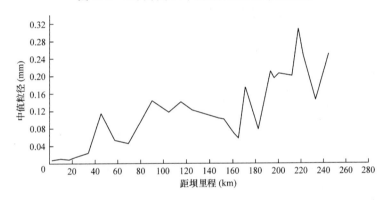

图 13-9　2006 年 4 月三门峡库区淤积物中值粒径沿程分布

224.68 m。

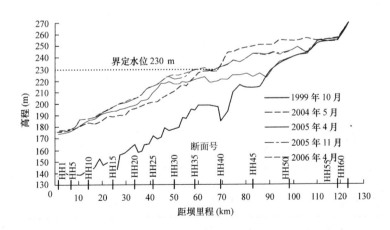

图 13-10　小浪底库区干流淤积纵剖面(深泓点)

　　在三门峡水库泄流期间,小浪底水库淤积三角洲洲面为明流输沙,可产生沿程冲刷,使水流含沙量沿程增大。鉴于目前仅有小浪底库区三角洲表面级配资料,暂不考虑水库回水末端以上泥沙的沿程补给,以入库含沙量代替水库回水末端水流含沙量。

13.3.1.2　方案设计

调水调沙过程中,考虑了两种情况:①小浪底水库单库调水调沙方案;②通过万家寨水库、三门峡水库、小浪底水库的水沙联合调度,人工塑造小浪底库区异重流。

1. 小浪底单库调水调沙方案

本方案不联合万家寨水库、三门峡水库,单靠小浪底水库蓄水进行下游河道调水调沙,三库蓄水均匀下泄,三门峡水库不发生冲刷,不具备在小浪底水库发生异重流的条件,水库调度过程见表13-26。

2. 万家寨、三门峡、小浪底三库联合调度调水调沙方案

本方案沿用2004年第三次调水调沙试验及2005年调水调沙生产运行模式,2006年调水调沙对接水位约230 m。对接水位230 m与汛限水位225 m之间的蓄水量为5.05亿 m^3,满足排沙期的补水要求。

万家寨水库、三门峡水库和小浪底水库调度过程见表13-27。

1)调水期

预泄期万家寨水库、三门峡水库增蓄,至6月15日0时,调水期开始时,万家寨水库水位维持在977.0 m,三门峡水库水位维持在318.0 m。小浪底水库水位逐渐下降,接近对接水位230 m左右时调水期结束,转入排沙期。

2)排沙期

A. 万家寨水库调度

万家寨水库泄水期,水库可调水量2.017亿 m^3,头道拐流量为351 m^3/s。从下泄流量与历时两方面综合考虑,万家寨水库平均下泄流量1 254 m^3/s,历时72 h。

B. 三门峡水库调度

三门峡水库的调度可分为三门峡水库泄空期及敞泄排沙期两个时段。

a. 三门峡水库泄空期

至6月15日三门峡水库水位约318 m,相应蓄水量为4.342亿 m^3。在三门峡水库泄空期潼关流量490 m^3/s。该时期三门峡水库加大下泄流量,在水位降至约303 m以下时出库含沙量迅速增加。之后,出现较大流量相应较高含沙量水流,进入小浪底库区后,在适当的边界条件下产生异重流,为异重流前锋。

b. 三门峡水库敞泄调沙期

当三门峡库水位降至300 m(即三门峡水库对接水位)左右时,万家寨水库泄水到达三门峡水库坝前,此时三门峡水库基本处于泄空状态,水流在三门峡水库为明流流态,可在三门峡库区产生冲刷,形成较高含沙量水流,作为异重流持续运行的水沙过程。

13.3.2　水库排沙计算

采用数学模型计算、资料分析及理论与经验公式计算等方法,分别计算三门峡库区排沙过程及小浪底库区异重流排沙过程。

表 13-26　2006 年小浪底单库调水调沙水量调算过程

日期 (月-日)	万家寨水库 Q入库 (m³/s)	Q出库 (m³/s)	日末蓄水量 (亿m³)	日末水位 (m)	万家寨水库—潼关区间加水 (m³/s)	潼关流量 (m³/s)	三门峡水库 Q入库 (m³/s)	Q出库 (m³/s)	日末蓄水量 (亿m³)	日末水位 (m)	小浪底水库 Q入库 (m³/s)	Q出库 (m³/s)	日末蓄水量 (亿m³)	日末水位 (m)
			5.278	975.7					4.238	317.9			62.380	254.1
06-10	317	242	5.343	976.0	113	355	355	331	4.259	317.9	331	2 555	60.458	253.1
06-11	335	260	5.408	976.2	125	385	385	361	4.279	317.9	361	2 555	58.563	252.1
06-12	335	260	5.472	976.5	125	385	385	361	4.300	317.9	361	2 955	56.322	250.9
06-13	335	260	5.537	976.7	125	385	385	361	4.321	318.0	361	2 955	54.080	249.6
06-14	335	260	5.602	977.0	125	385	385	361	4.342	318.0	361	2 955	51.839	248.4
06-15	335	515	5.446	976.4	125	640	640	935	4.087	317.7	935	3 455	49.662	247.1
06-16	335	515	5.291	975.8	125	640	640	935	3.832	317.3	935	3 455	47.485	245.8
06-17	335	515	5.135	975.1	125	640	640	935	3.577	317.0	935	3 455	45.307	244.5
06-18	335	515	4.980	974.5	125	640	640	935	3.322	316.6	935	3 455	43.130	243.2
06-19	335	515	4.824	973.8	125	640	640	935	3.067	316.1	935	3 455	40.953	241.8
06-20	335	515	4.669	973.1	125	640	640	935	2.812	315.7	935	3 455	38.776	240.3
06-21	351	532	4.512	972.5	139	671	671	964	2.559	315.1	964	3 455	36.623	238.9
06-22	351	532	4.356	971.8	139	671	671	964	2.306	314.5	964	3 455	34.471	237.3
06-23	351	532	4.200	971.0	139	671	671	964	2.053	313.8	964	3 455	32.319	235.8
06-24	351	532	4.043	970.3	139	671	671	964	1.800	313.1	964	3 455	30.167	234.1
06-25	351	532	3.887	969.5	139	671	671	964	1.547	312.2	964	3 455	28.014	232.4
06-26	351	532	3.731	968.7	139	671	671	964	1.293	311.0	964	3 455	25.862	230.6
06-27	351	532	3.574	967.8	139	671	671	964	1.040	309.5	964	3 455	23.710	228.7
06-28	351	532	3.418	966.9	139	671	671	964	0.787	307.6	964	3 455	21.558	226.6
06-29	351	532	3.261	966.0	139	671	671	964	0.534	305.0	964	3 455	19.406	224.2

表 13-27　万家寨、三门峡、小浪底三库联合调度水量调度过程

日期 (月-日)	万家寨水库				万家寨水库—潼关	潼关	三门峡水库				小浪底水库			
	$Q_{入库}$ (m³/s)	$Q_{出库}$ (m³/s)	日末蓄水量 (亿 m³)	日末水位 (m)	区间加水 (m³/s)	流量 (m³/s)	$Q_{入库}$ (m³/s)	$Q_{出库}$ (m³/s)	日末蓄水量 (亿 m³)	日末水位 (m)	$Q_{入库}$ (m³/s)	$Q_{出库}$ (m³/s)	日末蓄水量 (亿 m³)	日末水位 (m)
			5.278	975.7					4.238	317.9			62.380	254.1
06-10	317	242	5.343	976.0	113	355	355	331	4.259	317.9	331	2 555	60.458	253.1
06-11	335	260	5.408	976.2	125	385	385	361	4.279	317.9	361	2 555	58.563	252.1
06-12	335	260	5.472	976.5	125	385	385	361	4.300	317.9	361	2 955	56.322	250.9
06-13	335	260	5.537	976.7	125	385	385	361	4.321	318.0	361	2 955	54.080	249.6
06-14	335	260	5.602	977.0	125	385	385	361	4.342	318.0	361	2 955	51.839	248.4
06-15	335	335	5.602	977.0	125	460	460	460	4.342	318.0	460	3 455	49.252	246.9
06-16	335	335	5.602	977.0	125	460	460	460	4.342	318.0	460	3 455	46.664	245.3
06-17	335	335	5.602	977.0	125	460	460	460	4.342	318.0	460	3 455	44.076	243.8
06-18	335	335	5.602	977.0	125	460	460	460	4.342	318.0	460	3 455	41.488	242.1
06-19	335	335	5.602	977.0	125	460	460	460	4.342	318.0	460	3 455	38.901	240.4
06-20	335	335	5.602	977.0	125	460	460	460	4.342	318.0	460	3 455	36.313	238.6
06-21	351	351	5.602	977.0	139	490	490	490	4.342	318.0	490	3 455	33.751	236.8
06-22	351	1 254	4.822	973.8	139	490	490	490	4.342	318.0	490	3 455	31.190	234.9
06-23	351	1 254	4.042	970.3	139	490	490	490	4.342	318.0	490	3 455	28.628	232.9
06-24	351	1 254	3.261	966.0	139	490	490	490	4.342	318.0	490	3 455	26.066	230.8
06-25	351	351	3.261	966.0	139	490	490	3 061.3	2.188	314.2	3 061.3	3 455	25.673	230.5
06-26	351	351	3.261	966.0	139	490	490	3 518.5	0.172	299.6	3 518.5	3 455	25.280	230.1
06-27	351	351	3.261	966.0	139	1 393	1 393	1 688.9	0.001	292.5	1 688.9	3 455	23.503	228.5
06-28	351	351	3.261	966.0	139	1 393	1 393	1 403.7	0	291.1	1 403.7	3 455	21.721	226.8
06-29	351	351	3.261	966.0	139	1 393	1 393	1 393.5	0	291.1	1 393.5	3 455	19.939	224.8

13.3.2.1 三门峡水库

表13-28为采用黄科院三门峡水库准二维恒定流泥沙冲淤水动力学数学模型计算三门峡水库排沙结果,排沙期的第1~2天(6月25~26日)为三门峡水库泄空期,该时段的后期三门峡水库开始排沙,且水流含沙量迅速增加,平均含沙量分别约为1.21 kg/m³和75.6 kg/m³。第3天(6月27日),万家寨水库泄水进入三门峡水库,产生沿程及溯源冲刷,为三门峡水库敞泄排沙期,三门峡库区出库最大日均含沙量达198.51 kg/m³,之后逐渐减小。

表13-28 三门峡水库泥沙冲淤计算结果

日期 (月-日)	潼关站		三门峡站		三门峡水库 坝前水位(m)
	流量(m³/s)	含沙量(kg/m³)	流量(m³/s)	含沙量(kg/m³)	
06-24	490.00	10	490.00	0.00	318.00
06-25	490.00	10	4 558.30	1.21	314.20
06-26	490.00	10	3 046.30	75.60	299.62
06-27	1 393.00	15	1 595.40	198.51	292.50
06-28	1 393.00	15	1 409.50	61.10	291.13
06-29	1 393.00	15	1 404.30	23.10	291.08
累计沙量(亿t)	0.067		0.580		

整个排沙期三门峡入库沙量为0.067亿t,水库累计冲刷量为0.513亿t,进入小浪底水库沙量为0.580亿t。

13.3.2.2 小浪底水库

仍然利用经小浪底水库实测资料率定后的韩其为含沙量及级配沿程变化计算公式(4-44)及式(4-45)计算小浪底水库异重流排沙过程[2],结果见表13-29。

表13-29 小浪底出库含沙量过程

天数 (d)	坝前异重流 含沙量 (kg/m³)	小浪底站			某粒径组的沙重百分数(%)		
		流量 (m³/s)	含沙量 (kg/m³)	沙量 (亿t)	$d < 0.01$ mm	$d < 0.025$ mm	$d < 0.05$ mm
0~1	0.08	3 455	0.06	0	88.04	99.95	100
1~2	11.01	3 455	10.25	0.031	79.42	99.77	100
2~3	25.73	3 455	10.35	0.031	94.18	99.99	100
3~4	7.05	3 455	2.25	0.007	97.24	99.98	100
4~5	2.76	3 455	0.87	0.003	97.32	99.99	100
合计				0.072			

从表 13-29 中可以看出,小浪底水库异重流排沙期间,排沙量分别为 0.072 亿 t,排沙比为 7.1%。

基于万家寨、三门峡、小浪底三库联合调度及小浪底水库塑造异重流的模式,自 2004 年第三次调水调沙试验,到 2005 年调水调沙生产运行已经进行两年,2006 年为第 3 年。从图 7-19 可以看出,2004 年汛前小浪底库区三角洲洲面远高于对接水位及 2006 年三角洲洲面,225 ~ 250 m 回水范围内库底比降为 8.66‰ ~ 10.05‰,三角洲洲面发生冲刷,出库沙量为 0.043 3 亿 t;2005 年汛前三角洲顶坡段的上段即 HH42 断面至 HH47 断面比降约为 1‰,三角洲洲面处于 225 m 回水范围之内,淤积三角洲洲面发生壅水明流输沙,出库沙量仅为 0.021 4 亿 t;2006 年三角洲洲面介于二者之间,比降约为 4.3‰,计算排沙量为 0.072 亿 t,分析认为是基本可行的,可作为 2006 年调水调沙预案小浪底水库异重流排沙参考。

13.3.3　实施效果

2006 年小浪底水库人工塑造异重流可分为两个阶段:第一阶段从 6 月 25 日 1 时 30 分三门峡水库开始加大流量下泄清水开始,至万家寨水库水流到达三门峡坝前(26 日 12 时左右)为止,此阶段最大流量为 4 830 m³/s(26 日 7 时 12 分),下泄水流对小浪底水库上段产生冲刷,含沙量沿程增加,满足形成异重流并持续运行的水沙条件;第二阶段为万家寨水库水流进入三门峡水库拉沙下泄高含沙水流,使第一阶段形成的异重流得到加强。在整个异重流塑造过程中,冲刷三门峡水库产生的最大含沙量为 318 kg/m³(26 日 12 时)。

三门峡水库加大下泄流量之后,6 月 25 日 9 时 42 分在 HH27 断面下游 200 m 监测到异重流潜入现象,自三门峡水库增大下泄流量至异重流潜入时间间隔约 8 h。此后潜入点位于 HH27 断面至 HH24 断面,最下至 HH24 断面上游 500 m。

随着三门峡水库下泄流量、含沙量相继开始减少,至 28 日 14 时,三门峡水文站观测到流量为 9.11 m³/s,16 时含沙量为 1.67 kg/m³,异重流开始衰退直至消亡。6 月 28 日 17 时,桐树岭断面异重流厚度仅为 1.39 m,从 29 日开始小浪底排沙洞关闭,异重流结束。

6 月 26 日 5 时 20 分桐树岭断面监测到异重流,标志着塑造的异重流运行至坝前。异重流自潜入到运行至坝前时间约 19 h,平均运行速度约 2.26 km/h。

与 2004 年和 2005 年相比,由于三角洲洲面比降较大、河床泥沙组成偏细,加之异重流潜入位置靠下等有利于异重流排沙,此次人工异重流的排沙量达到了 0.069 亿 t,全库区的排沙比达到了 30%。

13.4　2008 年黄河调水调沙

2008 年异重流塑造期间遭遇有利的中游小洪水过程,潼关 1 000 m³/s 流量持续时间达 60.6 h,加上三门峡水库蓄水,进入小浪底水库 1 000 m³/s 流量持续时间达 100 h,塑造的洪峰流量大,持续时间长,小浪底水库三角洲洲面冲刷幅度大,异重流排沙 0.458 亿 t,2004 年开始实施人工塑造异重流以来水库排沙比首次超过 40%,水库排沙比高达

61.8%。

13.4.1 调度方案

13.4.1.1 设计条件

2008 年汛前调水调沙计划于 6 月 16 日正式开始,期间控制花园口流量按 2 600 ~ 3 800 m^3/s 下泄。根据各水库目前的蓄水状况,预测至调水调沙前期可调水量如下:

1. 万家寨水库

6 月 15 日末,水位 977 m,相应蓄水量 4.8 亿 m^3,至汛限水位 966 m 之间可供水量约 1.83 亿 m^3。

2. 三门峡水库

6 月 15 日末,水位 318 m,蓄水量 4.22 亿 m^3,至汛限水位 305 m 之间可供水量约3.85 亿 m^3。

3. 小浪底水库

6 月 15 日末,水位 245.4 m,相应蓄水量 41.43 亿 m^3,至汛限水位 225 m 之间可供水量约 26.10 亿 m^3。

4. 来水量

调水调沙期间黄河上中游来水量采用水情预报结果。

13.4.1.2 方案设计

在调水调沙过程中,考虑了 3 种情况:①三门峡水库、小浪底水库联合调度调水调沙,期间在小浪底库区塑造异重流;②通过万家寨水库、三门峡水库、小浪底水库三库联合调度调水调沙,期间在小浪底库区塑造异重流;③中游发生天然洪水(潼关站 1984 年 6 月洪水过程),三门峡水库、小浪底水库联合调度。

1. 三门峡水库、小浪底水库联合调度调水调沙方案

本方案万家寨水库正常运用,只考虑三门峡水库、小浪底水库联合调度进行调水调沙。经调算(见表 13-30),小浪底水库对接水位约 228.33 m,对接水位与汛限水位 225 m 之间的蓄水量为2.87亿 m^3。进入排沙期后,三门峡水库以 2 432 m^3/s 流量下泄 1 d、3 383 m^3/s 流量下泄 12 h 及 626 m^3/s 流量下泄 12 h 直至水库泄空,在临近泄空时出库含沙量迅速增加,之后出现较大流量相应较高含沙量水流,进入小浪底水库库区后,在适当的边界条件下产生异重流。

2. 万家寨、三门峡、小浪底三库联合调度调水调沙方案

本方案沿用中游水库联合调度调水调沙模式,根据水库调度及库区水沙输移特点,整个调水调沙过程可划分为 2 个阶段,分别定义为调水期与排沙期。依据小浪底水库边界条件、中游水库蓄水状况等综合分析,确定对接水位为 229.8 m。

万家寨、三门峡、小浪底三库联合调度水量调算过程见表 13-31。

表 13-30 方案 1：三门峡水库、小浪底水库联合调度水量调算过程

日期（月-日）	三门峡水库				小浪底水库		
	入库流量（m³/s）	出库流量（m³/s）	日末蓄水量（亿 m³）	日末水位（m）	出库流量（m³/s）	日末蓄水量（亿 m³）	日末水位（m）
06-15			4.220	318.00		41.430	245.40
06-16	568	568	4.220	318.00	2 554	39.714	244.36
06-17	568	568	4.220	318.00	3 254	37.393	242.93
06-18	568	568	4.220	318.00	3 654	34.727	241.22
06-19	568	568	4.220	318.00	3654	32.061	239.45
06-20	568	568	4.220	318.00	3 754	29.308	237.55
06-21	518	518	4.220	318.00	3 755	26.511	235.51
06-22	518	518	4.220	318.00	3 755	23.715	233.35
06-23	518	518	4.220	318.00	3 755	20.918	230.98
06-24	518	518	4.220	318.00	3 655	18.207	228.33
06-25	518	2 432.8	2.566	315.42	3 655	17.151	227.19
06-26	518	3 383.5	0.090	299.08	3 655	16.917	226.93
06-27	518	625.86	0	—	2 955	14.904	224.42
06-28	518	518	0	—	518	14.904	224.42
06-29	518	518	0	—	518	14.904	224.42
06-30	518	518	0	—	518	14.904	224.42
07-01	518	518	0	—	518	14.904	224.42
07-02	518	518	0	—	518	14.904	224.42

注：在实际调度过程中，从三门峡水库加大泄量开始直至泄空。

表 13-31 方案 2：万家寨、三门峡、小浪底三库联合调度水量调算过程

日期（月-日 T 时）	三门峡水库				小浪底水库		
	入库流量（m³/s）	出库流量（m³/s）	日末蓄水量（亿 m³）	日末水位（m）	出库流量（m³/s）	日末蓄水量（亿 m³）	日末水位（m）
			4.222	318		41.430	245.39
06-16	390	758	3.904	317.57	2 554	39.878	244.46
06-17	390	758	3.586	317.14	3 254	37.722	243.13
06-18	390	758	3.268	316.66	3 654	35.220	241.53
06-19	390	758	2.950	316.14	3 654	32.717	239.89
06-20	390	758	2.632	315.55	3 754	30.129	238.13
06-21	340	708	2.314	314.90	3 755	27.496	236.24
06-22	340	708	1.996	314.09	3 755	24.864	234.25
06-23	340	708	1.678	313.15	3 755	22.231	232.13
06-24	340	708	1.360	312.00	3 655	19.685	229.80
06-25T0 ~ 12	340	872	1.131	310.99	3 655	19.381	229.52
06-25T13 ~ 24	340	2 951.2	0.003	—	3 655	18.179	228.30

日期 （月-日 T 时）	三门峡水库				小浪底水库		
	入库流量 （m³/s）	出库流量 （m³/s）	日末蓄水量 （亿 m³）	日末水位 （m）	出库流量 （m³/s）	日末蓄水量 （亿 m³）	日末水位 （m）
06-26	1 270	1 272.5	0	—	3 655	16.120	225.99
06-27	1 270	1 270	0	—	2 955	14.664	224.10
06-28	1 150	1 270	0	—	1 150	14.768	224.24
06-29	340	341.72	0	—	340	14.769	224.24
06-30	340	340.01	0	—	340	14.769	224.24
07-01	340	340.01	0	—	340	14.769	224.24

注：在实际调度过程中，从三门峡水库加大泄量开始直至泄空。

1）调水期

6 月 16 日 0 时，调水期开始时，万家寨水库蓄水位从 977 m 开始，塑造 3 d 洪峰，降至汛限水位 966 m；三门峡水库蓄水位从 318 m 降至 312 m。小浪底水库水位逐渐下降，接近对接水位 229.8 m 左右时调水期结束，转入排沙期。

2）排沙期

A. 万家寨水库调度

万家寨水库泄水期，水库可调水量 2.306 亿 m³，头道拐 6 月 16～20 日流量为 300 m³/s，6 月 21 日以后流量为 270 m³/s。从下泄流量与历时两方面综合考虑，万家寨水库平均下泄 2 d 流量 1 200 m³/s，1 d 流量 1 080 m³/s。

B. 三门峡水库调度

三门峡水库的调度可分为三门峡水库泄空期及敞泄排沙期两个时段。

a. 三门峡水库泄空期

至 6 月 16 日 0 时，三门峡水库水位约 318 m，相应蓄水量为 4.222 亿 m³。由于三门峡水库在 16 日开始逐渐泄水，至 6 月 25 日 0 时，水位降至 312 m。在三门峡水库泄空期潼关流量 340 m³/s，该时期三门峡水库加大下泄流量，以 872 m³/s 流量下泄 12 h、2 951.2 m³/s 流量下泄 12 h，在临近泄空时出库含沙量迅速增加，之后，出现较大流量相应较高含沙量水流，进入小浪底库区后，在适当的边界条件下产生异重流，为异重流前锋。

b. 三门峡水库敞泄排沙期

当三门峡水库泄空时，万家寨水库泄水加区间来水以 1 150～1 270 m³/s 的流量持续 3 d 的水流过程到达三门峡水库坝前，此时三门峡水库基本处于泄空状态，水流在三门峡水库为明流输沙流态，可在三门峡库区产生冲刷，形成较高含沙量水流，作为异重流持续运行的水沙过程。

3. 天然洪水三门峡水库、小浪底水库联合调度调水调沙方案

本方案是考虑在调水调沙期间出现天然洪水时，三门峡水库、小浪底水库联合进行调水调沙。选用潼关站 1984 年 6 月洪水过程作为典型洪水（见表 13-32）。

表 13-32 潼关站 1984 年 6 月洪水过程

日期 (月-日)	流量 (m³/s)	输沙率 (t/s)	含沙量 (kg/m³)	某粒径组的沙重百分数(%)		
				d < 0.025 mm	d < 0.025 mm	d < 0.025 mm
06-23	1 100	13.9	12.64	71.8	17.6	10.6
06-24	1 830	54.2	29.62	62.6	23.9	13.5
06-25	1 800	57.6	32.0	69.6	21.8	8.6
06-26	1 610	55.2	34.29	66.5	20.3	13.2
06-27	1 670	45.1	27.01	64.7	22.4	12.9
06-28	1 650	39.1	23.7	63.4	22.5	14.1
06-29	1 490	27.4	18.39	62.0	22.7	15.4
06-03	1 310	26.7	20.38	67.2	19.4	13.4
07-01	1 260	21.8	17.3	70.1	19.3	10.7

在发生天然洪水的条件下,经过水量调算,确定对接水位为 237 m,对接水位与汛限水位 225 m 之间的蓄水量为 13.202 亿 m³。根据潼关的流量确定三门峡水库以 2 790 m³/s流量下泄 1 d 直至水库泄空,临近泄空时冲刷出现的含沙水流进入小浪底库区,在适当的边界条件下产生异重流,作为异重流的前锋。接下来自然洪水到达三门峡水库坝前,产生的高含沙量水流作为小浪底水库异重流持续运行的水沙过程,直至排沙出库,详细水量调算过程见表 13-33。

表 13-33 方案 3:天然洪水时三门峡水库、小浪底水库联合调度水量调算过程

日期 (月-日)	三门峡水库				小浪底水库		
	入库流量 (m³/s)	出库流量 (m³/s)	日末蓄水量 (亿 m³)	日末水位 (m)	出库流量 (m³/s)	日末蓄水量 (亿 m³)	日末水位 (m)
			4.222	318		41.430	245.39
06-16	390	390	4.222	318	2 554	39.560	244.27
06-17	390	390	4.222	318	3 254	37.086	242.73
06-18	390	390	4.222	318	3 654	34.266	240.92
06-19	390	390	4.222	318	3 654	31.446	239.04
06-20	390	390	4.222	318	3 754	28.539	237.00
06-21	340	2 774.7	2.118	314.40	3755	27.692	236.38
06-22	340	2 923.7	0	—	3 755	26.974	235.85
06-23	1 100	1 340.6	0	—	3 755	24.888	234.27
06-24	1 830	1 821.7	0	—	3 655	23.304	233.02
06-25	1 800	1 753	0	—	3 655	21.661	231.63
06-26	1 610	1 625.2	0	—	3 655	19.907	230.03
06-27	1 670	1 665	0	—	3 655	18.187	228.31
06-28	1 650	1 610.1	0	—	3 655	16.421	226.34
06-29	1 490	1 445.2	0	—	2 955	15.116	224.71
06-30	1 310	1 297.7	0	—	1 310	15.106	224.69
07-01	1 260	1 030.4	0	—	1 260	14.907	224.43
07-02	340	171.76	0	—	340	14.762	224.23

13.4.2 水库排沙计算

采用数学模型计算、资料分析及理论与经验公式计算等方法,分别计算三门峡库区排沙过程及小浪底库区异重流排沙过程。

13.4.2.1 三门峡水库

在三门峡水库泄空期,该时段后期三门峡水库开始排沙,且水流含沙量迅速增加。之后为三门峡水库敞泄排沙期,进入三门峡水库的水流过程在库区产生沿程及溯源冲刷。

采用黄科院三门峡水库准二维恒定流泥沙冲淤水动力学模型计算,调水调沙期间三门峡水库出库沙量分别为 0.261 亿 t、0.619 亿 t、0.965 亿 t,见表 13-34。

表 13-34　三门峡水库泥沙冲淤计算结果

方案	日期 (月-日 T 时)	三门峡		
		流量(m^3/s)	含沙量(kg/m^3)	沙量(亿 t)
1	06-24	518.0	0	0
	06-25	2 432.8	1.08	0.002
	06-26	3 383.5	25.00	0.073
	06-27	625.9	195.30	0.106
	06-28	518.2	94.34	0.042
	06-29	518.0	47.79	0.021
	06-30	518.0	21.45	0.010
	07-01	518.0	14.27	0.006
	沙量合计(亿 t)	0.261		
2	06-24	844.05	0	0
	06-25T1～12 h	872.00	0	0
	06-25T13～24 h	2 951.20	97.00	0.124
	06-26	1 272.50	195.00	0.214
	06-27	1 270.00	125.06	0.137
	06-28	1 270.00	96.48	0.106
	06-29	341.72	56.76	0.017
	06-30	340.01	48.16	0.014
	07-01	340.01	23.83	0.007
	沙量合计(亿 t)	0.619		

方案	日期 (月-日 T 时)	三门峡		
		流量(m³/s)	含沙量(kg/m³)	沙量(亿 t)
3	06-20	390.00	0	0
	06-21	2 774.70	2.50	0.006
	06-22	2 923.70	42.00	0.106
	06-23	1 340.60	166.86	0.193
	06-24	1 821.70	103.37	0.163
	06-25	1 753.00	88.63	0.134
	06-26	1 625.20	67.59	0.095
	06-27	1 665.00	53.67	0.077
	06-28	1 610.10	47.39	0.066
	06-29	1 445.20	36.72	0.046
	06-30	1 297.70	41.22	0.046
	07-01	1 030.40	25.55	0.023
	07-02	171.76	66.33	0.010
	沙量合计(亿 t)	0.965		

13.4.2.2　小浪底水库

2008 年 4 月小浪底库区淤积纵剖面见图 13-11,淤积三角洲顶点位于距坝 27.18 km 的 HH17 断面,顶点高程约为 219 m。三角洲洲面比降约为 2.8‰,基本上接近输沙平衡比降,即使在明流均匀流条件下,也不会有大量的泥沙补给,因此暂且以入库含沙量代替水库回水末端水流含沙量。

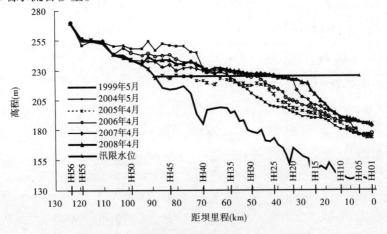

图 13-11　小浪底库区干流纵剖面(深泓点)

根据表 13-34 三门峡水库排沙量,利用经小浪底水库实测资料率定后的韩其为含沙量及级配沿程变化计算式(4-44)及式(4-45)计算小浪底水库异重流排沙过程[2],结果见表 13-35。

表 13-35 2008 年小浪底出库含沙量过程

方案	入库时间 （月-日 T 时）	三门峡站			运行到坝前沙量 （亿 t）	排沙比 （%）
		入库流量 （m³/s）	入库含沙量 （kg/m³）	沙量 （亿 t）		
1	06-25	2 432.8	1.1	0.002	0	30.72
	06-26	3 383.5	25.0	0.073	0.033	
	06-27	625.9	195.3	0.106	0.026	
	06-28	518.2	94.3	0.042	0.010	
	沙量合计（亿 t）	0.223			0.069	
2	06-25T1～12	872	0	0	0	38.90
	06-25T13～24	2 951.2	180.8	0.230	0.062	
	06-26	1 272.5	134.1	0.147	0.094	
	06-27	1 270.0	125.1	0.137	0.054	
	06-28	1 270.0	96.5	0.106	0.032	
	沙量合计（亿 t）	0.621			0.242	
3	06-21	2 774.7	2.5	0.006	0	27.04
	06-22	2 923.7	42.0	0.106	0.043	
	06-23	1 340.6	166.9	0.193	0.063	
	06-24	1 821.7	103.4	0.163	0.056	
	06-25	1 753	88.6	0.134	0.034	
	06-26	1 625.2	67.6	0.095	0.022	
	06-27	1 665	53.7	0.077	0.014	
	06-28	1 610.1	47.4	0.066	0.010	
	06-29	1 445.2	36.7	0.046	0.006	
	06-30	1 297.7	41.2	0.046	0.006	
	07-01	1 030.4	25.6	0.023	0.002	
	沙量合计（亿 t）	0.955			0.256	

从表 13-35 中可以看出,小浪底水库异重流排沙期间,方案 1～方案 3 排沙量分别为 0.069 亿 t、0.242 亿 t、0.258 亿 t,对应时段的入库沙量分别为 0.223 亿 t、0.621 亿 t、0.955 亿 t,对应排沙比分别为 30.72%、38.90%、27.04%。

13.4.2.3 计算结果

（1）由于历年三门峡水库在泄水冲刷期,出库含沙量级配有一定的差别,这对异重流输沙会产生较大的影响。因目前暂无三门峡水库级配资料,本次计算出库悬沙级配根据历年汛前调水调沙级配资料分析采用。

（2）由于方案 3 在三门峡水库排沙期，与小浪底水库对接水位较高，达 237 m，异重流运行距离长且在三角洲部分库段会呈壅水明流输沙流态，对排沙效果产生影响；同时在调水调沙期间，洪水过程提前或滞后，异重流运行距离随库水位的变化而不同，也会对排沙效果产生较大影响。

（3）建议采用方案 2：万家寨、三门峡、小浪底三库联合调度，以增加三门峡水库冲刷量，增大小浪底水库排沙比。

调水调沙后几天小浪底水库入库、出库流量见表 13-36，按对接水位分别为 226 m、227 m、228 m、229 m 进行排沙计算，结果见表 13-37。

表 13-36　小浪底水库排沙期间入、出库流量　　　　（单位：m³/s）

时间	入库流量	出库流量
排沙第 1 天	340	3 655
排沙第 2 天	1 270	2 555
排沙第 3 天	670	2 555
排沙第 4 天	340	1 455
排沙第 5 天	340	340

表 13-37　不同对接水位时计算排沙结果

对接水位(m)	回水长度(km)	结束水位(m)	入库沙量(亿 t)	出库沙量(亿 t)	排沙比(%)
226	48.00	220.06	0.404 3	0.144 1	35.64
227	50.91	221.33	0.404 3	0.137 3	33.96
228	53.73	222.70	0.404 3	0.126 2	31.21
229	54.98	224.08	0.404 3	0.111 3	27.53

13.4.3　实施效果

2008 年黄河调水调沙自 6 月 19 日 9 时开始，至 7 月 3 日 18 时水库调度结束，历时 14 d。整个过程分三个阶段：第一阶段，小浪底水库下泄清水冲刷下游河道，最大泄流量达 4 280 m³/s。期间，万家寨水库开闸泄水，平均下泄流量约 1 200 m³/s，历时约 3 d；第二阶段，位于小浪底水库上游 124 km 处的三门峡水库下泄大流量过程冲刷小浪底库区上段淤积的泥沙，使之在回水末端形成较高含沙浓度的水流，进而转化为异重流输沙流态；第三阶段，历经约 5 d，流程约 860 km 的万家寨水库下泄水流过程，在三门峡水库临近泄空时抵达三门峡水库，冲刷库区淤积泥沙形成高含沙水流进入小浪底库区，并与前期异重流衔接，形成完整的异重流排沙过程。在塑造异重流过程中，三门峡水库出库泥沙 0.741 亿 t，小浪底水库出库泥沙 0.458 亿 t，排沙比高达 61.8%，为历年塑造异重流排沙量与排沙比之最，而且有着与往年不同的排沙过程。

2008 年调水调沙人工塑造异重流是在三门峡水库 6 月 28 日 16 时加大泄量开始,7 月 3 日 18 时结束。本次异重流排沙过程的特点是,出库含沙量大、历时长,而且出现了与往年不同的两个沙峰过程(7 月 1 日 16 时为界)。主要有以下几个影响因素:

(1)形成异重流的能量大。

小浪底入库水沙过程,使得异重流有较大的能量,对异重流排沙有利。

①三门峡水库从 6 月 28 日 16 时开始加大泄量,至 6 月 29 日 4 时泄空,水位从 315.04 m 降至 299.8 m,历时 14 h,最大泄量高达 5 580 m³/s(6 月 29 日 0 时 12 分)。泄空过程流量大,小浪底水库三角洲洲面发生强烈冲刷,大流量及与其相应的高悬沙浓度使得异重流有较大的初始能量。

②优化调度使得三门峡泄水冲刷小浪底三角洲洲面与万家寨水库泄水冲刷三门峡库区所形成的浑水过程有较好的衔接,组成了不间断的浑水过程。

③相对而言,万家寨水库泄水对三门峡水库的冲刷强度较大,历时较长。

(2)能量损失小。

库区边界条件使得异重流运行距离短,支流倒灌量相对较小,沿程能量损失小。

①小浪底水库 2008 年 4 月观测地形资料表明,三角洲顶点位于 HH17 断面,距坝仅 27.19 km,至塑造异重流之时,小浪底水库蓄水位下降的过程中,三角洲顶点附近洲面还会有所抬升,顶点相应下移,意味着异重流潜入位置随之下移。

②三角洲前坡比降大,为 21.5‰。

③异重流潜入点以下仅石井河、畛水、大峪河等支流。

(3)地形调整。

在塑造异重流期间,小浪底库区部分库段发生的先淤积、后冲刷过程,是小浪底排沙过程出现两个峰值的主要原因。实测资料表明,库区 HH14 断面、HH15 断面与汛前相比,最大淤积厚度分别为 3.54 m、7.04 m,先后发生了先淤积、后冲刷的过程,证明三角洲洲面发生了强烈冲刷。另外,据小浪底水文站职工观测,在 HH17 断面附近,可看到出露于水面的边滩高出水面约 0.5 m,若按当时水位 225 m 计,则该处在淤积过程中,最大淤积厚度可达 6.5 m。这些刚刚淤积在床面的淤积物可动性强,甚至处于"浮泥"状态,随着小浪底水位的逐步下降而产生大幅度冲刷或流动,进而使得水流含沙量大幅度提高,形成了第二个沙峰出库。

13.5 2011 年黄河调水调沙

2011 年汛前调水调沙小浪底水库异重流塑造的最大特点是对接水位(215.39 m)接近淤积三角洲顶点(214.34 m),三角洲顶坡段发生强烈的沿程冲刷和溯源冲刷,三角洲潜入点以上的沙量远大于入库沙量。在异重流塑造过程中,入库沙量 0.260 亿 t,出库沙量 0.378 亿 t,水库排沙比高达 145.4%。在 2010 年的基础上再次实现调水调沙过程中不但没有在水库造成淤积,而且还恢复了部分库容。此外,第 2 篇第 11 章建立的小浪底水库水沙调度数学模型及水库调度指标在 2011 年黄河调水调沙小浪底水库异重流调控方案研究中得到了初步应用及检验。

13.5.1 调度方案

黄河汛前调水调沙小浪底水库异重流调控期间,小浪底水库的入库水沙随着万家寨水库塑造的洪水在河道内的演进及三门峡水库调度的方式的不同而不同,水库排沙情况因入库水沙、边界条件及水库运用方式的不同各异。

13.5.1.1 入库水沙过程选择

2004~2010 年,基于干流水库群联合调度、在汛前调水调沙期间人工异重流塑造已经进行了 7 次,连续 7 年的异重流调控实践为 2011 年黄河汛前调水调沙的异重流调控方案的制订提供了基础。表 13-38 列出了 2004~2010 年汛前异重流塑造期间的入库水沙量。2007 年、2008 年在调水调沙期间,遭遇中游的小洪水过程;2006 年由于万家寨水库为迎峰度夏,在调水调沙期间补水量少,致使塑造异重流的重要动力条件减弱;2009 年龙门—潼关河段水量损失近 1 亿 m³;2010 年潼关以上河段区间水量损失不大。

表 13-38　汛前调水调沙异重流塑造期间小浪底入库水沙条件统计

年份	时段(月-日)	历时(d)	水量(亿 m³)	沙量(亿 t)
2004	07-06~07-13	8	6.28	0.435
2005	06-27~07-02	6	4.03	0.450
2006	06-25~06-29	5	5.40	0.230
2007	06-27~07-02	6	8.83	0.611
2008	06-27~07-03	7	7.56	0.741
2009	06-30~07-03	4	4.60	0.545
2010	07-03~07-07	5	6.19	0.408

综合分析后,选取 2009 年调水调沙期间水沙过程作为相对不利的水沙过程(三门峡水文站 6 月 29 日 19 时 24 分开始起涨,7 月 3 日 18 时 30 分排沙洞关闭,见图 13-12),2010 年调水调沙期间水沙过程作为相对稳定的水沙过程(2010 年 7 月 3 日 18 时 36 分开始加大泄量,7 月 8 日 0 时小浪底水库调水调沙过程结束,见图 13-13)。

13.5.1.2 地形条件

图 13-14 为 2010 年汛后淤积纵剖面,三角洲顶点位于距坝 18.75 km 的 HH12 断面,顶点高程 215.61 m,三角洲顶坡段比降为 3.2‰,前坡段比降为 33‰。2011 年汛前地形估计和 2010 年汛后地形相差不大,故以 2010 年汛后地形作为方案计算的地形条件。

13.5.2 水库排沙计算

13.5.2.1 方法一

方法一为利用经小浪底水库实测资料率定后的韩其为含沙量及级配沿程变化计算公

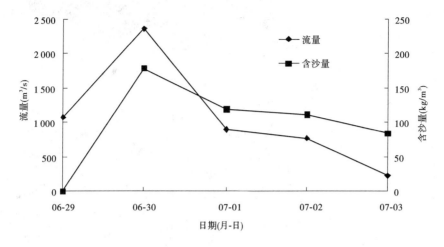

图 13-12　2009 年汛前异重流塑造不利的水沙

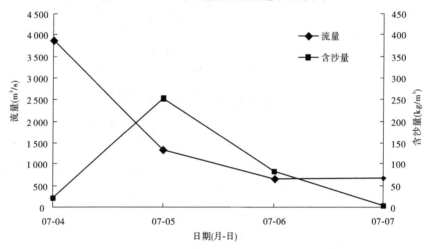

图 13-13　2010 年汛前调水调沙小浪底排沙期入库水沙过程

式(4-44)及式(4-45)计算小浪底水库异重流排沙过程[2]。

在 2010 年汛后地形条件下,根据不同的水沙过程、水库调度方式,组合成 6 种方案,利用式(4-44)及式(4-45)估算,结果见表 13-39。排沙效果较差的为 2009 年水沙与对接水位 220 m 的组合,排沙比仅为 20.6%;排沙效果最好的是 2010 年水沙与对接水位 210 m的组合,排沙比达 121.8%。

13.5.2.2　方法二

方法二即第 11 章建立的水库排沙公式(11-19)。

在 2010 年汛后地形条件下,根据不同的水沙过程、水库调度方式,组合成 6 种方案,计算结果见表 13-40。排沙效果较差的为 2009 年水沙与对接水位 220 m 的组合,排沙比仅为 28.6%;排沙效果最好的是 2010 年水沙、对接水位 215.7 m 的组合,排沙比达133.0%。

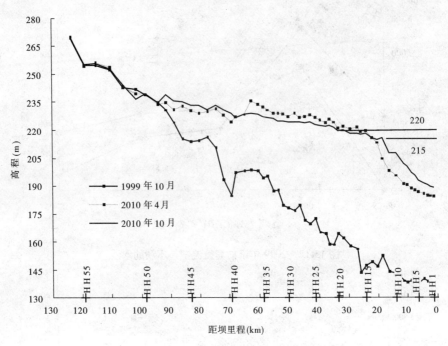

图 13-14 小浪底库区 2010 年干流纵剖面(深泓点)

表 13-39 方法一不同方案组合及计算结果

方案	水沙过程 (年-月-日)	入库水量 (亿 m³)	入库沙量 (亿 t)	对接水位 (m)	出库沙量 (亿 t)	排沙比 (%)
1				220	0.176	42.1
2	2010-07-03 ~ 07-07	5.72	0.418	218	0.270	64.6
3				215.7	0.509	121.8
4				220	0.112	20.6
5	2009-06-29 ~ 07-03	4.6	0.545	218	0.260	47.7
6				215.7	0.438	80.4

表 13-40 方法二不同方案组合及计算结果

方案	水沙过程 (年-月-日)	入库水量 (亿 m³)	入库沙量 (亿 t)	对接水位 (m)	出库沙量 (亿 t)	排沙比 (%)
1				220	0.263	62.9
2	2010-07-03 ~ 07-07	5.72	0.418	218	0.342	81.8
3				215.7	0.556	133.0
4				220	0.156	28.6
5	2009-06-29 ~ 07-03	4.6	0.545	218	0.202	37.1
6				215.7	0.330	60.6

从计算结果看,2010 年水沙条件下排沙效果优于 2009 年,低水位排沙效果优于高水位。主要原因是 2010 年三门峡水库从 317.8 m 开始加大泄量,相应水量为 4.46 亿 m³,而 2009 年从 314.69 m 开始加大泄量,相应水量为 2.26 亿 m³,水量的减少使小浪底三角洲顶坡段的冲刷幅度减小;对接水位 220 m 时,小浪底水库三角洲顶坡段发生沿程冲刷和

壅水输沙,潜入点以上可补充沙量很小,而当对接水位与三角洲顶点高程接近时,三角洲顶坡段发生沿程冲刷和溯源冲刷,增大了异重流潜入时的含沙量。

13.5.2.3 方法三

方法三即为第11章建立的小浪底水库水沙调度数学模型计算。在2010年汛后地形条件下,根据不同的水沙过程、水库调度方式,组合成6种方案,计算结果见表13-41。排沙效果较差的为2009年水沙与对接水位220 m的组合,排沙比不到30%;排沙效果最好的是2010年水沙与对接水位215.7 m的组合,排沙比可超过100%。

从计算结果看,上述三种方法的计算结果比较接近。前两种方法可以在计算资料较少的条件下,初步估计不同方案下的异重流排沙效果。而数学模型计算时要求资料较多,例如详细断面地形、实测水沙过程等,但能给出较为详细的计算结果。

表13-41 方法三不同方案组合及计算结果(数学模型)

方案	水沙过程 (年-月-日)	入库水量 (亿 m³)	入库沙量 (亿 t)	对接水位 (m)	出库沙量 (亿 t)	排沙比 (%)
1				220	0.320	76.6
2	2010-07-03 ~ 07-07	5.72	0.418	218	0.379	90.7
3				215.7	0.419	100.2
4				220	0.150	27.5
5	2009-06-29 ~ 07-03	4.6	0.545	218	0.211	38.7
6				215.7	0.351	64.4

13.5.3 实施效果

2011年黄河汛前调水调沙小浪底水库人工塑造异重流可分为两个阶段:第一阶段从7月4日5时三门峡水库开始加大流量下泄清水开始,至7月5日10时三门峡水库基本泄空,此阶段最大流量为5 290 m³/s(7月5日3时12分),下泄水流对小浪底水库上段产生冲刷,含沙量沿程增加,在水库回水末端库段形成异重流,作为异重流的前锋;第二阶段为万家寨水库水流进入三门峡水库拉沙下泄高含沙水流,使第一阶段形成的异重流得到加强。在整个异重流塑造过程中,前后两个阶段形成的异重流得到较好的衔接,冲刷三门峡水库产生的最大含沙量为329 kg/m³(7月5日11时)。三门峡水库加大下泄流量之后,7月4日13时40分在HH9 +5断面(距坝12.9 km)监测到异重流潜入现象,并于7月4日17时34分排沙出库。

随着三门峡下泄流量、含沙量相继开始减少,异重流逐渐减弱。7月7日8时小浪底水库排沙洞关闭,同时小浪底水库各异重流断面异重流也明显减弱,标志着异重流基本结束。

本次调水调沙小浪底水库对接水位215.39 m接近三角洲顶点214.34 m,调水调沙期间小浪底出库沙量0.378亿 t,与方案3计算结果较为接近。进一步说明第11章建立的小浪底水库水沙调度数学模型和水库调度指标是可信的。

参 考 文 献

[1] 张启舜,张振秋.水库冲淤形态及其过程的计算[J].泥沙研究,1982(1).

[2] 韩其为.水库淤积[M].北京:科学出版社,2003.

[3]李书霞,夏军强,张俊华,等.水库浑水异重流潜入点判别条件[J].水科学进展,2012(3).

[4]涂启华.泥沙设计手册[M].北京:中国水利水电出版社,2006:144-147.

主要符号说明

k :异重流潜入后交界面沿程变化的转折点;

h_{ek} :转折点 k 处异重流水深,m;

u_{ek} :转折点 k 处异重流流速,m/s;

g :重力加速度,N/kg;

g' :有效重力加速度,N/kg;

η_g :重力修正系数;

h_p :异重流潜入点处水深,m;

u_p :异重流潜入点处流速,m/s;

Fr'_p :异重流潜入点处的密度佛汝德数;

Fr_p :异重流潜入点处的佛汝德数;

ρ_c :清水密度,kg/m³;

ρ_e :浑水密度,kg/m³;

$\Delta\rho$:清、浑水密度差,kg/m³;

q_p :潜入点处的单宽流量,m²/s;

S_p :潜入点处的垂线平均含沙量,kg/m³;

S :含沙量,kg/m³;

S_V :体积比含沙量,% ;

Re_e :有效雷诺数;

γ'_e :异重流某一点浑水容重,N/m³;

γ_e :浑水容重,N/m³;

p' :异重流部分某点的压强,N/m²;

γ_c :清水容重,N/m³;

h_c :清水厚度,m;

h_e :浑水厚度,m;

P :异重流总压力,N;

S'_e :异重流某点含沙量,kg/m³;

ρ'_e :异重流某点浑水密度,kg/m³;

k_e :压力修正系数;

S_{ea} :异重流近底($z = a$)的含沙量,kg/m³;

f_e :异重流综合阻力系数;

f_{0e} :异重流床面阻力系数;

f_{1e} :异重流交界面阻力系数;

α_e :动量修正系数;

u_c :表层清水的运动速度,m/s;

T_c :表层清水运动对异重流产生的附加应力，N/m^2 ；

τ_c :附加阻力，N/m^2 ；

Z_b :河底高程，m ；

J_0 :库底比降，‰ ；

k_e :压力修正系数；

C :谢才系数；

κ :卡门常数；

q_e :异重流单宽流量，m^2/s ；

ρ_s :泥沙密度，kg/m^3 ；

R_e :异重流的水力半径，m ；

J_e :异重流底坡，‰ ；

ν :运动黏滞系数；

h_{1e} :异重流近底区高度，m ；

h_{2e} :异重流清浑水交混区高度，m ；

u_{1e} :异重流近底区平均流速，m/s ；

u_{2e} :异重流清浑水交混区平均流速，m/s ；

τ_0 :异重流底部阻力，N/m^2 ；

τ_i :异重流交界面上的阻力，N/m^2 ；

ρ :密度，kg/m^3 ；

q_{1e} :近底区异重流的单宽流量，m^2/s ；

ν_{1e} :近底区异重流的平均运动黏滞系数；

B_e :异重流清浑水交界面宽度，m ；

J_1 :交界面的比降，‰ ；

Fr_2 :清浑水交混区佛汝德数；

l :测量断面距进口的距离，m ；

L_e :水槽的有效试验长度，m ；

q :单宽流量，m^2/s ；

n :曼宁系数；

f :综合阻力系数；

u'_{em} :异重流最大流速，m/s ；

ξ :黏滞力和重力之比的无量纲数；

u'_e :异重流某点的流速，m/s ；

u_* :摩阻流速，m/s ；

u' :某一点处流速，m/s ；

h :水深，m ；

u_m :最大流速，m/s ；

u :垂线平均流速，m/s ；

S_a:靠近底部的垂线最大含沙量,$\mathrm{kg/m^3}$;

Q_e:异重流的流量,$\mathrm{m^3/s}$;

ω_{u_e}:异重流洪水波波速,$\mathrm{m/s}$;

β_e:异重流洪水波的修正系数;

A_e:异重流的过水面积,$\mathrm{m^2}$;

$T_{总}$:入库洪水运行到水库坝前时间,h;

T_{op}:入库洪水在库区明流段运行时间,h;

T_{dc}:入库洪水从潜入点起至坝前运行时间,h;

$L_{总}$:入库洪水运行到水库坝前的长度,km;

L_{op}:库区明流段长度,km;

L_{dc}:潜入点至大坝距离,km;

$\omega_{u_{op}}$:库区明流段洪水波的平均传播速度,$\mathrm{m/s}$;

$\omega_{u_{dc}}$:库区异重流运行段均传播速度,$\mathrm{m/s}$;

α_k:第 k 粒径组泥沙的恢复饱和系数;

ω_k:第 k 粒径组泥沙的沉速,$\mathrm{m/s}$;

ΔP_{0k}:进口断面非均匀沙的级配;

N:非均匀沙分组数;

S_0:进口断面的含沙量,$\mathrm{kg/m^3}$;

S_1:出口断面的含沙量,$\mathrm{kg/m^3}$;

a:库形系数;

S_*:水流挟沙力,$\mathrm{kg/m^3}$;

S_{*e}:异重流挟沙力,$\mathrm{kg/m^3}$;

q_{s_e}:异重流的单宽输沙率,$\mathrm{kg/(s \cdot m)}$;

ω_e:群体沉速,$\mathrm{m/s}$;

ω_0:单颗粒泥沙沉速,$\mathrm{m/s}$;

τ_b:切应力,$\mathrm{N/m^2}$;

E_1:单位浑水水体在单位时间内本地消耗的能量,;

E_2:悬浮泥沙所消耗的能量;

E_3:转化为热量的能量消耗;

$\Delta P_{4,l,0}$:进口断面第 l 粒径组悬沙的沙重百分数;

$\Delta P_{4,l,1}$:出口断面第 l 粒径组悬沙的沙重百分数;

S_0:进口断面的悬移质含沙量,$\mathrm{kg/m^3}$;

S_1:出口断面的悬移质含沙量,$\mathrm{kg/m^3}$;

S_{0*}:进口断面悬移质的水流挟沙力,$\mathrm{kg/m^3}$;

S_{1*}:出口断面悬移质的水流挟沙力,$\mathrm{kg/m^3}$;

ω_l:第 l 粒径组悬沙的沉速,$\mathrm{m/s}$;

α_l:第 l 粒径组悬沙的恢复饱和系数;

S_j：异重流出库含沙量，kg/m^3；

t_1：异重流潜入断面洪峰起始时间；

t_3：异重流潜入断面洪峰结束时间；

t_2：异重流前锋到达坝址的时间；

Q_0：入库流量，m^3/s；

S_0：入库含沙量，kg/m^3；

S_1：出库含沙量，kg/m^3；

H_{av}：库区平均水深，m；

P_w：入库水流功率；

D_{50}：床沙中值粒径，mm；

τ：剪应力，N/m^2；

τ_B：宾汉极限应力，N/m^2；

τ_w：管壁切应力，N/m^2；

μ：黏滞系数；

η：刚度系数；

u：平均流速，m/s；

D：管径，m；

h：水深，m；

S_{V0}：初始体积比浓度，%；

S_0：悬浮液初始浓度，kg/m^3；

u_H：浑液面变化速度，m/s；

u_G：动水浑液面沉速，m/s；

H_2：浑水层在 t 时间的厚度，m；

H_3：淤积层在 t 时间的厚度，m。

V_0：入库浑水水量，m^3；

V_1：出库浑水水量，m^3；

λ_ω：沉速比尺；

λ_{u*}：摩阻流速比尺；

λ_u：流速比尺；

λ_h：垂直比尺；

λ_L：水平比尺；

λ_S：水流含沙量比尺；

λ_{t_1}：水流运动相似时间比尺；

λ_{t_2}：河床变形时间比尺；

λ_{γ_0}：淤积物干容重比尺；

λ_{γ_s}：泥沙容重比尺；

$\lambda_{\gamma_s-\gamma_c}$：泥沙与水的容重差比尺；

S_a :靠近底部的垂线最大含沙量,kg/m³;

Q_e :异重流的流量,m³/s;

ω_{u_e} :异重流洪水波波速,m/s;

β_e :异重流洪水波的修正系数;

A_e :异重流的过水面积,m²;

$T_{总}$:入库洪水运行到水库坝前时间,h;

T_{op} :入库洪水在库区明流段运行时间,h;

T_{dc} :入库洪水从潜入点起至坝前运行时间,h;

$L_{总}$:入库洪水运行到水库坝前的长度,km;

L_{op} :库区明流段长度,km;

L_{dc} :潜入点至大坝距离,km;

$\omega_{u_{op}}$:库区明流段洪水波的平均传播速度,m/s;

$\omega_{u_{dc}}$:库区异重流运行段均传播速度,m/s;

α_k :第 k 粒径组泥沙的恢复饱和系数;

ω_k :第 k 粒径组泥沙的沉速,m/s;

ΔP_{0k} :进口断面非均匀沙的级配;

N :非均匀沙分组数;

S_0 :进口断面的含沙量,kg/m³;

S_1 :出口断面的含沙量,kg/m³;

a :库形系数;

S_* :水流挟沙力,kg/m³;

S_{*e} :异重流挟沙力,kg/m³;

q_{s_e} :异重流的单宽输沙率,kg/(s·m);

ω_e :群体沉速,m/s;

ω_0 :单颗粒泥沙沉速,m/s;

τ_b :切应力,N/m²;

E_1 :单位浑水水体在单位时间内本地消耗的能量,;

E_2 :悬浮泥沙所消耗的能量;

E_3 :转化为热量的能量消耗;

$\Delta P_{4,l,0}$:进口断面第 l 粒径组悬沙的沙重百分数;

$\Delta P_{4,l,1}$:出口断面第 l 粒径组悬沙的沙重百分数;

S_0 :进口断面的悬移质含沙量,kg/m³;

S_1 :出口断面的悬移质含沙量,kg/m³;

S_{0*} :进口断面悬移质的水流挟沙力,kg/m³;

S_{1*} :出口断面悬移质的水流挟沙力,kg/m³;

ω_l :第 l 粒径组悬沙的沉速,m/s;

α_l :第 l 粒径组悬沙的恢复饱和系数;

S_j:异重流出库含沙量,kg/m^3;

t_1:异重流潜入断面洪峰起始时间;

t_3:异重流潜入断面洪峰结束时间;

t_2:异重流前锋到达坝址的时间;

Q_0:入库流量,m^3/s;

S_0:入库含沙量,kg/m^3;

S_1:出库含沙量,kg/m^3;

H_{av}:库区平均水深,m;

P_w:入库水流功率;

D_{50}:床沙中值粒径,mm;

τ:剪应力,N/m^2;

τ_B:宾汉极限应力,N/m^2;

τ_w:管壁切应力,N/m^2;

μ:黏滞系数;

η:刚度系数;

u:平均流速,m/s;

D:管径,m;

h:水深,m;

S_{V0}:初始体积比浓度,%;

S_0:悬浮液初始浓度,kg/m^3;

u_H:浑液面变化速度,m/s;

u_G:动水浑液面沉速,m/s;

H_2:浑水层在 t 时间的厚度,m;

H_3:淤积层在 t 时间的厚度,m。

V_0:入库浑水水量,m^3;

V_1:出库浑水水量,m^3;

λ_ω:沉速比尺;

λ_{u_*}:摩阻流速比尺;

λ_u:流速比尺;

λ_h:垂直比尺;

λ_L:水平比尺;

λ_S:水流含沙量比尺;

λ_{t_1}:水流运动相似时间比尺;

λ_{t_2}:河床变形时间比尺;

λ_{γ_0}:淤积物干容重比尺;

λ_{γ_s}:泥沙容重比尺;

$\lambda_{\gamma_s - \gamma_c}$:泥沙与水的容重差比尺;

λ_D:推移质粒径比尺;

λ_{u_e}:异重流流速比尺;

λ_J:比降比尺;

γ_0:淤积物干容重,N/m³;

λ_Q:流量比尺;

λ_ν:运动黏滞系数比尺;

S_p:原型含沙量,kg/m³;

H_p:原型水深,m;

γ_{op}:原型泥沙干容重,N/m³;

λ_{h_e}:异重流水深比尺;

γ_{sm}:模型沙容重,N/m³;

λ_{f_e}:异重流综合阻力系数比尺;

λ_{γ_c}:水流容重比尺;

λ_{γ_e}:含沙水流容重比尺;

λ_{S_e}:异重流的含沙量比尺;

λ_{t_e}:异重流运动时间比尺;

η:相对水深;

c_n:涡团参数;

Q:断面流量,m³/s;

A:过水断面面积,m²;

q_l:侧向流量,m³/s;

Z:水位,m;

B:水面宽度,m;

α_k:动量修正系数;

$q_{sl(k)}$:单位流程的第 k 粒径组悬移质泥沙的侧向输沙率,kg/(m·s);

S_k:第 i 大断面第 k 粒径组悬移质泥沙的含沙量,kg/m³;

S_{*k}:第 i 大断面第 k 粒径组悬移质泥沙的水流挟沙力,kg/m³;

ω_{sk}:第 i 大断面第 k 粒径组泥沙的浑水沉速,m/s;

f_{sk}:第 i 大断面第 k 粒径组泥沙的泥沙非饱和系数;

K_1:附加系数;

ω_k:沉速,m/s;

f_1:非饱和系数;

A_d:冲淤面积,m²;

α_*:平衡含沙量分布系数;

q_L:单位流程的侧向出入流量,m³/(s·m);

$u_上$:上断面的平均流速,m/s;

$u_下$:下断面的平均流速,m/s;

J_f :断面能坡,‰;

α_f :动量修正系数;

$\rho_{床}$:床沙干密度,kg/m^3;

Q_i :第 i 断面的流量;

Δx_i :第 $i \sim i+1$ 断面之间的距离;

$q_{L(i)}$:第 $i \sim i+1$ 断面之间的单位河长的侧向流量;

η :水库排沙比,%;

$W_{三门峡}$:三门峡水库汛限水位以上的蓄水量,亿 m^3;

Q_{max} :三门峡站洪峰流量,m^3/s;

T :潼关站大于 800 m^3/s 流量历时,h;

ΔH :三门峡水库泄流与小浪底水库的对接水位超出小浪底水库淤积三角洲顶点高程的差值,m;

L :异重流运行距离,km。